高等学校数学教材系列丛书

概率论与数理统计

李长伟　陈　芸
谭雪梅　王学敏　编著

西安电子科技大学出版社

内 容 简 介

本书是为普通高等学校非数学专业编写的数学基础课教材．全书共分为10章，内容包括随机事件的概率、随机变量及其分布、多维随机变量及其分布、随机变量的数字特征、大数定律与中心极限定理、样本及抽样分布、参数估计、假设检验、线性回归分析与方差分析、相关软件简介．书中配有相关习题，附录中配有部分习题的参考答案．

本书可作为高等学校理工、农医、经济、管理等非数学专业学生学习"概率论与数理统计"课程的教材，也可作为工程技术类人员或大学生考研复习的参考用书，还可供各类需要提高数学素质和能力的人员使用．

图书在版编目(CIP)数据

概率论与数理统计/李长伟等编著．—西安：西安电子科技大学出版社，2019.1
(2020.8重印)
ISBN 978-7-5606-5112-5

Ⅰ．① 概… Ⅱ．① 李… Ⅲ．① 概率论—高等学校—教材 ② 数理统计—高等学校—教材 Ⅳ．① O21

中国版本图书馆CIP数据核字(2018)第249526号

策划编辑 杨丕勇
责任编辑 许青青
出版发行 西安电子科技大学出版社(西安市太白南路2号)
电　　话 (029)88242885 88201467 邮　　编 710071
网　　址 www.xduph.com 电子邮箱 xdupfxb001@163.com
经　　销 新华书店
印刷单位 陕西日报社
版　　次 2019年1月第1版 2020年8月第2次印刷
开　　本 787毫米×1092毫米 1/16 印张 15.75
字　　数 371千字
印　　数 3001～5000册
定　　价 38.00元
ISBN 978-7-5606-5112-5/O
XDUP 5414001-2

如有印装问题可调换

前　言

在科学技术发展日新月异，尤其是信息大爆炸时代带来的大数据革命的背景下，“概率论与数理统计”这门课程的重要性不言而喻. 作为高等院校三大基础数学课程之一，学习该课程的学生日趋增多，其覆盖面、影响力不断扩大. 在现如今智能手机以及个人电脑大面积普及的情况下，我们在借鉴以往教材的基础上编写了本书，供广大读者学习使用.

本书在吸收当前优秀教材的基础上，结合教学实际，以及各位作者多年的教学心得、教学改革的各种经验与教训，既保证传统知识体系的完整性，又注重实用性，同时注重基本概念和基本思想的讲解，化繁为简，由浅入深，循序渐进，力争通俗易懂，逻辑清晰，概念准确. 本书的主要特点如下：

(1) 体现应用特色. 每一章例题或者习题中尽量选择一些具有代表性的实际应用问题作为资料，凸显概率论与数理统计在各个学科中的应用.

(2) 每一章(除第 10 章外)习题的数量和难易程度较为适中，题型齐全，读者在学习和使用中可以加深对相关内容和理论知识的理解，提高应用能力.

(3) 增加了 WolframAlpha、Excel 以及 SPSS 部分案例，体现了相关软件在该课程中的应用. 其中，WolframAlpha 无须安装，仅利用可以连接互联网的智能手机、平板电脑或者个人电脑等访问该网站后就可以实现相关的计算，非常容易使用.

(4) 注重培养和提升学生自我学习以及利用相关理论知识解决实际问题的能力，为将来的学习、工作和深造打下坚实的基础.

本书由武汉生物工程学院计算机与信息工程学院的四位教师编写，作者均是长期讲授大学数学相关课程的一线教师，其中谭雪梅负责编写第 1、2 章，王学敏负责编写第 3、8 章，陈芸负责编写第 5、6 章，李长伟负责编写第 4、7、9、10 章，并负责全书的统稿定稿工作.

本书在编写过程中得到了何穗教授的大力支持，何教授担任本书的主审，提出了许多宝贵的建议. 本书还得到了西安电子科技大学出版社的大力支持.

由于作者水平有限，书中难免会存在一些不妥之处，恳请各位专家、同行、读者批评指正.

作　者

2018 年 10 月

目　　录

第1章　随机事件的概率

自然现象和社会现象各异，但从它们发生的必然性的角度区分，可以分为两类：一类是在一定条件下必然会发生的，称为确定性现象，如太阳东升西落，一枚硬币向上抛后必然下落，同性电荷必相互排斥，异性电荷必相互吸引等；另一类称为不确定性现象，其特点是在一定的条件下可能出现这样的结果，也可能出现那样的结果，而且在试验和观察之前，不能准确预知确切的结果，如向上抛一枚硬币，其落地后可能正面朝上，也可能反面朝上，某公司的股票可能上涨也可能下跌，某人射击一次可能射中 0 环，1 环，…，10 环. 因此，这里的不确定性有两方面的含义：一是客观结果的不确定性，二是主观猜测或判断的不确定性.

从另一个角度看，不确定性现象又可以分为两类：一类是个别现象，它是指原则上不能在相同条件下重复试验或观察的现象，如某一天的天气情况是晴天还是雨天等；另一类是随机现象，虽然它具有不确定性，但是在进行大量重复试验或观察时其结果会呈现出某种规律性. 例如，在相同的条件下多次抛一枚质地均匀的硬币，正面朝上的次数与抛的总数之比随着次数的增加会越来越接近于 0.5. 随机现象在大量重复试验中呈现出来的规律性称为统计规律性. 它是概率论与数理统计研究的基本出发点.

1.1　随机事件

1.1.1　随机试验与样本空间

在研究自然现象和社会现象时，通常需要做各种各样的试验. 试验通常用 E 来表示. 试验是一个含义比较广泛的术语，包含各种科学试验，甚至对某一事物的某一特征进行观察都认为是一种试验. 下面举一些试验的例子：

E_1：抛一枚硬币，观察正面 H、反面 T 出现的情况.

E_2：将一枚硬币连续抛三次，观察出现正面的次数.

E_3：抛一个骰子，观察出现的点数.

E_4：记录某大型超市一天内的顾客人数.

E_5：在一批灯泡中任意抽取一只，测试它的寿命.

E_6：记录某地明天的最高温度和最低温度.

显然，这些试验都具有以下特点：

(1) 每次试验的可能结果不止一个，并且能事先明确试验的所有可能结果.

(2) 进行试验之前不能确定哪一个结果会出现.

仔细分析发现 $E_1 \sim E_5$ 还有一个共同的特点：

(3) 可以在相同的条件下重复地进行.

但是 E_6 不具有特点(3)，除非时光倒流，否则无法进行重复试验. 以后我们把不满足条件(3)的随机试验称为不可能重复的随机试验，而把同时满足条件(1)、(2)、(3)的随机试验称为可重复的随机试验. 本书讨论的大多是可重复的随机试验，因此，若不作特别说明，以后指的随机试验都是可重复的随机试验.

对于随机试验，尽管在每次试验之前不能预知试验的结果，但由于试验的一切可能的结果是已知的，因此将随机试验 E 的所有可能结果组成的集合称为 E 的样本空间，记为 Ω. Ω 的元素，即 E 的每个结果，称为样本点. 例如，上面 6 个随机试验的样本空间分别为

$\Omega_1=\{H, T\}$；

$\Omega_2=\{0, 1, 2, 3\}$；

$\Omega_3=\{1, 2, 3, 4, 5, 6\}$；

$\Omega_4=\{1, 2, \cdots, n\}$；

$\Omega_5=\{t \mid t\geqslant 0\}$；

$\Omega_6=\{(x, y) \mid T_0\leqslant x\leqslant y\leqslant T_1\}$，这里 x 表示最低温度，y 表示最高温度，并设该地的温度不会低于 T_0，也不会高于 T_1.

由此可以看出，样本空间可以是数集，也可以不是数集，如 Ω_1.

1.1.2 随机事件

进行随机试验时，人们关心的往往是满足某种条件的样本点所组成的集合. 例如，若规定灯泡的寿命超过 10 000 小时为合格品，则在试验 E_5 中我们关心的是灯泡的寿命是否大于 10 000 小时，满足这一条件的样本点组成 Ω_5 的一个子集 $A=\{t \mid t\geqslant 10\ 000\}$. 我们称 A 为试验 E_5 的一个随机事件.

一般地，称试验 E 的样本空间 Ω 的子集为 E 的随机事件，简称事件，常用大写字母 A，B，C，…表示，它是样本空间 Ω 的子集合. 在每次试验中，当且仅当子集 A 中的一个样本点出现时，称事件 A 发生.

例如，在 E_5 中，若测试出灯泡的寿命 $t=11\ 000$ 小时，则事件"灯泡为合格品"即 $A=\{t \mid t\geqslant 10\ 000\}$ 在该次试验中发生；同样，若测试出灯泡的寿命 $t=3000$ 小时，则在该次试验中事件 A 没有发生.

显然，要判定一个事件是否在一次试验中发生，只有当该次试验有了结果以后才能知道.

由一个样本点组成的单点集称为基本事件. 例如，试验 E_1 有两个基本事件 $\{H\}$ 和 $\{T\}$，试验 E_2 有四个基本事件 $\{0\}$，$\{1\}$，$\{2\}$，$\{3\}$.

对于一个试验 E，在每次试验中必然发生的事件，称为 E 的必然事件；在每次试验中都不发生的事件，称为 E 的不可能事件. 例如，在 E_3 中，"抛出的点数不超过 6"就是必然事件，用集合表示这一事件就是 E_3 的样本空间 $\Omega_3=\{1, 2, 3, 4, 5, 6\}$；而事件"抛出的点数大于 6"是不可能事件，这个事件不包括 E_3 的任何一个可能结果，所以用空集 $\varnothing$ 表示. 对于一个试验 E，它的样本空间 Ω 有两个特殊的子集：一个子集是 Ω 本身，因为它包含了试验的所有可能结果，所以在每次试验中它总是发生，Ω 称为必然事件；另一个特殊子集

是空集∅，它不包含任何样本点，因此在每次试验中都不发生，称为不可能事件. 虽然必然事件与不可能事件已无随机性可言，但在概率论中，常把它们当作两个特殊的随机事件，这样做是为了数学处理上的方便.

1.1.3　事件间的关系与运算

事件是一个集合，因而事件间的关系和运算应该按集合间的关系和运算来处理. 设试验 E 的样本空间为 Ω，而 A，B，$A_k(k=1, 2, \cdots)$是 Ω 的子集.

(1) 事件的包含与相等. 若事件 A 的发生必然导致事件 B 的发生，则称事件 B 包含事件 A，记为 $B\supset A$ 或者 $A\subset B$. 若 $A\subset B$ 且 $B\subset A$，即 $A=B$，则称事件 A 与事件 B 相等.

(2) 事件的和. 事件 A 与事件 B 至少有一个发生的事件称为事件 A 与事件 B 的和事件，记为 $A\cup B$. 事件 $A\cup B$ 发生意味着：或事件 A 发生，或事件 B 发生，或事件 A 与事件 B 都发生.

事件的和可以推广到多个事件的情形. 一般地，$\bigcup\limits_{k=1}^{n}A_k$ 为 n 个事件 A_1，A_2，…，A_n 的和事件. $\bigcup\limits_{k=1}^{\infty}A_k$ 为可列个事件 A_1，A_2，…，A_n，…的和事件.

(3) 事件的积. 事件 A 与事件 B 同时发生的事件称为事件 A 与事件 B 的积事件，记为 $A\cap B$，简记为 AB. 事件 $A\cap B$(或 AB)发生意味着：事件 A 发生且事件 B 也发生，即 A 与 B 都发生.

类似地，可以定义 n 个事件 A_1，A_2，…，A_n 的积事件 $\bigcap\limits_{k=1}^{n}A_k$，$\bigcap\limits_{k=1}^{\infty}A_k$ 为可列个事件 A_1，A_2，…，A_n，…的积事件.

(4) 事件的差. 事件 A 发生而事件 B 不发生的事件称为事件 A 与事件 B 的差事件，记为 $A-B$. 它表示的是"事件 A 发生而事件 B 不发生"这一新的事件.

(5) 互斥事件. 若事件 A 与事件 B 不能同时发生，即 $AB=\varnothing$，则称事件 A 与事件 B 是互斥的，或称它们是互不相容的. 若事件 A_1，A_2，…，A_n 中的任意两个都互斥，则称这些事件是两两互斥的.

(6) 对立事件. 事件 $\Omega-A$ 称为事件 A 的对立事件或逆事件，记为 $\overline{A}$. A 和 $\overline{A}$ 满足：$A\cup\overline{A}=\Omega$，$A\overline{A}=\varnothing$，$\overline{\overline{A}}=A$. 因此在每次试验中，事件 A、$\overline{A}$ 中必有一个且仅有一个发生. 又 A 也是 $\overline{A}$ 的对立事件，所以称事件 A 与 $\overline{A}$ 互逆.

事件间的关系可用图 1.1～图 1.6 表示。

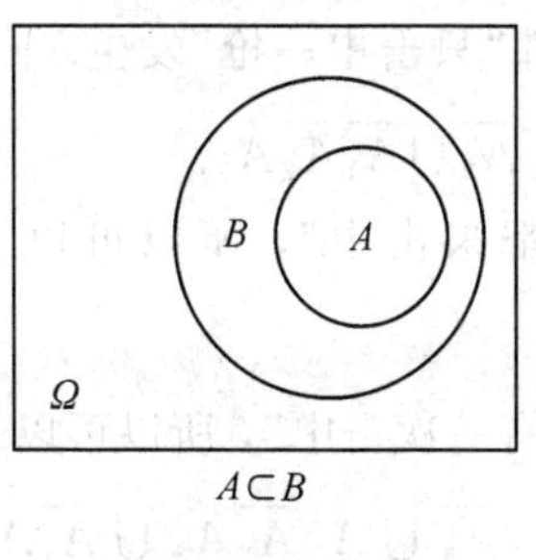

$A\subset B$

图　1.1

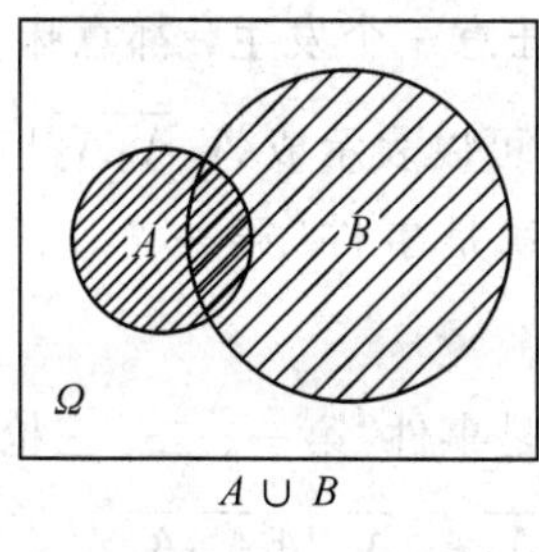

$A\cup B$

图　1.2

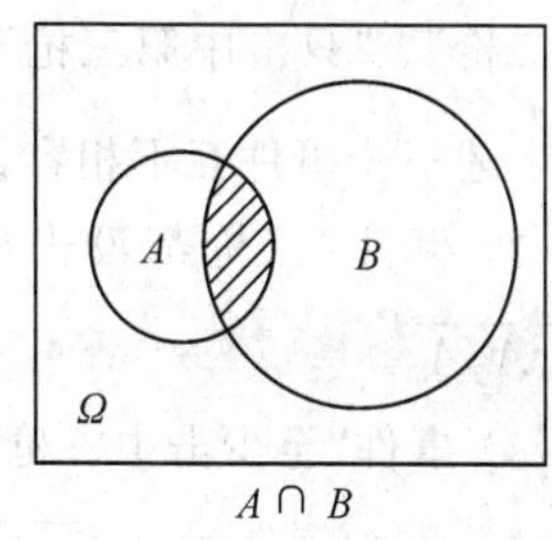

$A\cap B$

图　1.3

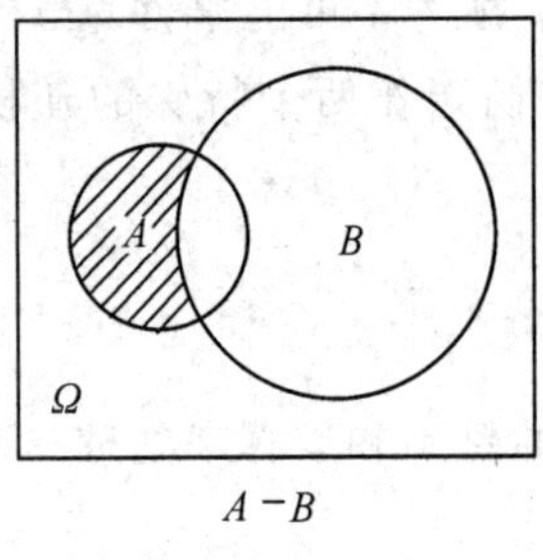

图 1.4

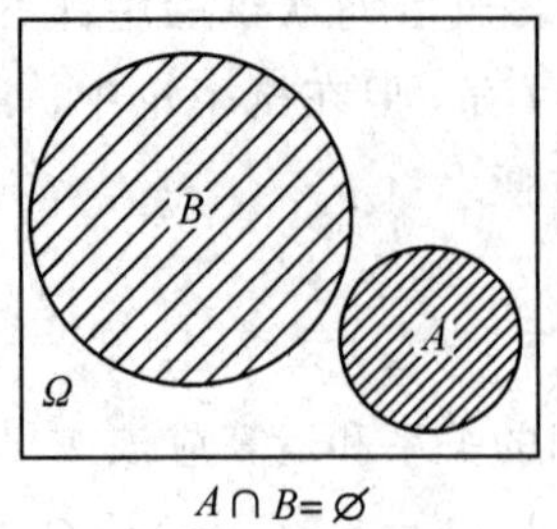

图 1.5

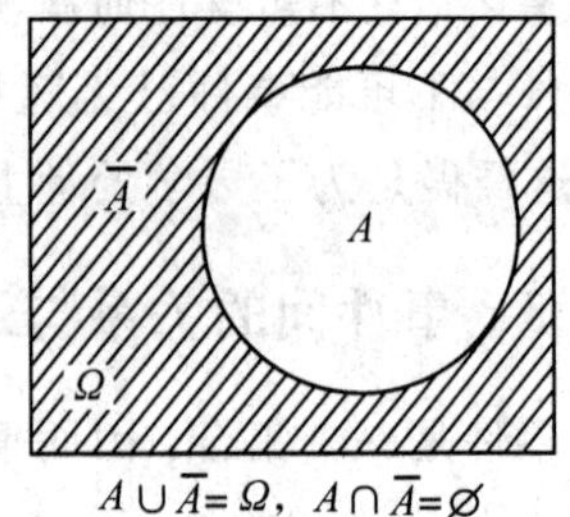

图 1.6

事件之间的运算满足下述运算规律，设 A、B、C 为事件，则有：

(1) 交换律：$A\cup B=B\cup A$，$AB=BA$；

(2) 结合律：$(A\cup B)\cup C=A\cup(B\cup C)$，$(AB)C=A(BC)$；

(3) 分配律：$(A\cup B)C=(AC)\cup(BC)$，$(AB)\cup C=(A\cup C)(B\cup C)$；

(4) 对偶律：$\overline{A\cup B}=\overline{A}\overline{B}$，$\overline{AB}=\overline{A}\cup\overline{B}$.

这些运算规律可以推广到任意多个事件上去.

【例 1.1】 设 A、B、C 为三个随机事件，用运算关系表示下列各事件.

解 (1) A 发生，而 B、C 不发生——$A\overline{B}\overline{C}$.

(2) A、B 都发生，而 C 不发生——$AB\overline{C}$.

(3) A、B、C 至少一个发生——$A\cup B\cup C$.

(4) A、B、C 不多于一个发生——$\overline{A}\overline{B}\overline{C}\cup A\overline{B}\overline{C}\cup\overline{A}B\overline{C}\cup\overline{A}\overline{B}C$.

(5) A、B、C 至少两个发生——$AB\overline{C}\cup A\overline{B}C\cup\overline{A}BC\cup ABC$ 或者 $AB\cup BC\cup AC$.

【例 1.2】 向指定目标射三枪，观察射中目标的情况. 设 A_1、A_2、A_3 分别表示事件"第一、二、三枪击中目标"，试用 A_1、A_2、A_3 表示以下各事件：

(1) 只击中第一枪；

(2) 只击中一枪；

(3) 三枪都没击中；

(4) 至少击中一枪.

解 (1) 事件"只击中第一枪"，意味着第二枪不中，第三枪也不中，所以可以表示成 $A_1\overline{A_2}\,\overline{A_3}$.

(2) 事件"只击中一枪"，并没有指定是击中哪一枪，三个事件"只击中第一枪"、"只击中第二枪"、"只击中第三枪"中，任意一个发生，都意味着事件"只击中一枪"发生. 同时，因为上述三个事件互不相容，所以可以表示成 $A_1\overline{A_2}\,\overline{A_3}\cup\overline{A_1}A_2\overline{A_3}\cup\overline{A_1}\,\overline{A_2}A_3$.

(3) 事件"三枪都没击中"，就是事件"第一、二、三枪都未击中"，所以可以表示成 $\overline{A_1}\,\overline{A_2}\,\overline{A_3}$.

(4) 事件"至少击中一枪"，就是事件"第一、二、三枪至少有一次击中"，所以可以表示成 $A_1\cup A_2\cup A_3$ 或 $A_1\overline{A_2}\,\overline{A_3}\cup\overline{A_1}A_2\overline{A_3}\cup\overline{A_1}\,\overline{A_2}A_3\cup A_1A_2\overline{A_3}\cup A_1\overline{A_2}A_3\cup\overline{A_1}A_2A_3\cup A_1A_2A_3$.

习题 1.1

1. 用集合的形式表示下列随机试验的样本空间与随机事件 A：

(1) 同时抛两个骰子，观察两个骰子出现的点数之和，事件 A 表示“两点数之和不超过 3”；

(2) 抛一枚骰子，观察向上一面的点数，事件 A 表示“出现偶数点”；

(3) 对目标进行射击，击中后便停止射击，观察射击次数，事件 A 表示“射击次数不超过 5 次”.

2. 设 A、B、C 为三个事件，用 A、B、C 的运算关系表示下列各事件：

(1) A 发生，B 与 C 不发生；

(2) A、B、C 中至少有一个发生；

(3) A、B、C 都发生；

(4) A、B、C 都不发生；

(5) A、B、C 中不多于两个发生；

(6) A、B、C 中至少有两个发生.

3. 设某工人连续生产了 4 个零件，A_i 表示第 i 个零件是正品($i=1, 2, 3, 4$)，试用 A_i 表示下列各事件：

(1) 没有一个是次品；

(2) 至少有一个是次品；

(3) 只有一个是次品；

(4) 至少有三个不是次品；

(5) 恰好有三个是次品.

4. 请用语言描述下列事件的对立事件：

(1) A 表示“抛两枚硬币，都出现正面”；

(2) B 表示“生产 4 个零件，至少有一个合格”.

1.2　随机事件的概率

1.2.1　频率与概率

除必然事件和不可能事件外，任一事件在一次试验中可能发生，也可能不发生. 我们希望知道事件 A 在一次试验 F 中发生的可能性的大小.

设 E 为任一随机试验，A 为其中任一事件，在相同条件下，重复做 n 次试验，n_A 表示事件 A 在这 n 次试验中出现的次数(称为频数)，则称比值$\dfrac{n_A}{n}$为事件 A 发生的频率，记为 $f_n(A)$，即

$$f_n(A)=\frac{n_A}{n}$$

显然，频率 $f_n(A)$的大小表示在 n 次试验中事件 A 发生的频繁程度. 频率大，事件 A

发生频繁，在一次试验中 A 发生的可能性就大，也就是事件 A 发生的概率大，反之亦然. 因此，直观的想法是用频率来描述概率.

人们在实践中发现：在相同条件下重复进行同一试验，当试验次数 n 很大时，某事件 A 发生的频率具有一定的"稳定性"，就是说其值在某确定的数值上下摆动. 一般来说，试验次数 n 越大，事件 A 发生的频率就越接近那个确定的数值. 事件 A 发生的可能性的大小就可以用这个数量指标来描述. 因此，可以用频率来描述概率，定义概率为频率的稳定值，我们称这一定义为概率的统计定义.

下面给出频率稳定性的例子.

(1) 在抛一枚均匀硬币时，出现正面的概率为 0.5. 为了验证这一点，一些科学家都做了大量的重复试验. 表 1.1 记录了历史上抛硬币试验中正面出现的频率，在重复次数较小时，波动剧烈，随着抛硬币次数的增大，波动的幅度逐渐变小，正面出现的频率逐渐稳定在 0.5. 这个 0.5 就是频率的稳定值，也是正面出现的概率. 这与用下面即将讲到的古典概率方法计算出的概率是相同的.

表 1.1

实验者	抛硬币次数	正面出现次数	频率
德·摩根(De Morgan)	2048	1061	0.5181
蒲丰(Buffon)	4040	2048	0.5069
费勒(Feller)	10 000	4979	0.4979
皮尔逊(Pearson)	12 000	6019	0.5016
皮尔逊(Pearson)	24 000	12 012	0.5005

(2) 在英语中某些字母出现的频率远高于另外一些字母. 人们对各类典型的英语书刊中字母出现的频率进行了统计，发现各个字母的使用频率相当稳定，其使用频率见表 1.2. 这项研究在计算机键盘设计(在方便的地方安排使用频率较高的字母)、印刷铅字的铸造(使用频率高的字母应多铸一些)、信息的编码(使用频率高的字母用较短的码)、密码的破译等方面都是十分有用的。

表 1.2

字母	使用频率	字母	使用频率	字母	使用频率
E	0.1268	L	0.0394	P	0.0186
T	0.0978	D	0.0389	B	0.0156
A	0.0788	U	0.0280	V	0.0102
O	0.0776	C	0.0268	K	0.0060
I	0.0707	F	0.0256	X	0.0016
N	0.0706	M	0.0244	J	0.0010
S	0.0634	W	0.0214	Q	0.0009
R	0.0594	Y	0.0202	Z	0.0006
H	0.0573	G	0.0187		

(3) 频率的稳定性在人口统计方面表现得较为明显。拉普拉斯在他的名著《概率论的

哲学探讨》中研究了男婴出生的频率。他对伦敦、彼得堡、柏林和全法国的大量人口资料进行研究，发现男婴出生频率几乎完全一致，并且这些男婴的出生频率总在一个数左右波动，这个数大约是 22/43。另外一位统计学家克拉梅(1893—1985 年)在他的名著《统计学数学方法》中引用了瑞典 1935 年的官方统计资料(见表 1.3)，该资料表明，女婴出生的频率总是稳定在 0.482 左右。

表 1.3

月份	婴儿数	女婴数	频率
1	7280	3537	0.486
2	6957	3407	0.490
3	7883	3866	0.490
4	7884	3711	0.471
5	7892	3775	0.478
6	7609	3665	0.482
7	7585	3621	0.477
8	7393	3596	0.486
9	7203	3491	0.485
10	6903	3391	0.491
11	6552	3160	0.482
12	7132	3371	0.473
全年	88 273	42 591	0.4825

但是，实际生活中有些试验不可重复进行，无法计算事件发生的频率，即使对可重复进行的试验，也不可能对每一个事件做大量的试验，然后求出事件的频率，用以表征事件发生的可能性的大小. 因此，需要引出一个能够揭示概率本质属性的定义.

由定义可知，频率具有如下性质：

(1) 非负性：$f_n(A)\geqslant 0$；

(2) 规范性：$f_n(\Omega)=1$；

(3) 有限可加性：若 A_1，A_2，…，A_k 是一组两两互不相容的事件，则

$$f_n\left(\bigcup_{i=1}^{k} A_i\right)=\sum_{i=1}^{k} f_n(A_i)$$

定义 1.1(概率的公理化定义)　设 E 为随机试验，Ω 是它的样本空间，对 E 的每一个事件 A，将其对应于一个实数，记为 $P(A)$，称为事件 A 的概率，这里集合函数 $P(\cdot)$要满足下列条件：

(1) 非负性：对任一个事件 A，有 $P(A)\geqslant 0$；

(2) 规范性：对必然事件 Ω，有 $P(\Omega)=1$；

(3) 可列可加性：设 A_1，A_2，…是两两互不相容的事件，即对于 $i\neq j$，$A_iA_j=\varnothing$，i，$j=1, 2, \cdots$，有

$$P\left(\bigcup_{i=1}^{\infty} A_i\right)=\sum_{i=1}^{\infty} P(A_i)$$

1.2.2 概率的性质

由概率的定义不难推出概率的一些性质.

性质 1 对任一事件 A，$0\leqslant P(A)\leqslant 1$，且 $P(\varnothing)=0$，$P(\Omega)=1$.

性质 2(加法公式) 对任意两个事件 A、B，有 $P(A\cup B)=P(A)+P(B)-P(AB)$.

推论(有限可加性) 若事件 A_1，A_2，…，A_n 两两互不相容，则

$$P(A_1\cup A_2\cup\cdots\cup A_n)=\sum_{i=1}^{n} P(A_i)$$

设 A_1、A_2、A_3 为任意三个事件，有

$$\begin{aligned}P(A_1\cup A_2\cup A_3)=&P(A_1)+P(A_2)+P(A_3)-P(A_1A_2)-P(A_2A_3)\\&-P(A_1A_3)+P(A_1A_2A_3)\end{aligned}$$

一般地，对任意 n 个事件 A_1，A_2，…，A_n，可由归纳法证得

$$\begin{aligned}P(A_1\cup A_2\cup\cdots\cup A_n)=&\sum_{i=1}^{n} P(A_i)-\sum_{1\leqslant i<j\leqslant n} P(A_iA_j)+\sum_{1\leqslant i<j<k\leqslant n} P(A_iA_jA_k)\\&+\cdots+(-1)^{n-1}P(A_1A_2\cdots A_n)\end{aligned}$$

性质 3 若事件 A、B 满足 $A\subset B$，则有

$$P(B-A)=P(B)-P(A)$$

$$P(B)\geqslant P(A)$$

推论 对任意两个事件 A、B，有 $P(B-A)-P(B)-P(AB)$.

性质 4 对任一事件 A，有 $P(\overline{A})=1-P(A)$.

性质 1、3 的证明留给读者，这里仅给出性质 2、4 的证明.

证 性质 2：因为 $A\cup B=A\cup(B-AB)$，且 $A(B-AB)=\varnothing$，$AB\subset B$，所以由性质 3 得

$$P(A\cup B)=P(A)+P(B-AB)=P(A)+P(B)-P(AB)$$

性质 4：因为 $A\cup\overline{A}=\Omega$，且 $A\cap\overline{A}=\varnothing$，所以由性质 2 可得

$$1=P(\Omega)=P(A\cup\overline{A})=P(A)+P(\overline{A})$$

$$P(\overline{A})=1-P(A)$$

【例 1.3】 设 A、B 为两事件，且设 $P(B)=0.5$，$P(A\cup B)=0.8$，求 $P(A\overline{B})$.

解

$$P(A\overline{B})=P(A(\Omega-B))=P(A-AB)=P(A)-P(AB)$$

$$P(A\cup B)=P(A)+P(B)-P(AB)$$

$$P(A\overline{B})=P(A\cup B)-P(B)=0.8-0.5=0.3$$

【例 1.4】 设 A、B 为两互不相容事件，$P(A)=0.5$，$P(B)=0.3$，求 $P(\overline{A}\,\overline{B})$.

解

$$\begin{aligned}P(\overline{A}\,\overline{B})&=1-P(A\cup B)=1-[P(A)+P(B)]\\&=1-(0.5+0.3)=0.2\end{aligned}$$

【例 1.5】 设事件 A、B 的概率分别为 $\frac{1}{3}$、$\frac{1}{2}$，在下列三种情况下分别求 $P(B\overline{A})$ 的值：

(1) A 与 B 互斥；

(2) $A \subset B$；

(3) $P(AB)=\frac{1}{8}$.

解
$$P(B\overline{A})=P(B)-P(AB)$$

(1) 因为 A 与 B 互斥，所以
$$AB=\varnothing$$
$$P(B\overline{A})=P(B)-P(AB)=P(B)=\frac{1}{2}$$

(2) 因为 $A \subset B$，所以
$$P(B\overline{A})=P(B)-P(AB)=P(B)-P(A)=\frac{1}{2}-\frac{1}{3}=\frac{1}{6}$$

(3)
$$P(B\overline{A})=P(B)-P(AB)=\frac{1}{2}-\frac{1}{8}=\frac{3}{8}$$

1.2.3 古典概型

“概型”是指某种概率模型. 古典概型是概率论发展初期的主要研究对象，所以也称为古典概型. 它是一种最简单、最直观的概率模型. 如果做某个随机试验 E 时，只有有限个事件 $A_1, A_2, \cdots, A_n$ 可能发生，且事件 $A_1, A_2, \cdots, A_n$ 满足下面三条：

(1) $A_1, A_2, \cdots, A_n$ 发生的可能性相等(等可能性)；

(2) 在任意一次试验中，$A_1, A_2, \cdots, A_n$ 至少有一个发生(完备性)；

(3) 在任意一次试验中，$A_1, A_2, \cdots, A_n$ 至多有一个发生(互不相容性)，

则将具有上述特性的概型称为古典概型或等可能概型，$A_1, A_2, \cdots, A_n$ 称为基本事件.

在古典概型中，试验 E 共有 n 个基本事件，事件 A 包含了 m 个基本事件，则事件 A 的概率为 $P(A)=m/n$，即
$$P(A)=\frac{A\text{ 中所含基本事件数}}{\Omega\text{ 中所含基本事件数}}$$

【例 1.6】 将一枚硬币抛两次：

(1) 设事件 A_1 为“恰好有一次出现正面”，求 $P(A_1)$；

(2) 设事件 A_2 为“至少有一次出现正面”，求 $P(A_2)$.

解 (1) 设随机试验 E 为：将一枚硬币抛两次，观察正反面出现的情况，则其样本空间为 $\Omega=\{HH, HT, TH, TT\}$. 它包含 4 个元素，且每个基本事件发生的可能性相同，故此实验为等可能概型. 又 $A_1=\{HT, TH\}$ 中包含 2 个基本事件数，故 $P(A_1)=\frac{1}{2}$.

(2) 因为 $\overline{A_2}=\{TT\}$，所以 $P(A_2)=1-P(\overline{A_2})=1-0.25=0.75$.

使用古典概率的计算公式来计算概率时，涉及计数的运算，当样本空间 Ω 中的元素较

多而不能一一列出时，我们只需要根据有关计数的原理和方法(如排列组合)计算出 Ω 及 A 中所包含的基本事件的个数，即可求出 A 的概率.

(1) 加法原理.

例如，某件事采用两种方法完成，第一种方法又可采用 m 种方法完成，第二种方法又可采用 n 种方法完成，则这件事可采用 $m+n$ 种方法完成.

(2) 乘法原理.

例如，某件事由两个步骤完成，第一个步骤可采用 m 种方法完成，第二个步骤可采用 n 种方法完成，则这件事可采用 $m\times n$ 种方法完成.

(3) 排列组合公式：

$\mathrm{A}_m^n=\dfrac{m!}{(m-n)!}$：计算从 m 个人中挑出 n 个人进行排列的可能数.

$\mathrm{C}_m^n=\dfrac{m!}{n!(m-n)!}$：计算从 m 个人中挑出 n 个人进行组合的可能数.

这里给出一个记号，它是组合数的推广，规定：

$$\binom{n}{r}=\begin{cases}1 & (r=0)\\ \dfrac{n(n-1)\cdots(n-r+1)}{r!} & (r=1,\ 2,\ \cdots,\ n)\\ 0 & (r>n)\end{cases}$$

其中，n 为正整数. 显然，当 $r\leqslant n$ 时，$\binom{n}{r}=\mathrm{C}_n^r$.

【例 1.7】 设袋中有 4 个白球和 2 个黑球，现从袋中无放回地依次摸出 2 个球(即第一次取一球不放回袋中，第二次再从剩余的球中取一球，此种抽取方式称为无放回抽样)，试求：

(1) 取到的两个球都是白球的概率；

(2) 取到的两个球都是黑球的概率；

(3) 取到的两个球中至少有一个是白球的概率；

(4) 取到的两个球颜色相同的概率.

解 记

$$A=\{\text{取到的两个球都是白球}\}$$
$$B=\{\text{取到的两个球都是黑球}\}$$
$$C=\{\text{取到的两个球中至少有一个是白球}\}$$
$$D=\{\text{取到的两个球颜色相同}\}$$

显然，$D=A\cup B$，$C=\overline{B}$.

(1) 用两种方法求 $P(A)$.

方法一 把 4 个白球和 2 个黑球彼此间看作是可区分的，将 4 个白球编号为 1、2、3、4，将 2 个黑球编号为 5、6，那么把第一次取到 3 号球(白球)和第二次取到 5 号球(黑球)这个基本事件与一个二维向量(3，5)相对应，从而基本事件的总数等于从 6 个不同元素中取出 2 个元素的无重复元素的排列总数 $\mathrm{A}_6^2=6\times5=30$，而由于抽取的任意性，这 30 种排列中出现任一种的可能性相同，因此这是一个古典概型问题．事件 A 包含的基本元素事件个数为 $A_4^2=4\times3=12$，所以 $P(A)=\dfrac{A_4^2}{A_6^2}=\dfrac{2}{5}$.

方法二　把摸得的 2 个球如 4 号球(白球)和 6 号球(黑球)看作一个基本事件(不管它们摸到的顺序如何)，则基本事件的总数为从 6 个不同的元素中任取 2 个元素的组合数 $\binom{6}{2}$．由对称性可知，每个基本事件发生的可能性相同．这时，事件 A 包含的基本元素事件数为 $\binom{4}{2}$，所以 $P(A)=\dfrac{\binom{4}{2}}{\binom{6}{2}}=\dfrac{\dfrac{A_4^2}{2!}}{\dfrac{A_6^2}{2!}}=\dfrac{2}{5}$.

(2) 类似(1)，可求得 $P(B)=\dfrac{2\times1}{6\times5}=\dfrac{1}{15}$.

(3) 因为 $C=\overline{B}$，所以有 $P(C)=P(\overline{B})=1-P(B)=1-\dfrac{1}{15}=\dfrac{14}{15}$.

(4) 由于 $AB=\varnothing$，因此由概率的有限可加性得 $P(D)=P(A\cup B)=P(A)+P(B)=\dfrac{2}{5}+\dfrac{1}{15}=\dfrac{7}{15}$.

对于有放回抽样的情形(即第一次取出一个球，观察颜色后放回袋中，搅匀后再抽取第二个)，读者可类似地解决例 1.7 中的 4 个问题.

此抽象模型对应许多实际问题.

例如，设每个人的生日在一年 365 天中的任一天是等可能的，即都等于 $\dfrac{1}{365}$，那么随机选取 $n(n\leqslant365)$个人，他们的生日各不相同的概率为

$$\frac{365\times364\times\cdots\times(365-n+1)}{365^n}$$

因而，n 个人中至少有两个人生日相同的概率为

$$P=1-\frac{365\times364\times\cdots\times(365-n+1)}{365^n}$$

如果 $n=50$，可算出 $P=0.970$，即在一个 50 人的班级里，“至少有两个人的生日相同”这一事件发生的概率与 1 的差别不大．如果 $n=100$，则 $P=0.9999997$，这一概率几乎是 1.

1.2.4　几何概型

如果一个试验具有以下两个特点：

(1) 样本空间 Ω 是一个大小可以计量的几何区域(如线段、平面、立体)，

(2) 向区域内任意投一点，落在区域内任意点处都是“等可能的”，

那么，事件 A 的概率由下式计算：

$$P(A)=\frac{A\text{ 的计量}}{\Omega\text{ 的计量}}$$

【例 1.8】 甲、乙二人相约 8—12 点在预定地点会面，先到的人等候另一人 30 分钟后离去，求甲、乙二人能会面的概率.

解 以 X、Y 分别表示甲、乙二人到达的时刻，那么 $8\leqslant X\leqslant 12$，$8\leqslant Y\leqslant 12$. 若以 (X, Y)表示平面上的点的坐标，则所有基本事件可以用这个平面上的边长为 4 的一个正方形 $0\leqslant X'\leqslant 4$, $0\leqslant Y'\leqslant 4$ 内的所有点表示出来. 二人能会面的充要条件是 $|X'-Y'|\leqslant\frac{1}{2}$，如图 1.7 所示(假设叫作阴影部分)，所以所求的概率为

$$P=\frac{\text{阴影部分的面积}}{\text{正方形的面积}}=\frac{16-2\times\left[\frac{1}{2}\times\left(4-\frac{1}{2}\right)^{2}\right]}{16}=\frac{15}{64}$$

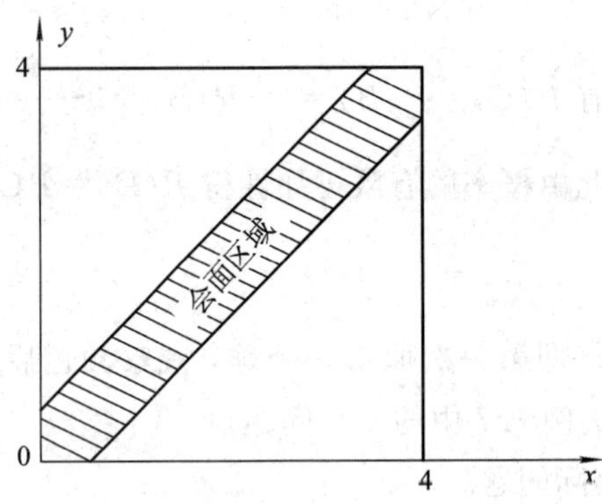

图 1.7

【例 1.9】 (蒲丰(Buffon)投针问题) 平面上画有等距离的平行线，平行线的距离为 a $(a>0)$，向平面掷一枚长为 $l(l<a)$的针，试求针与平行线相交的概率.

解 以 x 表示针的中点与最近一条平行线的距离，又以 φ 表示针与直线间的交角(见图 1.8(a))，易知有

$$\Omega=\left\{(\varphi, x)\mid 0\leqslant x\leqslant\frac{a}{2}, 0\leqslant\varphi\leqslant\pi\right\}$$

令 $A=\{$针与平行线相交$\}$，则有

$$A=\left\{(\varphi, x)\mid 0\leqslant x\leqslant\frac{l}{2}\sin\varphi\right\}$$

Ω 表示的区域是图 1.8(b)中的矩形，A 表示的区域是图 1.8(b)中的阴影部分.

由等可能性知

$$P(A)=\frac{S(A)}{S(\Omega)}=\frac{\int_0^{\pi}\frac{l}{2}\sin\varphi\,\mathrm{d}\varphi}{\pi\,\frac{a}{2}}=\frac{2l}{\pi a}$$

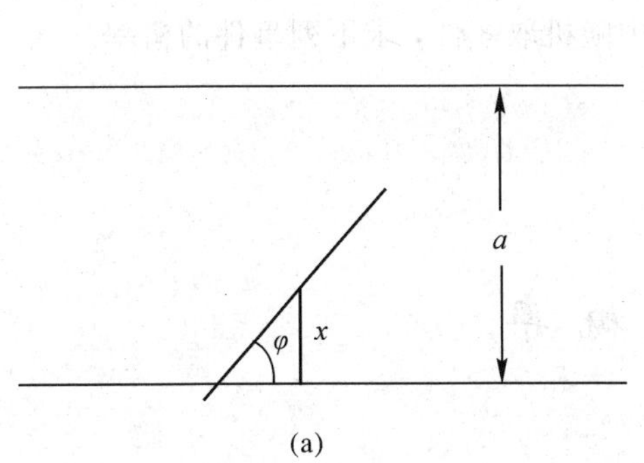

(a)

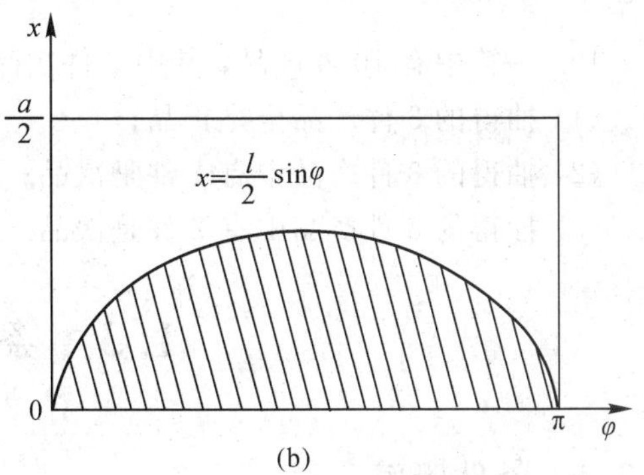

(b)

图 1.8

习题 1.2

1. 已知 $A\subset B$，$P(A)=0.4$，$P(B)=0.6$，试求：

(1) $P(\overline{A})$，$P(\overline{B})$；

(2) $P(AB)$；

(3) $P(A\cup B)$；

(4) $P(\overline{A}B)$；

(5) $P(\overline{A}\overline{B})$，$P(\overline{B}A)$.

2. 已知 A、B 是两个事件，并且 $P(A)=0.5$，$P(B)=0.7$，$P(A\cup B)=0.8$，试求 $P(B-A)$、$P(A-B)$.

3. 已知 $P(A)=P(B)=P(C)=\frac{1}{4}$，$P(AB)=P(BC)=\frac{1}{16}$，$P(CA)=0$，试求：

(1) A、B、C 中至少有一个发生的概率；

(2) A、B、C 全不发生的概率.

4. 把 10 本书任意放在书架的一排上，求其中指定的 3 本书放在一起的概率.

5. 从 1～5 五个数码中任取 3 个不同数码排成一个 3 位数，求：

(1) 所得的 3 位数为偶数的概率；

(2) 所得的 3 位数为奇数的概率.

6. n 个朋友随机地围绕圆桌就座，求其中两个人一定坐在一起(即座位相邻)的概率.

7. 某油漆公司有 17 桶油漆，其中白漆 10 桶，黑漆 4 桶，红漆 3 桶，在搬运过程中所有的标签脱落，交货人随机地将这些油漆发给顾客，问一个订货为 4 桶白漆、3 桶黑漆和 2 桶红漆的顾客能按所订颜色如数得到订货的概率是多少?

8. 两艘轮船都要停靠在同一个泊位，它们可能在一昼夜的任意时刻到达. 设两艘轮船停靠泊位时间分别为 1 h 和 2 h，求有一艘轮船停靠泊位时需要等待一段时间的概率.

9. 随机地向半圆 $0<y<\sqrt{2ax-x^2}$ ($a>0$，a 为常数)内任掷一点，点落在半圆内任何区域的概率与该区域的面积成正比，试求原点到该点的连线与 x 轴正向的夹角小于 $\frac{\pi}{4}$ 的概率.

10. 一箱中有 10 件产品，其中 2 件次品，从中随机取 3 件，求下列事件的概率.

(1) 抽得的 3 件产品全是正品；

(2) 抽得的 3 件产品中有 1 件是次品；

(3) 抽得的 3 件产品中有 2 件是次品.

1.3 条件概率

1.3.1 条件概率

在实际问题中，常常会遇到这样的问题：在得到某个信息 A 以后(即在已知事件 A 发生的条件下)，求事件 B 发生的概率. 这时，因为求 B 的概率是在已知 A 发生的条件下，所以称为在事件 A 发生的条件下事件 B 发生的条件概率，记为 $P(B|A)$.

【例 1.10】 一个家庭中有两个小孩，已知其中至少有一个是女孩，求另一个是女孩的概率(假定生男生女是等可能的).

解 由题意知，样本空间 $\Omega=\{$(男，男)，(男，女)，(女，男)，(女，女)$\}$.

A 表示事件“其中有一个是女孩”，B 表示事件“两个都是女孩”，则有 $A=\{$(男，女)，(女，男)，(女，女)$\}$，$B=\{$(女，女)$\}$.

由于事件 A 已经发生，因此这次试验的所有可能结果只有 3 种，而事件 B 包含的基本事件只占其中 1 种，所以有

$$P(B|A)=\frac{1}{3} \tag{1}$$

在这个例子中，若不知道事件 A 已经发生的信息，那么事件 B 发生的概率为

$$P(B)=\frac{1}{4}$$

这里 $P(B)\neq P(B|A)$，其原因在于事件 A 的发生改变了样本空间，使它由原来的 Ω 缩减为 Ω_A，而 $P(B|A)$是在新的样本空间 Ω_A 中由古典概率的计算公式而得到的.

例 1.10 中计算 $P(B|A)$的方法并不普遍适用. 如果回到原来的样本空间 Ω 中考虑，显然有

$$P(A)=\frac{3}{4},\ P(AB)=\frac{1}{4}$$

从而

$$P(B|A)=\frac{1}{3}=\frac{1/4}{3/4}$$

即

$$P(B|A)=\frac{P(AB)}{P(A)} \tag{2}$$

由概率的直观意义可知，在事件 A 发生的条件下事件 B 发生，当且仅当试验的结果既属于 B 又属于 A，即属于 AB. 因此 $P(B|A)$应为 $P(AB)$在 $P(A)$中的“比重”. 式(2)表述的正是这个事实. 因此，一般场合下，也可以用上述关系式作为条件概率的定义.

定义 1.2　设 A、B 是两个事件，且 $P(A)>0$，则称

$$P(B|A)=\frac{P(AB)}{P(A)}$$

为在事件 A 发生的条件下事件 B 发生的条件概率.

可以验证，条件概率 $P(\cdot|A)$满足概率公理化定义中的三条公理，即

(1) 对每个事件 B，有 $P(B|A)\geqslant 0$；

(2) $P(\Omega|A)=1$；

(3) 设 B_1，B_2，…是两两互不相容的事件，则有

$$P\left(\bigcup_{i=1}^{\infty}B_i|A\right)=\sum_{i=1}^{\infty}P(B_i|A)$$

从而概率所具有的性质和满足的关系式对条件概率仍适用. 例如：

$$P(\varnothing|A)=0$$

$$P(\bar{B}|A)=1-P(B|A)$$

$$P(B_1\cup B_2\mid A)=P(B_1|A)+P(B_2|A)-P(B_1B_2|A)$$

计算条件概率可选择以下两种方法之一：

(1) 在缩小后的样本空间 Ω_A 中计算 B 发生的概率 $P(B|A)$.

(2) 在原样本空间 Ω 中，先计算 $P(AB)$、$P(A)$，再按公式 $P(B|A)=P(AB)/P(A)$ 求得 $P(B|A)$.

【例 1.11】　设某种动物出生起活 20 岁以上的概率为 80%，活 25 岁以上的概率为 40%. 如果现在有一个 20 岁的这种动物，它能活 25 岁以上的概率是多少？

解　设事件 $A=\{$能活 20 岁以上$\}$，事件 $B=\{$能活 25 岁以上$\}$. 按题意，$P(A)=0.8$，由于 $B\subset A$，因此 $P(AB)=P(B)=0.4$. 由条件概率的定义得

$$P(B\mid A)=\frac{P(AB)}{P(A)}=\frac{0.4}{0.8}=0.5$$

【例 1.12】　某电子元件厂有职工 180 人，其中男职工 100 人，女职工 80 人，男女职工中非熟练工人分别有 20 人与 5 人. 现在从该厂中任选一名职工.

(1) 该职工为非熟练工人的概率是多少？

(2) 若已知被选出的是女职工，她是非熟练工人的概率又是多少？

解　(1) 设事件 A 表示“任选一名职工为非熟练工人”，则 $P(A)=\frac{25}{180}=\frac{5}{36}$.

(2) 此题增加了一个附加条件，即“已知被选出的是女职工”，则记事件 B 为“选出的是女职工”. 因此，本题就是求“在已知事件 B 发生的条件下事件 A 发生的概率”，这就要用到条件概率公式，有

$$P(A\mid B)=\frac{P(AB)}{P(B)}=\frac{5/180}{80/180}=\frac{1}{16}$$

此题也可考虑用缩小样本空间的方法来做. 既然已经知道选出的是女职工，那么男职工就可以排除在考虑范围之外，“B 已发生条件下的事件 A”就相当于在全部女职工中任选一人，并选出了非熟练工人，从而样本空间 Ω_B 的样本点数就不是原来的样本空间 Ω 的 180 人，而是全体女职工人数 80 人，上述事件中包含的样本点数就是女职工中的非熟练工

人数 5 人，因此所求概率为 $P(A|B)=\frac{5}{80}=\frac{1}{16}$.

1.3.2 乘法公式

由条件概率的定义容易推得概率的乘法公式：

$$P(AB)=P(A)P(B|A)$$

利用这个公式可以计算积事件.

另外，由于 A、B 的位置具有对称性，因此，若 $P(B)>0$，则由

$$P(A|B)=\frac{P(AB)}{P(B)}$$

可得

$$P(AB)=P(A|B)P(B)$$

乘法公式可以推广到 n 个事件的情形：若 $P(A_1A_2\cdots A_n)>0$，则

$$P(A_1A_2\cdots A_n)=P(A_1)P(A_2|A_1)P(A_3|A_1A_2)\cdots P(A_n|A_1\cdots A_{n-1})$$

【例 1.13】 在一批由 90 件正品、3 件次品组成的产品中，不放回接连抽取两件产品，问第一件取正品、第二件取次品的概率.

解 设事件 $A=\{$第一件取正品$\}$，事件 $B=\{$第二件取次品$\}$，则

$$P(A)=\frac{90}{93},\ P(B|A)=\frac{3}{92}$$

由乘法公式得

$$P(AB)=P(A)P(B|A)=\frac{90}{93}\times\frac{3}{92}=0.0316$$

【例 1.14】 一袋中有 a 个白球和 b 个红球，现依次不放回地从袋中取两球，试求两次均取到白球的概率.

解 记 $A_i=\{$第 i 次取到白球$\}(i=1,2)$，显然有

$$P(A_1)=\frac{a}{a+b},\ P(A_2|A_1)=\frac{a-1}{a+b-1}$$

因此

$$P(A_1A_2)=P(A_2|A_1)P(A_1)=\frac{a-1}{a+b-1}\cdot\frac{a}{a+b}$$

1.3.3 全概率公式与贝叶斯公式

为了计算复杂事件的概率，经常把一个复杂事件分解为若干个互不相容的简单事件的和，通过分别计算简单事件的概率来求得复杂事件的概率.

全概率公式 设 Ω 为试验 E 的样本空间，B_1，B_2，…，B_n 为 E 的一组事件，且满足：

(1) B_1，B_2，…，B_n 互不相容，且 $P(B_i)>0(i=1,2,\cdots,n)$；

(2) $B_1\cup B_2\cup\cdots\cup B_n=\Omega$，

则称 B_1，B_2，…，B_n 为样本空间的一个划分，对 E 中的任意一个事件 A，都有

$$P(A)=P(B_1)P(A|B_1)+P(B_2)P(A|B_2)+\cdots+P(B_n)P(A|B_n)$$

全概率公式可以解释为什么抓阄不分先后. 假设七人轮流抓阄，抓一张参观票，问第

二人抓到的概率是多少?

不妨设 A_i={第 i 人抓到参观票}($i=1, 2$)，于是

$$P(A_1)=\frac{1}{7},\ P(\overline{A_1})=\frac{6}{7},\ P(A_2 \mid A_1)=0,\ P(A_2 \mid \bar{A}_1)=\frac{1}{6}$$

由全概率公式得

$$P(A_2)=P(A_1)P(A_2 \mid A_1)+P(\bar{A}_1)P(A_2 \mid \bar{A}_1)=0+\frac{6}{7}\times\frac{1}{6}=\frac{1}{7}$$

由此可以看到，第一个人和第二个人抓到参观票的概率一样. 事实上，每个人抓到的概率都一样. 这就是“抓阄不分先后原理”.

【例 1.15】 某工厂的两个车间生产同型号的家用电器. 根据以往经验，第 1 车间的次品率为 0.15，第 2 车间的次品率为 0.12. 两车间生产的成品混合堆放在一个仓库里且无区分标志. 假设第 1、2 车间生产的成品比例为 2∶3.

(1) 在仓库中随机地取出一件成品，求它是次品的概率;

(2) 在仓库中随机地取出一件成品，若已知取出的是次品，求此次品分别由第 1、2 车间生产出来的概率.

解　(1) 记 A={从仓库中随机地取出一件是次品}，B_i={取出来的一件是第 i 车间生产的}($i=1, 2$). 因为 $\Omega=B_1\cup B_2$，$B_1B_2=\varnothing$，从而 $A=AB_1\cup AB_2$，$(AB_1)(AB_2)=\varnothing$，于是

$$\begin{aligned}P(A)&=P(AB_1\cup AB_2)=P(AB_1)+P(AB_2)\\&=P(A|B_1)P(B_1)+P(A|B_2)P(B_2)\\&=0.15\times\frac{2}{5}+0.12\times\frac{3}{5}\\&=0.132\end{aligned}$$

(2) 问题归结为计算 $P(B_1|A)$ 和 $P(B_2|A)$. 由条件概率的定义及乘法公式，有

$$P(B_1|A)=\frac{P(AB_1)}{P(A)}=\frac{P(A|B_1)P(B_1)}{P(A)}=\frac{0.15\times\frac{2}{5}}{0.132}\approx 0.4545$$

$$P(B_2|A)=\frac{P(AB_2)}{P(A)}=\frac{P(A|B_2)P(B_2)}{P(A)}=\frac{0.12\times\frac{3}{5}}{0.132}\approx 0.5455$$

例 1.15 中(1)的求解可以看作已知所有可能“原因”发生的概率，求“结果”发生的概率，我们将这类问题称为全概率问题.

例 1.15 中(2)的求解是(1)的求解的一个相反问题，它是由“结果”来判断“原因”. 也就是说，观察到一个事件已经发生，再来研究事件发生的各种原因、情况或途径的可能性的大小. 通常称这一类问题为逆概率问题. 逆概率问题可以从另外一个角度加以解释. 在例 1.15 中，$P(B_i)$($i=1, 2$)是根据以往的经验或数据分析而来的，叫作先验概率，而在得到信息(即已知从仓库中随机取出的一件是次品)之后计算出 $P(B_i)$($i=1, 2$)叫作后验概率. 后验概率是有了试验结果后，对先验概率的一种校正. 利用条件概率的定义，以及乘法公式和全概率公式，可以得到下面求逆概率问题或后验概率的贝叶斯公式.

贝叶斯公式　设试验 E 的样本空间为 Ω，A 为 E 的一个事件，$B_1, B_2, \cdots, B_n$ 为样

本空间Ω的一个划分，且$P(A)>0$，$P(B_i)>0(i=1, 2, \cdots, n)$，则

$$P(B_i \mid A)=\frac{P(B_iA)}{P(A)}=\frac{P(B_i)P(A|B_i)}{P(B_1)P(A|B_1)+\cdots+P(B_n)P(A|B_n)}$$

这个公式也称为后验公式.

【例 1.16】 发报台分别以概率 0.6 和 0.4 发出信号“.”和“—”，由于通信系统受到干扰，当发出信号“.”时，收报台未必收到信号“.”，而是分别以概率 0.8 和 0.2 收到“.”和“—”；同样，发出“—”时分别以概率 0.9 和 0.1 收到“—”和“.”. 如果收报台收到“.”，求它没有收错的概率.

解 设$A=\{$发报台发出信号“.”$\}$，$\bar{A}=\{$发报台发出信号“—”$\}$，$B=\{$收报台收到“.”$\}$，$\bar{B}=\{$收报台收到“—”$\}$，于是，$P(A)=0.6$，$P(\bar{A})=0.4$，$P(B|A)=0.8$，$P(\bar{B}|A)=0.2$，$P(B|\bar{A})=0.9$，$P(\bar{B}|\bar{A})=0.1$. 按贝叶斯公式，有

$$P(A \mid B)=\frac{P(AB)}{P(B)}=\frac{P(A)P(B \mid A)}{P(A)P(B \mid A)+P(A)P(B \mid \bar{A})}$$

$$=\frac{0.6\times 0.8}{0.6\times 0.8+0.4\times 0.9}=0.5714$$

所以没有收错的概率为 0.5714.

【例 1.17】 根据以往的记录，某种诊断肝炎的试验有如下效果：对肝炎病人的试验呈阳性的概率为 0.95；对非肝炎病人的试验呈阴性的概率为 0.95. 对自然人群进行普查的结果为：有千分之五的人患有肝炎. 现有某人做此试验，结果为阳性，问此人确有肝炎的概率为多少?

解 设$A=\{$某人做此试验，结果为阳性$\}$，$B=\{$某人确有肝炎$\}$. 由已知条件有

$$P(A|B)=0.95,\ P(\bar{A}|\bar{B})=0.95,\ P(B)=0.005$$

从而

$$P(\bar{B})=1-P(B)=0.995,\ P(A|\bar{B})=1-P(\bar{A}|\bar{B})=0.05$$

由贝叶斯公式，有

$$P(B \mid A)=\frac{P(BA)}{P(A)}=\frac{P(B)P(A \mid B)}{P(B)P(A \mid B)+P(\bar{B})P(A \mid \bar{B})}=0.087$$

本题的结果表明，虽然$P(A|B)=0.95$，$P(\bar{A}|\bar{B})=0.95$，这两个概率都很高，但若将此试验用于普查，则有$P(B|A)=0.087$，即其正确性只有 8.7%. 如果不注意到这一点，将会经常得出错误的诊断. 这也说明，若将$P(A|B)$和$P(B|A)$搞混了，会造成不良的后果.

习题 1.3

1. 已知$P(\bar{A})=0.3$，$P(B)=0.4$，$P(A\bar{B})=0.5$，求条件概率$P(B|A\cup\bar{B})$.

2. 已知$P(A)=0.5$，$P(B)=0.6$，$P(B|A)=0.8$，求$P(AB)$及$P(\bar{A}\bar{B})$.

3. 某人有一笔资金，他投入基金的概率为 0.58，购买股票的概率为 0.28，两项同时都

投资的概率为0.19.

（1）已知他已投入基金，再购买股票的概率是多少？

（2）已知他已购买股票，再投入基金的概率是多少？

4. 假设在某时间内影响股票价格变化的因素只有银行存款利率的变化. 经分析，该时期内利率不会上调，利率下调的概率是60%，利率不变的概率是40%. 根据经验，在利率下调时某只股票上涨的概率为80%，在利率不变时这只股票上涨的概率为40%. 求这只股票上涨的概率.

5. 设某光学仪器厂制造的透镜，第一次落下时打破的概率为$\frac{1}{2}$，第一次落下时未打破而第二次落下时打破的概率为$\frac{7}{10}$，前两次落下时未打破而第三次落下时打破的概率为$\frac{9}{10}$，试求透镜落下3次而未打破的概率.

6. 已知10只产品中有2只次品，在其中取两次，每次任取一只，作不放回抽样，求下列事件的概率：

（1）两只都是正品；

（2）两只都是次品；

（3）一只是正品，一只是次品.

7. 某产品主要由三个厂家供货. 甲、乙、丙三家厂家的产品分别占总数的15%、80%、5%，其次品率分别为0.02、0.01、0.03.

（1）试计算从这批产品中任取一件不是合格品的概率；

（2）已知从这批产品中随机取出的一件是不合格品，问这件产品由哪个厂家生产的可能性最大？

8. 已知男性中有5%是色盲患者，女性中有0.25%是色盲患者，现在从男、女人数相等的人群中随机挑选一人，恰好是色盲患者，问此人是男性的概率有多大？

9. 对以往数据分析表明，当机器调整得良好时，产品的合格率为90%；而当机器发生故障时，产品的合格率为30%. 每天早上机器开动时，机器调整良好的概率为75%. 已知某日早上第一件产品是合格品，试求机器调整得良好的概率.

10. 将两信息分别编码为X和Y后传送出去，接收站接收时，X被误收作Y的概率为0.02，而Y被误收作X的概率为0.01. 信息X与信息Y传送的频繁程度之比为2∶1. 若接收站收到的信息是X，问原发信息也是X的概率是多少？

11. 某工厂中，三台机器分别生产某种产品总数的25%、35%、40%，它们生产的产品中分别有5%、4%、2%的次品，将这些产品混在一起，今随机地取一件产品，问它是次品的概率是多少？又问这件次品由三台机器中的哪台机器生产的可能性最大？

1.4　事件的独立性

1.4.1　独立性

设A、B是两个事件，一般来说$P(B)\neq P(B|A)$，这表示事件A的发生对事件B的

发生的概率有影响，只有当 $P(B)=P(B|A)$ 时才可以认为 A 的发生与否对 B 的发生毫无影响，这时就称两事件是独立的. 由条件概率可知：

$$P(AB)=P(A)P(B\mid A)=P(A)P(B)$$

由此我们引出下面的定义.

定义 1.3 若两事件 A、B 满足 $P(AB)=P(A)P(B)$，则称 A、B 相互独立.

【例 1.18】 某公司有工作人员 100 名，其中 35 岁以下的青年人 40 名，该公司每天在所有工作人员中随机地选出一人为当天的值班员，而不论其是否在前一天刚好值过班，求：

(1) 已知第一天选出的是青年人，第二天选出青年人的概率；

(2) 已知第一天选出的不是青年人，第二天选出青年人的概率；

(3) 第二天选出青年人的概率.

解 设 A 表示事件"第一天选出青年人"，B 表示事件"第二天选出青年人"，则

$$P(A)=0.4,\ P(AB)=\frac{40}{100}\times\frac{40}{100}=0.16$$

所以问题(1) 为

$$P(B\mid A)=\frac{P(AB)}{P(A)}=0.4$$

问题(2)为

$$P(B\mid \bar{A})=\frac{P(\bar{A}B)}{P(\bar{A})}=\frac{\dfrac{60}{100}\times\dfrac{40}{100}}{\dfrac{60}{100}}=0.4$$

问题(3)为

$$P(B)=P(AB)+P(\bar{A}B)=0.4\times0.4+0.6\times0.4=0.4$$

【例 1.19】 甲、乙二人独立地对目标各射击一次，设甲射中目标的概率为 0.5，乙射中目标的概率为 0.6，求目标被击中的概率.

解 设 A、B 分别表示甲、乙击中目标，则 $A\cup B$ 表示目标被击中. 由于 A、B 独立，因此

$$\begin{aligned}P(A\cup B)&=P(A)+P(B)-P(AB)\\&=P(A)+P(B)-P(A)P(B)\\&=0.5+0.6-0.5\times0.6\\&=0.8\end{aligned}$$

定理 1.1 若事件 A 与事件 B 相互独立，则 A 与 $\bar{B}$，$\bar{A}$ 与 B，$\bar{A}$ 与 $\bar{B}$ 也分别相互独立.

证明留给读者自己思考.

利用定理 1.1，可得例 1.19 的另一种解法：

$$\begin{aligned}P(A\cup B)&=1-P(\overline{A\cup B})=1-P(\bar{A}\bar{B})\\&=1-P(\bar{A})P(\bar{B})=1-0.5\times0.4\end{aligned}$$

$=0.8$

应当指出的是，事件的独立性与事件互不相容，是两个完全不同的概念. 事实上，由定义可以证明，在 $P(A)>0$，$P(B)>0$ 的前提下，事件 A 与事件 B 相互独立和事件 A、B 互不相容是不能同时成立的.

1.4.2　多个事件的独立性

定义 1.4　设 A、B、C 是三个事件，如果满足：

$$P(AB)=P(A)P(B)$$
$$P(BC)=P(B)P(C)$$
$$P(AC)=P(A)P(C)$$

则称这三个事件 A、B、C 是两两独立的. 在此基础上还满足 $P(ABC)=P(A)P(B)P(C)$，则称事件 A、B、C 相互独立.

需要注意的是，三个事件相互独立一定是两两独立的，但两两独立未必相互独立. 例如著名的伯恩斯坦反例：一个均匀的正四面体，其第一面染成红色，第二面染成白色，第三面染成黑色，而第四面同时染上红、白、黑三种颜色. 现以 A、B、C 分别记投一次四面体出现红、白、黑颜色朝下的事件，问 A、B、C 是否相互独立？

由于在四面体中红、白、黑分别出现两面，因此 $P(A)=P(B)=P(C)=\dfrac{1}{2}$.

由已知有 $P(AB)=P(BC)=P(AC)=\dfrac{1}{4}$，故

$$\begin{cases} P(AB)=P(A)P(B)=\dfrac{1}{4} \\ P(BC)=P(B)P(C)=\dfrac{1}{4} \\ P(AC)=P(A)P(C)=\dfrac{1}{4} \end{cases}$$

则三事件 A、B、C 两两独立，而 $P(ABC)=\dfrac{1}{4}\neq\dfrac{1}{8}=P(A)P(B)P(C)$，因此 A、B、C 不相互独立.

【例 1.20】　一产品的生产分四道工序完成，第一、二、三、四道工序生产的次品率分别为 2%、3%、5%、3%，各道工序独立完成，求该产品的次品率.

解　设 $A=\{$该产品是次品$\}$，$A_i=\{$第 i 道工序生产出次品$\}(i=1, 2, 3, 4)$，则

$$P(A)=1-P(\bar{A})=1-P(\bar{A}_1\bar{A}_2\bar{A}_3\bar{A}_4)=1-P(\bar{A}_1)P(\bar{A}_2)P(\bar{A}_3)P(\bar{A}_4)$$
$$=1-(1-0.02)(1-0.03)(1-0.05)(1-0.03)=0.124$$

事件的相互独立性的概念可推广到多个事件的情形.

定义 1.5　设 $A_1, A_2, \cdots, A_n$ 是 n 个事件，若对任意的正整数 $1\leqslant i<j<k<\cdots\leqslant n$ 有

$$P(A_iA_j)=P(A_i)P(A_j)$$
$$P(A_iA_jA_k)=P(A_i)P(A_j)P(A_k)$$

$$\vdots$$

$$P(A_1A_2\cdots A_n)=P(A_1)P(A_2)\cdots P(A_n)$$

则称事件 A_1，A_2，…，A_n 相互独立.

【例 1.21】 设高射炮每次击中飞机的概率为 0.2，至少需要多少门这种高射炮同时独立发射(每门射一次)才能使击中飞机的概率达到 95%以上？

解 设需要 n 门高射炮，A 表示事件“飞机被击毁”，A_i 表示事件“第 i 门高射炮击中飞机($i=1, 2, \cdots, n$)”，则

$$\begin{aligned}P(A)&=P(A_1\cup A_2\cup\cdots\cup A_n)=1-\prod_{i=1}^{n}P(\overline{A_i})\\&=1-(1-0.2)^n\end{aligned}$$

令 $1-(1-0.2)^n\geqslant 0.95$，得 $0.8^n\leqslant 0.05$，可得 $n\geqslant 14$.

【例 1.22】 设 A、B、C 三事件相互独立，试证 $A\cup B$ 与 C 相互独立.

证明

$$\begin{aligned}P((A\cup B)C)&=P(AC\cup BC)=P(AC)+P(BC)-P(ABC)\\&=P(A)P(C)+P(B)P(C)-P(A)P(B)P(C)\\&=\{P(A)+P(B)-P(A)P(B)\}P(C)\\&=P(A\cup B)P(C)\end{aligned}$$

因此，$A\cup B$ 与 C 相互独立.

【例 1.23】 甲、乙两射手独立地射击同一目标，他们击中目标的概率分别为 0.9、0.8. 求在一次射击(每人各射一次)中目标被击中的概率.

解 设 A、B 分别表示甲、乙射中目标的事件，C 表示目标被击中的事件，则根据 $\overline{C}=\overline{A}\overline{B}$ 以及独立性，有

$$P(\overline{C})=P(\overline{A}\overline{B})=P(\overline{A})P(\overline{B})=(1-0.9)(1-0.8)=0.02$$

于是所求概率为

$$P(C)=1-P(\overline{C})=1-0.02=0.98$$

【例 1.24】 两名选手轮流射击同一目标，甲命中的概率为 α，乙命中的概率为 β，甲先射，谁先命中谁得胜，问甲、乙二人获胜的概率各为多少？

解 A_i 表示“第 i 次射击命中目标($i=1, 2, \cdots$)”. 因为甲先射，所以“甲获胜”可以表示为 $A_1\cup\overline{A}_1\overline{A}_2A_3\cup\overline{A}_1\overline{A}_2\overline{A}_3\overline{A}_4A_5\cup\cdots$. 由于各次射击是相互独立的，因此

$$\begin{aligned}P(\text{甲获胜})&=\alpha+(1-\alpha)(1-\beta)\alpha+(1-\alpha)^2(1-\beta)^2\alpha+\cdots\\&=\alpha\sum_{i=0}^{+\infty}(1-\alpha)^i(1-\beta)^i=\frac{\alpha}{1-(1-\alpha)(1-\beta)}\end{aligned}$$

同理可得

$$\begin{aligned}P(\text{乙获胜})&=P(\overline{A}_1A_2\cup\overline{A}_1\overline{A}_2\overline{A}_3A_4\cup\cdots)\\&=(1-\alpha)\beta+(1-\alpha)(1-\beta)(1-\alpha)\beta+\cdots\\&=\beta(1-\alpha)\sum_{i=0}^{+\infty}(1-\alpha)^i(1-\beta)^i\\&=\frac{\beta(1-\alpha)}{1-(1-\alpha)(1-\beta)}\end{aligned}$$

【例 1.25】 系统由多个元件组成，且所有元件都独立地工作，设每个元件正常工作的概率都是 $p=0.9$，试求以下系统正常工作的概率.

(1) 二元件串联系统 S_1；

(2) 二元件并联系统 S_2；

(3) 五元件桥式系统 S_3，见图 1.9.

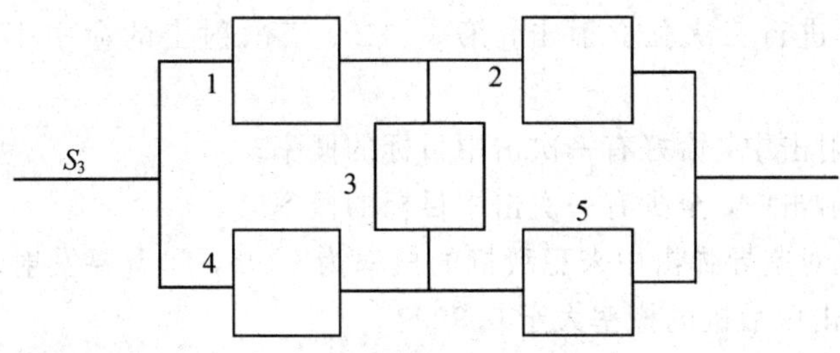

图 1.9

解　设 S_i 表示"第 i 个系统正常工作"，A_i 表示"第 i 个元件正常工作".

(1) 对串联系统而言，$S_1=A_1A_2$，所以

$$P(S_1)=P(A_1A_2)=P(A_1)P(A_2)=p^2=0.81$$

(2) 对并联系统而言，$S_2=A_1\cup A_2$，所以

$$\begin{aligned}P(S_2)&=P(A_1\cup A_2)=P(A_1)+P(A_2)-P(A_1A_2)\\&=p+p-p^2=0.99\end{aligned}$$

(3) 由全概率公式 $P(S_3)=P(A_3)P(S_3|A_3)+P(\overline{A}_3)P(S_3|\overline{A}_3)$可知：

在"第三个元件正常工作"的条件下，系统成为先并后串系统，所以

$$\begin{aligned}P(S_3\mid A_3)&=P((A_1\cup A_4)(A_2\cup A_5))=P(A_1\cup A_4)P(A_2\cup A_5)\\&=[1-(1-p)^2]^2=0.9801\end{aligned}$$

在"第三个元件不正常工作"的条件下，系统成为先串后并系统，所以

$$P(S_3\mid\overline{A}_3)=P(A_1A_2\cup A_4A_5)=1-(1-p^2)^2=0.9639$$

最后得

$$\begin{aligned}P(S_3)&=p[1-(1-p)^2]^2+(1-p)[1-(1-p^2)^2]\\&=0.9\times0.9801+0.1\times0.9639\\&=0.9785\end{aligned}$$

习题 1.4

1. 设 $P(A)=0.7$，$P(B)=0.8$，$P(B|A)=0.8$. 问事件 A 与 B 是否相互独立?

2. 已知 $P(A)=a$，$P(B)=0.3$，$P(\overline{A}\cup B)=0.7$.

(1) 若事件 A 与 B 互不相容，求 a；

(2) 若事件 A 与 B 相互独立，求 a.

3. 设 A 与 B 相互独立，且 $P(A)=\alpha$，$P(B)=\beta$，求下列事件的概率：

(1) $P(A\cup B)$；

(2) $P(A\cup\overline{B})$；

(3) $P(\overline{A}\cup\overline{B})$.

4. 甲、乙两人独立地向同一目标各射击一次，其命中率分别为0.6和0.7，求目标被命中的概率. 若已知目标被命中，求它由甲射中的概率.

5. 三个人独立去破译一份密码，已知个人能译出的概率分别为1/5、1/3、1/4，问三人中至少有一个人能将此密码译出的概率为多少?

6. 对同一目标进行三次独立射击，第一、二、三次射击的命中率分别为0.4、0.5、0.7，求：

(1) 在这三次射击中，恰好有一次击中目标的概率；

(2) 在这三次射击中，至少有一次击中目标的概率.

7. 已知每枚地对空导弹击中来犯敌机的概率为0.96，问需要发射多少枚导弹才能保证至少有一枚导弹击中敌机的概率大于0.999?

8. (保险赔付)设有 n 个人向保险公司购买人身意外保险(保险期为1年)，假定保险人在一年内发生意外的概率为0.01.

(1) 求保险公司赔付的概率；

(2) 当 n 为多大时使得以上赔付的概率超过1/2?

9. (先下手为强)甲、乙两人射击水平相当，于是约定比赛规则：双方对同一目标轮流射击，若一方失利，另一方可以继续射击，直到有人命中目标为止，命中的一方为该轮的获胜者，你认为先射击者是否一定沾光? 为什么?

10. 有朋自远方来，他乘火车、汽车、飞机来的概率分别是0.4、0.2、0.4. 若他乘火车、汽车来，则迟到的概率分别是1/4、1/3，而他乘飞机则不会迟到.

(1) 求他迟到的概率；

(2) 结果他迟到了，试求他乘火车来的概率.

总 习 题 1

一、选择题

1. 设 $P(A)=0.8$，$P(B)=0.7$，$P(B|A)=0.7$，则下列结论正确的是(　　).

A. 事件 A 与事件 B 相互独立　　B. 事件 A 与事件 B 互逆

C. $B\subset A$　　D. $P(A\cup B)=P(A)+P(B)$

2. 设 A、B 为两个互逆事件，且 $P(A)>0$，$P(B)>0$，则下列结论正确的是(　　).

A. $P(B|A)>0$　　B. $P(A|B)=P(A)$

C. $P(A|B)=0$　　D. $P(AB)=P(A)P(B)$

3. 设 $0<P(A)<1$，$0<P(B)<1$，$P(B|A)+P(\overline{B}|\overline{A})=1$，则下列结论正确的是(　　).

A. 事件 A 与事件 B 互不相容　　B. 事件 A 与事件 B 互逆

C. 事件 A 与事件 B 不相互独立　　D. 事件 A 与事件 B 相互独立

4. 设 A、B 为随机事件，且 $P(B)>0$，$P(A|B)=1$，则必有(　　).

A. $P(A\cup B)=P(A)$　　　　B. $A\subset B$

C. $P(B)=P(A)$　　　　D. $P(AB)=P(A)$

5. 设随机事件 A 与 B 互不相容，$P(A)=0.4$，$P(B)=0.2$，则 $P(B|A)=$(　　).

A. 0.2　　B. 0.4　　C. 0.5　　D. 0

二、填空题

1. 假设 A、B 是任意两个随机事件，则 $P\{(\bar{A}\cup B)(A\cup B)(A\cup\bar{B})(\bar{A}\cup\bar{B})\}$ $=$________.

2. 已知 $P(A)=P(B)=P(C)=0.25$，$P(AB)=0$，$P(BC)=P(AC)=\dfrac{1}{16}$，则事件 A、B、C 全不发生的概率为__________.

3. 从1、2、3、4、5中任取3个数字，则这三个数字中不含1的概率为________.

4. 设两两相互独立的三事件 A、B 和 C 满足条件：$ABC=\varnothing$，$P(A)=P(B)=P(C)<0.5$，且已知 $P(A\cup B\cup C)=\dfrac{9}{16}$，则 $P(A)=$________.

5. 设两个相互独立的事件 A 与 B 都不发生的概率为 $\dfrac{1}{9}$，A 发生 B 不发生的概率与 B 发生 A 不发生的概率相等，则 $P(A)=$________.

6. 设 A、B、C 是某个随机现象的三个事件，则

“A 与 B 发生，C 不发生”表示为__________；

“A、B、C 中至少有一个发生”表示为__________；

“A、B、C 中至少有两个发生”表示为__________；

“A、B、C 中恰好有两个发生”表示为__________；

“A、B、C 同时发生”表示为__________；

“A、B、C 都不发生”表示为__________；

“A、B、C 不全发生”表示为__________.

7. 某工人加工了3个零件，以 A_i 表示事件“加工的第 i 个零件是合格品($i=1, 2, 3$)”，试用 A_1、A_2 和 A_3 这3个事件表示下列事件：

(1) 只有第1个零件是合格品；

(2) 只有1个零件是合格品；

(3) 至少有1个零件是合格品；

(4) 最多有1个零件是合格品；

(5) 3个零件全是合格品；

(6) 至少有1个零件是不合格品.

三、计算题

1. (彩票问题)一种福利彩票被称为35选7，即从01，02，…，35中不重复地开出7个基本号码和1个特殊号码，中奖规则如表1.4所示.

表 1.4

中奖等级	中 奖 规 则
一等奖	7 个基本号码全中
二等奖	中 6 个基本号码及特殊号码
三等奖	中 6 个基本号码
四等奖	中 5 个基本号码及特殊号码
五等奖	中 5 个基本号码
六等奖	中 4 个基本号码及特殊号码
七等奖	中 4 个基本号码，或中 3 个基本号码及特殊号码

(1) 试求各等奖的中奖概率 $p_i(i=1, 2, \cdots, 7)$；

(2) 试求中奖的概率.

2. 甲从 2、4、6、8、10 中任取一个数，乙从 1、3、5、7、9 中任取一个数，求甲取得的数大于乙取得的数的概率.

3. 从 1，2，…，9 中可重复地任取 n 次，每次取一个数，求 n 次所取的数的乘积能被 10 整除的概率.

4. 甲、乙两车间各生产 50 件产品，其中分别含有次品 3 件与 5 件. 现从这 100 件产品中任取 1 件，在已知取到甲车间产品的条件下，求取得次品的概率.

5. 设 M 件产品中有 m 件不合格品，从中任取两件.

(1) 在所取的两件产品中有一件是不合格品的条件下，求另一件也是不合格品的概率；

(2) 在所取产品中有一件是合格品的条件下，求另一件是不合格品的概率.

6. 口袋中有 20 个球，其中 2 个是红球. 现从口袋中取球三次，每次取一球，取后不放回，求第三次才取到红球的概率.

7. 设一枚深水炸弹击沉一艘潜水艇的概率为 1/3，击伤的概率为 1/2，击不中的概率为 1/6，并设击伤两次会导致潜水艇下沉，求施放 4 枚深水炸弹能击沉潜水艇的概率.(提示：求出击不沉的概率)

8. 一批零件共 100 件，其中有 10 件次品，采用不放回抽样依次抽取 3 次，求第 3 次才抽到合格品的概率.

第 2 章　随机变量及其分布

第 1 章介绍了事件、概率等基本概念，读者对随机现象的统计规律有了一个初步的认识. 本章引入概率论中另一重要概念——随机变量. 从第 1 章中可以看出，随机试验的结果只有两种：数量性质的和非数量性质的. 例如，在产品检验中抽出的次品数，抛一个均匀的骰子可能出现的结果等都属于数量性质的结果. 又如，摸球试验、抛硬币问题等初看起来似乎与数值无关，但稍加处理也可以与数值联系起来. 本章主要介绍离散型随机变量和连续型随机变量及其分布.

2.1　随机变量

在对随机现象的研究中，我们所关心的问题往往是和试验的结果有关系的量. 由前面介绍知，随机试验的结果只有两种：数量性质的和非数量性质的. 例如，将一枚硬币抛三次，用 X 表示出现正面的次数，结果如表 2.1 所示.

表 2.1

样本点	HHH	HHT	HTH	THH	HTT	THT	TTH	TTT
X 的值	3	2	2	2	1	1	1	0

事实上，随机变量就是随试验结果的不同而变化的量. 我们发现无论哪一种随机试验的结果都体现出共同的特点，即都可以有一个实数与之对应，这就构成了一个函数的关系. 下面我们引入随机变量的定义.

定义 2.1　设 E 为一随机试验，Ω 为它的样本空间，若 $X=X(e)$ 是定义在样本空间 Ω 上的实值单值函数，则称 X 为随机变量.

通俗地讲，随机变量的定义可以这样来理解：在随机试验 E 中被测定的量称为随机变量. 随机变量与普通实函数这两个概念既有联系又有区别，二者都是从一个集合到另一个集合的映射，它们的主要区别在于：普通实函数无需做试验便可依据自变量的值确定函数值，而随机变量的取值在做试验之前是不确定的，只有在做了试验之后，依据所出现的结果才能确定.

今后在不强调 e 时，常省去 e，简记 $X=X(e)$ 为 X. 随机变量通常用大写字母 X、Y、Z 等表示，也可以用希腊字母 ξ、η 等表示，用小写字母 x、y、z 等表示随机变量的值.

【例 2.1】　观察每天出生的 10 名新生儿的性别是一随机试验，而其中男孩出现的人数是一随机变量，用 X 表示，则 $X=0, 1, 2, \cdots, 10$.

【例 2.2】　观察每天进入超市的顾客人数是一随机试验，设人数为 Y，则 Y 是一随机变量，且 $Y=0, 1, 2, \cdots, n, \cdots$.

【例 2.3】 测试灯管的使用寿命是一随机试验，其寿命用 ξ 表示，则 ξ 是一随机变量，且 $\xi\in[0, +\infty)$.

按照随机变量可能取值的情况，可以把它们分为两类：离散型随机变量和非离散型随机变量，而非离散型随机变量中最重要的是连续型随机变量. 因此，本章主要研究离散型及连续型两种随机变量.

2.2 离散型随机变量

2.2.1 离散型随机变量及其概率分布

若随机变量 X 所可能取到的值只有有限个或可列无穷多个，则称这种随机变量为离散型随机变量. 例如，例 2.1 的随机变量 X，它只能取 0 至 10 中的任何一个；例 2.2 的随机变量 Y 可能取 0，1，2，…可列无限个值.

定义 2.2 设离散型随机变量 X 可能取的值为 $x_1, x_2, \cdots, x_n$，且 X 取这些值的概率为 $P(X=x_k)=p_k(k=1, 2, \cdots, n, \cdots)$，则称上述一系列等式为随机变量 X 的概率分布(或分布律).

为了直观起见，有时将 X 的分布律用表 2.2 表示.

表 2.2

X	x_1	x_2	…	x_k	…
P	p_1	p_2	…	p_k	…

由概率的定义知，离散型随机变量 X 的概率分布具有以下两个性质：

(1) $p_k\geqslant 0(k=1, 2, \cdots)$(非负性)；

(2) $\sum\limits_k p_k=1$(归一性).

这里当 X 取有限个值 n 时，记号为 $\sum\limits_{k=1}^{n}$；当 X 取无限可列个值时，记号为 $\sum\limits_{k=1}^{\infty}$.

【例 2.4】 在 2.1 节中抛三枚硬币观察正面出现的次数 X 的分布律可表示为表 2.3.

表 2.3

X	0	1	2	3
P	$\frac{1}{8}$	$\frac{3}{8}$	$\frac{3}{8}$	$\frac{1}{8}$

【例 2.5】 假设从学校乘车到火车站的途中有 3 个交通路口，设在各个交通路口遇到红灯的事件是相互独立的，且遇到红灯的概率都是 2/5，X 为途中遇到红灯的次数，求 X 的分布律.

解 设 $A_i=\{$第 i 个路口遇到红灯$\}$，则 $\overline{A_i}=\{$第 i 个路口没有遇到红灯$\}(i=1, 2, 3)$，有

$$P\{X=0\}=P(\bar{A}_1\bar{A}_2\bar{A}_3)=\frac{27}{125}$$

$$P\{X=1\}=P(A_1\bar{A}_2\bar{A}_3)+P(\bar{A}_1A_2\bar{A}_3)+P(\bar{A}_1\bar{A}_2A_3)=\frac{54}{125}$$

$$P\{X=2\}=P(\bar{A}_1A_2A_3)+P(A_1\bar{A}_2A_3)+P(A_1A_2\bar{A}_3)=\frac{36}{125}$$

$$P\{X=3\}=P(A_1A_2A_3)=\frac{8}{125}$$

故所求的分布律如表 2.4 所示.

表 2.4

X	0	1	2	3
P	$\frac{27}{125}$	$\frac{54}{125}$	$\frac{36}{125}$	$\frac{8}{125}$

2.2.2　几种常见的离散型随机变量的分布

下面介绍几种常用的离散型随机变量的概率分布(简称分布).

1. (0－1)分布

设随机变量 X 只可能取 0 和 1 两个值，它的分布律是

$$P(X=k)=p^k(1-p)^{1-k}\quad(k=0,1;\ 0<p<1)$$

则称 X 服从(0－1)分布或两点分布.

(0－1)分布的分布律也可用表 2.5 表示.

表 2.5

X	0	1
P	$1-p$	p

满足(0－1)分布的试验应该只有两个结果，如在打靶中“击中”与“未击中”的概率分布，对新生婴儿的性别进行登记，检查产品的质量是否合格等.

2. 二项分布

设试验 E 只有两个可能的结果：成功和失败，或记为 A 和 $\bar{A}$，则称 E 为伯努利(Bernoulli)试验. 将伯努利试验独立重复地进行 n 次，称为 n 重伯努利试验.

设一次伯努利试验中，A 发生的概率为 $p(0<p<1)$，又设 X 表示 n 重伯努利试验中 A 发生的次数，那么 X 所有可能取的值为 0，1，2，…，n 且

$$P\{X=k\}=C_n^k p^k q^{n-k}\quad(k=0,1,2,\cdots,n)$$

易知：

(1) $P\{X=k\}\geqslant 0$；

(2) $\sum_{k=0}^{n}P\{X=k\}=\sum_{k=0}^{n}C_n^k p^k(1-p)^{n-k}=(p+1-p)^n=1$，

所以，$P\{X=k\}=C_n^k p^k q^{n-k}(k=0,1,2,\cdots,n)$是 X 的分布律.

在 n 重伯努利试验中，事件 A 发生的次数是随机变量，设为 X，X 可能取值为 0，1，2，…，n，它的分布律为 $P(X=k)=C_n^k p^k(1-p)^{n-k}$ $(k=0,1,2,\cdots,n)$，其中 $0<p<1$ 为常数，则称 X 服从参数为 n、p 的二项分布，记为 $X\sim B(n,p)$.

容易验证，当 $n=1$ 时，$P(X=k)=p^k q^{1-k}(k=0,1)$，这就是(0-1)分布，所以(0-1)分布是二项分布的特例.

【例 2.6】 某大学的校乒乓球队与某系的乒乓球队举行对抗赛，校队的实力较系队强，但是同一队中队员之间实力相同，当一个校队运动员与一个系队运动员比赛时，校队获胜的概率为 0.6，现在校、系双方商量对抗赛的方式，提出以下 3 种方案：

(1) 双方各出 3 人；

(2) 双方各出 5 人；

(3) 双方各出 7 人.

3 种方案中均以比赛中得胜人数多的一方为胜. 问：对系队来说，哪一种方案有利?

解 设在第 i 种方案中系队得胜的人数为 $X_i(i=1,2,3)$，则在上述 3 种方案中，系队获胜的概率为

(1) $P\{X_1\geqslant 2\}=\sum\limits_{k=2}^{3}C_3^k 0.4^k 0.6^{3-k}\approx 0.352$；

(2) $P\{X_2\geqslant 3\}=\sum\limits_{k=3}^{5}C_5^k 0.4^k 0.6^{5-k}\approx 0.317$；

(3) $P\{X_3\geqslant 4\}=\sum\limits_{k=4}^{7}C_7^k 0.4^k 0.6^{7-k}\approx 0.290$.

因此，第一种方案对系队来说最有利. 这在直觉上是容易理解的，因为参赛人数越少，系队侥幸获胜的可能性也就越大.

【例 2.7】 为保证设备正常工作，需要配备一些维修工，如果各台设备发生故障与否是相互独立的，且每台设备发生故障的概率都是 0.01，试在以下各种情况下求设备发生故障而不能及时修理的概率：

(1) 1 名维修工负责 20 台设备；

(2) 3 名维修工负责 90 台设备.

解 (1) 以 X_1 表示 20 台设备中同时发生故障的台数，则 $X_1\sim B(20,0.01)$，有

$$P\{X_1>1\}=1-P\{X_1\leqslant 1\}=0.018$$

(2) 以 X_2 表示 90 台设备中同时发生故障的台数，则 $X_2\sim B(90,0.01)$，有

$$P\{X_2>3\}=1-P\{X_2\leqslant 3\}=0.013$$

由此可知，若干名维修工共同负责大量设备的维修，将提高工作效率.

3. 泊松分布

设随机变量 X 的分布律为

$$P(X=k)=\frac{\lambda^k}{k!}e^{-\lambda}\quad (k=0,1,2,\cdots)$$

其中，$\lambda>0$ 是常数，则称 X 服从参数为 λ 的泊松分布，记为 $X\sim\pi(\lambda)$或者 $P(\lambda)$. 泊松分

布为二项分布的极限分布.

定理 2.1(泊松定理)　设在 n 重伯努利试验中，事件 A 在每次试验中发生的概率为 p，如果试验次数 n 很大，而 p 很小，且 $np=\lambda$($\lambda>0$ 是常数)大小适中，则对于任意给定的非负整数 k，有 $\lim\limits_{n\to\infty}P(X=k)=\lim\limits_{n\to\infty}C_n^k p^k(1-p)^{n-k}=\dfrac{\lambda^k}{k!}e^{-\lambda}$ $(k=0,1,2,\cdots)$.

证明　令 $p=\dfrac{\lambda}{n}$，有

$$C_n^k p^k(1-p)^{n-k}=\frac{n(n-1)\cdots(n-k+1)}{k!}\left(\frac{\lambda}{n}\right)^k\left(1-\frac{\lambda}{n}\right)^n\left(1-\frac{\lambda}{n}\right)^{-k}$$

$$=\left(1-\frac{1}{n}\right)\left(1-\frac{2}{n}\right)\cdots\left(1-\frac{k-1}{n}\right)\frac{\lambda^k}{k!}\left(1-\frac{\lambda}{n}\right)^n\left(1-\frac{\lambda}{n}\right)^{-k}$$

对任意固定的 $k(0\leqslant k\leqslant n)$，当 $n\to\infty$时，有

$$\left(1-\frac{1}{n}\right)\left(1-\frac{2}{n}\right)\cdots\left(1-\frac{k-1}{n}\right)\to 1$$

$$\left(1-\frac{\lambda}{n}\right)^{-k}\to 1$$

$$\lim_{n\to\infty}\left(1-\frac{\lambda}{n}\right)^n=\lim_{n\to\infty}\left(1-\frac{\lambda}{n}\right)^{-\frac{n}{\lambda}(-\lambda)}=e^{-\lambda}$$

所以

$$\lim_{n\to\infty}C_n^k p^k(1-p)^{n-k}=\frac{\lambda^k}{k!}e^{-\lambda}\quad(k=1,2,\cdots)$$

在应用中，当 n 很大($n\geqslant10$)且 p 很小($p\leqslant0.1$)时，就可以用以下的泊松分布近似公式：

$$C_n^k p^k(1-p)^{n-k}\approx\frac{\lambda^k}{k!}e^{-\lambda}$$

其中，$\lambda=np$. 而关于$\dfrac{\lambda^k}{k!}e^{-\lambda}$ 的值，可以通过查表获得.

一般情况下，$n\geqslant20$，$p\leqslant0.05$ 时用泊松分布计算较合适.

【例 2.8】　某十字路口有大量汽车通过，假设每辆汽车在这里发生交通事故的概率为 0.001，如果每天有 5000 辆汽车通过这个十字路口，求发生交通事故的汽车数不少于 2 的概率.

解　设 X 表示发生交通事故的汽车数，则 $X\sim B(5000, 0.001)$，$\lambda=np=5$，有

$$P\{X\geqslant2\}=1-P\{X<2\}=1-0.999^{5000}-5\times0.999^{4999}$$

$$\approx1-\frac{5^0e^{-5}}{0!}-\frac{5e^{-5}}{1!}$$

$$=0.959\ 57$$

习题 2.2

1. 表 2.6 和表 2.7 中所列出的是否是某个随机变量的分布律?

表 2.6

X	0	1	2	3
P	0.1	0.2	0.3	0.3

表 2.7

X	1	2	3	…	n	…
P	$\frac{1}{2}$	$\left(\frac{1}{2}\right)^2$	$\left(\frac{1}{2}\right)^3$	…	$\left(\frac{1}{2}\right)^n$	…

2. 已知随机变量 X 的分布律如表 2.8 所示，则常数 $a=$________.

表 2.8

X	1	2	3	4	5
P	$2a$	0.1	0.4	a	0.2

3. (1) 设随机变量 X 的分布律为

$$P\{X=k\}=a\frac{\lambda^k}{k!}\quad (k=0,1,2\cdots;\ \lambda>0,\text{为常数})$$

试确定常数 a.

(2) 设随机变量 X 的分布律为

$$P\{X=k\}=\frac{a}{N}\quad (k=1,2,\cdots,N)$$

试确定常数 a.

4. 抛一枚质地不均匀的硬币，每次出现正面的概率为 2/3，连续抛 8 次，以 X 表示出现正面的次数，求 X 的分布律.

5. 一大楼有 5 个同类型的供水设备，调查表明在任一时刻，每个设备被使用的概率都为 0.1，试问在同一时刻：

(1) 恰有 2 个设备被使用的概率是多少?

(2) 至少有 3 个设备被使用的概率是多少?

(3) 至多有 3 个设备被使用的概率是多少?

(4) 至少有 1 个设备被使用的概率是多少?

6. 设某机场每天有 200 架飞机在此降落，任一飞机在某一时刻降落的概率为 0.02，且设各飞机降落是相互独立的. 试问该机场需配备多少条跑道，才能保证某一时刻飞机需立即降落而没有空闲跑道的概率小于 0.01?（假设每条跑道只能允许一架飞机降落）

7. 商店的历史销售记录表明，某种商品每月的销售量服从参数 λ 为 10 的泊松分布，为了以 95%以上的概率保证该商品不脱销，问商店在月底至少应进该商品多少件?（假定上个月没有存货）

8. 设某城市在一周内发生交通事故的次数服从参数为 0.3 的泊松分布，试问：

(1) 在一周内恰好发生 2 次交通事故的概率是多少?

(2) 在一周内至少发生 1 次交通事故的概率是多少?

2.3 离散型随机变量的分布函数

对于非离散型随机变量，其可能取的值不只可列无限个，可以充满某个区间，通常有 $P(X=x)=0$，不可能用分布律表达(例如，日光灯管的寿命 X，$P(X=x_0)=0$)，所以我

们考虑用 X 落在某个区间 $(a, b]$ 内的概率表示. 为此，我们引入随机变量分布函数的概念.

定义 2.3　设 X 为一个随机变量，x 为任意实数，称函数 $F(x)=P(X\leqslant x)$ 为 X 的分布函数.

在上述定义中，当 x 固定为 x_0 时，$F(x_0)$ 为事件 $\{X\leqslant x_0\}$ 的概率，当 x 变化时，概率 $P(X\leqslant x)$ 便是 x 的函数，通过 $P\{a<X\leqslant b\}=F(b)-F(a)$ 可以得到 X 落入区间 $(a, b]$ 的概率. 也就是说，分布函数完整地描述了随机变量 X 随机取值的统计规律性.

分布函数具有以下基本性质：

(1) $0\leqslant F(x)\leqslant 1$，$-\infty<x<+\infty$.

(2) $F(x)$ 是关于 x 的单调不减函数，即 $x_1<x_2$ 时，必有 $F(x_1)\leqslant F(x_2)$.

(3) $F(-\infty)=\lim\limits_{x\to-\infty}F(x)=0$，$F(+\infty)=\lim\limits_{x\to+\infty}F(x)=1$.

(4) $F(x+0)=F(x)$，$F(x)$ 对自变量 x 右连续，即对任意实数 x，$\lim\limits_{\Delta x\to 0^+}F(x+\Delta x)=F(x)$.

(5) $P(X=x)=F(x)-F(x-0)$.

(以上证明略)

右连续性是随机变量的分布函数的普遍性质. 对连续型随机变量，$F(x)$ 是连续函数；对离散型随机变量，在可能值 $x_i(i=1, 2, \cdots)$ 处，$F(x)$ 是右连续的.

【例 2.9】　设离散型随机变量 X 的分布律如表 2.9 所示.

表 2.9

X	-1	0	1	2
P	$\frac{1}{8}$	$\frac{1}{8}$	$\frac{1}{4}$	$\frac{1}{2}$

求 X 的分布函数，并求 $P\left\{X\leqslant\frac{1}{2}\right\}$、$P\left\{1<X\leqslant\frac{3}{2}\right\}$、$P\left\{1\leqslant X\leqslant\frac{3}{2}\right\}$.

解　X 仅在 $X=-1, 0, 1, 2$ 四点处其概率不为 0，而 $F(x)$ 的值是 $X\leqslant x$ 的累积概率值，由概率的有限可加性，不难求得

$$F(x)=\begin{cases}0 & (x<-1)\\ \frac{1}{8} & (-1\leqslant x<0)\\ \frac{1}{4} & (0\leqslant x<1)\\ \frac{1}{2} & (1\leqslant x<2)\\ 1 & (x\geqslant 2)\end{cases}$$

$$P\left\{X\leqslant\frac{1}{2}\right\}=F\left(\frac{1}{2}\right)=\frac{1}{4}$$

$$P\left\{1<X\leqslant\frac{3}{2}\right\}=F\left(\frac{3}{2}\right)-F(1)=\frac{1}{2}-\frac{1}{2}=0$$

$$P\left\{1\leqslant X\leqslant\frac{3}{2}\right\}=F\left(\frac{3}{2}\right)-F(1)+P\{X=1\}=\frac{1}{2}-\frac{1}{2}+\frac{1}{4}=\frac{1}{4}$$

一般地，设离散型随机变量 X 的分布律为 $P\{X=x_k\}=p_k(k=1, 2, \cdots)$，由概率的可列可加性得 X 的分布函数为 $F(x)=\sum\limits_{x_k\leqslant x} p_k$. 这里和式是对满足 $x_k\leqslant x$ 的 k 求和，分布函数 $F(x)$ 在 $x=x_k(k=1, 2, \cdots)$ 处产生跳跃，跳跃值为 $p_k=P(X=x_k)$.

【例 2.10】 设随机变量 X 的分布函数为

$$F(x)=\begin{cases}\dfrac{Ax}{1+x} & (x>0)\\ 0 & (x\leqslant 0)\end{cases}$$

其中，A 是一个常数，求：

(1) 常数 A；

(2) $P\{1\leqslant X\leqslant 2\}$.

解 (1)
$$F(+\infty)=\lim_{x\to+\infty}F(x)=1\Rightarrow A=1$$

(2)
$$\begin{aligned}P\{1\leqslant X\leqslant 2\}&=F(2)-F(1)+P\{X=1\}\\&=\frac{2}{3}-\frac{1}{2}+F(1)-F(1-0)\\&=\frac{1}{6}\end{aligned}$$

【例 2.11】 设随机变量 X 的分布函数为 $F(x)=A+B\arctan x$，试确定 A、B 的值。

解 由

$$F(-\infty)=\lim_{x\to-\infty}F(x)=\lim_{x\to-\infty}(A+B\arctan x)=A-\pi B/2=0$$
$$F(+\infty)=\lim_{x\to+\infty}F(x)=\lim_{x\to+\infty}(A+B\arctan x)=A+\pi B/2=1$$

得 $A=1/2$，$B=1/\pi$.

【例 2.12】 设随机变量 X 的分布函数为

$$F(x)=\begin{cases}0 & (x<1)\\ \ln x & (1\leqslant x<\mathrm{e})\\ 1 & (x\geqslant \mathrm{e})\end{cases}$$

试求：

(1) $P\{X\leqslant 2\}$；

(2) $P\{0<X\leqslant 3\}$；

(3) $P\left\{2<X\leqslant\dfrac{5}{2}\right\}$.

解 (1)
$$P\{X\leqslant 2\}=F(2)=\ln 2$$

(2)
$$P\{0<X\leqslant 3\}=F(3)-F(0)=1$$

(3)
$$P\left(2<X\leqslant\frac{5}{2}\right)=F\left(\frac{5}{2}\right)-F(2)=\ln\frac{5}{2}-\ln 2=\ln\frac{5}{4}$$

与离散型随机变量不同的是：这是另一种十分重要的变量——连续型随机变量，其分布函数 $F(x)$ 恰好是一非负函数 $f(x)$ 在 $(-\infty, x]$ 上的反常积分，即 $F(x)=\int_{-\infty}^{x}f(t)\mathrm{d}t$.

在本例中，$f(x)=F'(x)=\begin{cases}\dfrac{1}{x} & (1<x<\mathrm{e})\\ 0 & (\text{其他})\end{cases}$. 这些知识将在 2.4 节进行讨论.

习题 2.3

1. 下列函数是否是某个随机变量的分布函数？

(1) $F(x)=\begin{cases}0 & (x<-2)\\ \dfrac{1}{2} & (-2\leqslant x<0)\\ 2 & (x\geqslant 0)\end{cases}$；　(2) $F(x)=\begin{cases}0 & (x<0)\\ \sin x & (0\leqslant x<\pi)\\ 1 & (x\geqslant \pi)\end{cases}$；

(3) $F(x)=\begin{cases}0 & (x\leqslant 0)\\ x+\dfrac{1}{3} & \left(0<x<\dfrac{1}{2}\right)\\ 1 & \left(x\geqslant \dfrac{1}{2}\right)\end{cases}$；　(4) $F(x)=\dfrac{1}{1+x^2}$　$(-\infty<x<+\infty)$.

2. 设 $F_1(x)$、$F_2(x)$分别为随机变量 X_1 和 X_2 的分布函数，且 $F(x)=aF_1(x)-bF_2(x)$也是某一随机变量的分布函数，试判断常数 a、b 的关系.

3. 设离散型随机变量 X 的分布律如表 2.10 所示.

表 2.10

X	-1	2	3
P	0.25	0.5	0.25

求 X 的分布函数，并画出 $F(x)$的图形.

4. 设随机变量 X 的分布函数为

$$F(x)=a+b\arctan x\quad(-\infty<x<+\infty)$$

试求 $P\{-1<X\leqslant 1\}$.

2.4　连续型随机变量

2.3 节介绍了离散型随机变量，本节介绍另一种重要的随机变量——连续型随机变量，这种随机变量 X 可以取$[a, b]$或$(-\infty, +\infty)$等某个区间的一切值，如产品的寿命、顾客买东西排队等待的时间等. 由于这种随机变量的所有可能取值无法像离散型随机变量那样一一排列，因而不能用离散型随机变量的分布律来描述它的概率分布，在理论上和实践中刻画这种随机变量的概率分布常用的方法是概率密度.

2.4.1　连续型随机变量及其概率密度

定义 2.4　设 $F(x)$是随机变量 X 的分布函数，若存在非负函数 $f(x)$，使对于任意实数 x，有

$$F(x)=\int_{-\infty}^{x} f(t)\,\mathrm{d}t$$

则称 X 为连续型随机变量. 其中，$f(x)$称为 X 的概率密度函数，简称概率密度. $f(x)$的图形是一条曲线，称为密度(分布)曲线.

由上式可知，连续型随机变量的分布函数 $F(x)$是连续函数，所以

$$P\{x_1 \leqslant X \leqslant x_2\} = P\{x_1 < X \leqslant x_2\} = P\{x_1 \leqslant X < x_2\} \\ = P\{x_1 < X < x_2\} \\ = F(x_2) - F(x_1)$$

由定义可知，概率密度函数具有以下性质：

(1) $f(x) \geqslant 0$.

(2) $\int_{-\infty}^{+\infty} f(x)\mathrm{d}x = 1$.

(3) $P\{x_1 < X \leqslant x_2\} = F(x_2) - F(x_1) = \int_{x_1}^{x_2} f(x)\mathrm{d}x$.

(4) 若 $f(x)$在 x 处连续，则有 $F'(x) = f(x)$.

如果一个函数 $f(x)$满足(1)、(2)，则它一定是某个随机变量的概率密度函数.

需要注意的是，对于连续型随机变量 X，虽然有 $P\{X=x\}=0$，但事件 $X=x$ 并非是不可能事件($\varnothing$). $P\{X=x\} \leqslant P\{x < X \leqslant x+h\} = \int_x^{x+h} f(x)\mathrm{d}x$. 令 $h \to 0$，则右端为 0，而概率 $P\{X=x\} \geqslant 0$，故得 $P\{X=x\}=0$. 不可能事件($\varnothing$)的概率为 0，而概率为 0 的事件不一定是不可能事件. 同理，必然事件(Ω)的概率为 1，而概率为 1 的事件也不一定是必然事件.

【例 2.13】 设随机变量 X 具有概率密度

$$f(x) = \begin{cases} K\mathrm{e}^{-3x} & (x > 0) \\ 0 & (x \leqslant 0) \end{cases}$$

(1) 试确定常数 K；

(2) 求 $P\{X > 0.1\}$；

(3) 求 $P\{-1 < X \leqslant 1\}$.

解 (1) 由于 $\int_{-\infty}^{+\infty} f(x)\mathrm{d}x = 1$，即

$$\int_{-\infty}^{+\infty} f(x)\mathrm{d}x = \int_0^{+\infty} K\mathrm{e}^{-3x}\mathrm{d}x = \frac{1}{-3}\int_0^{+\infty} K\mathrm{e}^{-3x}\mathrm{d}(-3x) = \frac{K}{-3}\mathrm{e}^{-3x}\Big|_0^{+\infty} = \frac{K}{3} = 1$$

得 $K=3$，于是 X 的概率密度为

$$f(x) = \begin{cases} 3\mathrm{e}^{-3x} & (x > 0) \\ 0 & (x \leqslant 0) \end{cases}$$

(2) $$P\{X > 0.1\} = \int_{0.1}^{+\infty} f(x)\mathrm{d}x = \int_{0.1}^{+\infty} 3\mathrm{e}^{-3x}\mathrm{d}x = \mathrm{e}^{-0.3}$$

(3) $$P\{-1 < X \leqslant 1\} = \int_{-1}^{1} f(x)\mathrm{d}x = \int_0^1 3\mathrm{e}^{-3x}\mathrm{d}x = -\mathrm{e}^{-3} + 1$$

【例 2.14】 随机变量 X 的概率密度为 $f(x)$，$f(x) = \begin{cases} A\sqrt{x} & (0 < x < 1) \\ 0 & (\text{其他}) \end{cases}$，求 A 和 $F(x)$.

解 $$\int_{-\infty}^{+\infty} f(x)\mathrm{d}x = \int_{-\infty}^{0} f(x)\mathrm{d}x + \int_0^1 f(x)\mathrm{d}x + \int_1^{+\infty} f(x)\mathrm{d}x \\ = \int_0^1 A\sqrt{x}\,\mathrm{d}x = \frac{2}{3}A = 1 \Rightarrow A = \frac{3}{2}$$

当 $x < 0$ 时，有

$$F(x) = \int_{-\infty}^{x} f(t)\mathrm{d}t = 0$$

当 $0\leqslant x<1$ 时，有

$$F(x)=\int_{-\infty}^{x} f(t)\mathrm{d}t=\int_{-\infty}^{0} f(t)\mathrm{d}t+\int_{0}^{x} f(t)\mathrm{d}t=\int_{0}^{x} \frac{3}{2}\sqrt{t}\,\mathrm{d}t=x\sqrt{x}$$

当 $x\geqslant 1$ 时，有

$$F(x)=\int_{-\infty}^{x} f(t)\mathrm{d}t=\int_{-\infty}^{0} f(t)\mathrm{d}t+\int_{0}^{1} f(t)\mathrm{d}t+\int_{1}^{x} f(t)\mathrm{d}t=1$$

即

$$F(x)=\begin{cases}0 & (x<0)\\ x\sqrt{x} & (0\leqslant x<1)\\ 1 & (x\geqslant 1)\end{cases}$$

2.4.2　三种常见的连续型随机变量的分布

下面介绍三种重要的连续型随机变量的分布.

1. 均匀分布

如果随机变量 X 的概率密度为

$$f(x)=\begin{cases}\dfrac{1}{b-a} & (a<x<b)\\ 0 & (\text{其他})\end{cases}$$

则称 X 服从区间(a, b)上的均匀分布，记作 $X\sim U(a, b)$.

如果 X 服从区间(a, b)上的均匀分布，对于任意满足 $a\leqslant c<d\leqslant b$ 的 c、d，应有

$$P(c\leqslant X\leqslant d)=\int_{c}^{d} f(x)\mathrm{d}x=\frac{d-c}{b-a}$$

这说明 X 取值于(a, b)中任意小区间的概率与该小区间的长度成正比，而与该小区间的具体位置无关. 这就是均匀分布的概率意义.

容易求得其分布函数为

$$F(x)=\int_{-\infty}^{x} f(t)\mathrm{d}t=\begin{cases}0 & (x<a)\\ \dfrac{x-a}{b-a} & (a\leqslant x<b)\\ 1 & (x\geqslant b)\end{cases}$$

【例 2.15】　某公共汽车站从上午 7:00 开始，每 15 分钟来一辆车，如果某乘客到达此站的时间是 7:00—7:30 之间的均匀分布的随机变量，试求他等车少于 5 分钟的概率.

解　设乘客于 7:00 过 X 分钟到达车站，由于 X 在区间$[0, 30]$上服从均匀分布，即有

$$f(x)=\begin{cases}\dfrac{1}{30} & (0<x<30)\\ 0 & (\text{其他})\end{cases}$$

显然，只有乘客在 7:10—7:15 之间或 7:25—7:30 之间到达车站时，他等车的时间才会少于 5 分钟，因此所求概率为

$$P\{10<X\leqslant 15\}+P\{25<X\leqslant 30\}=\int_{10}^{15}\frac{1}{30}\mathrm{d}x+\int_{25}^{30}\frac{1}{30}\mathrm{d}x=\frac{1}{3}$$

2. 指数分布

如果随机变量 X 的概率密度为

$$f(x)=\begin{cases}\lambda e^{-\lambda x} & (x>0)\\ 0 & (\text{其他})\end{cases}$$

其中，$\lambda>0$ 为常数，则称 X 服从参数为 λ 的指数分布，记作 $X\sim E(\lambda)$. 显然，很容易得到 X 的分布函数

$$F(x)=\begin{cases}1-e^{-\lambda x} & (x>0)\\ 0 & (x\leqslant 0)\end{cases}$$

指数分布的概率密度函数和分布函数的图形分别如图 2.1、图 2.2 所示.

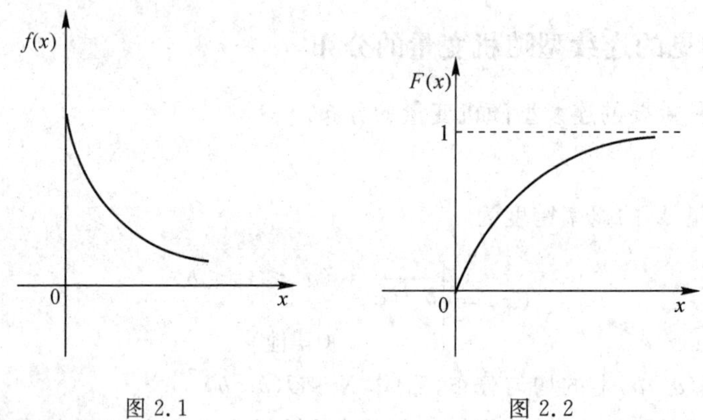

图 2.1　　　　图 2.2

指数分布常被用作表示各种“寿命”的分布，如电子元件的使用寿命、动物的寿命、电话的通话时间、顾客在某一服务系统接受服务的时间等都可假定服从指数分布，因而指数分布有着广泛的应用. 同时指数分布具有无记忆性，即 $P\{X>s+t\mid X>s\}=P\{X>t\}$.

【例 2.16】 已知某种电子元件的寿命 X(单位为小时)服从参数 $\lambda=\dfrac{1}{1000}$的指数分布，求 3 个这样的元件各自独立使用 1000 小时至少有一个已经损坏的概率.

解　由题意知，X 的概率密度函数为

$$f(x)=\begin{cases}\dfrac{1}{1000}e^{-\frac{1}{1000}x} & (x>0)\\ 0 & (x\leqslant 0)\end{cases}$$

于是元件未损坏的概率为

$$P=P\{X>1000\}=\int_{1000}^{+\infty}f(x)\,dx=e^{-1}$$

各元件的寿命是否超过 1000 小时是独立的，因此 3 个电子元件使用 1000 小时都未损坏的概率为 e^{-3}，所以至少有一个已损坏的概率为 $1-e^{-3}$.

3. 正态分布

如果随机变量 X 的概率密度为

$$f(x)=\frac{1}{\sqrt{2\pi}\sigma}e^{-\frac{1}{2\sigma^2}(x-\mu)^2}\qquad(-\infty<x<+\infty)$$

其中，$\sigma>0$，μ 为常数，则称 X 服从参数为 μ、σ 的正态分布或高斯(Gauss)分布，记为 $X\sim N(\mu,\sigma^2)$.

正态分布密度函数 $f(x)$ 如图 2.3 所示.

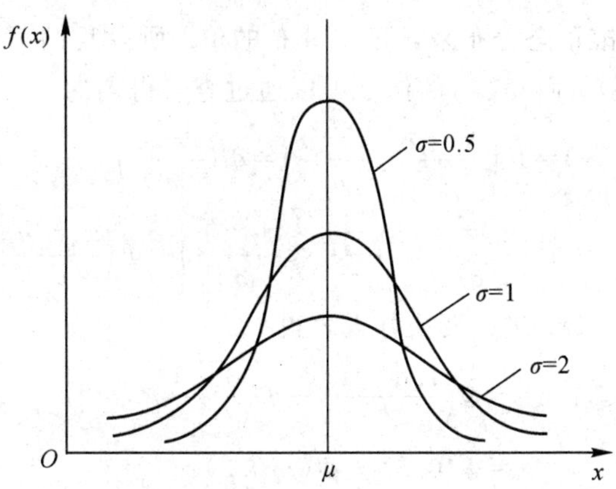

图 2.3

正态分布是概率论与数理统计中最重要的分布之一. 在实际问题中大量的随机变量服从或近似服从正态分布. 例如，因为人的身高、体重受到种族、饮食习惯、地域、运动等因素影响，但这些因素又不能对身高、体重起决定性作用，所以可以认为身高、体重服从或近似服从正态分布.

正态概率密度函数的几何特征如下：

(1) 关于 $x=\mu$ 对称.

(2) 当 $x=\mu$ 时，$f(\mu)=\dfrac{1}{\sqrt{2\pi}\sigma}$为最大值.

(3) 当 $x\to\pm\infty$ 时，$f(x)\to 0$.

(4) 曲线以 x 轴为渐近线.

(5) 曲线在 $x=\mu\pm\sigma$ 处有两个拐点.

(6) 当 σ 固定、改变 μ 时，$f(x)$ 的图形形状不变，只是集体沿 x 轴平行移动，所以 μ 又称为位置参数. 当 μ 固定、改变 σ 时，$f(x)$ 的图形形状发生变化，随着 σ 变小，$f(x)$ 图形的形状越高越瘦，随着 σ 变大，$f(x)$ 图形的形状越矮越胖，所以又称 σ 为形状参数.

(7) 曲线下的面积为 1.

正态分布的分布函数为

$$F(x)=\int_{-\infty}^{x}\frac{1}{\sqrt{2\pi}\sigma}e^{-\frac{(t-\mu)^2}{2\sigma^2}}dt=\frac{1}{\sqrt{2\pi}\sigma}\int_{-\infty}^{x}e^{-\frac{(t-\mu)^2}{2\sigma^2}}dt$$

特别地，当 $\mu=0$，$\sigma=1$ 时称 X 服从标准正态分布，其概率密度和分布函数分别用 $\varphi(x)$、$\Phi(x)$ 表示，即有 $\varphi(x)=\dfrac{1}{\sqrt{2\pi}}e^{-\frac{x^2}{2}}$，$\Phi(x)=\dfrac{1}{\sqrt{2\pi}}\displaystyle\int_{-\infty}^{x}e^{-\frac{u^2}{2}}du$.

易知 $\Phi(-x)=1-\Phi(x)$. 人们已编制了 $\Phi(x)$ 的函数表，可供查用.

一般地，若 $X\sim N(\mu,\sigma^2)$，我们只要通过一个线性变换就能将它化成标准正态分布.

引理　若 $X\sim N(\mu,\sigma^2)$，则 $Z=\dfrac{X-\mu}{\sigma}\sim N(0,1)$.

该引理说明若 $X\sim N(\mu,\sigma^2)$，则 $\dfrac{X-\mu}{\sigma}\sim N(0,1)$. 这样正态分布与标准正态分布建立了联系，可以通过标准正态分布来求正态分布的值. 所以我们可以通过变换将 $F(x)$ 的计算转化为 $\Phi(x)$ 的计算，而 $\Phi(x)$ 的值是可以通过查表得到的.

(1) $F(x)=P(X\leqslant x)=P\left(\dfrac{X-\mu}{\sigma}\leqslant\dfrac{x-\mu}{\sigma}\right)=\Phi\left(\dfrac{x-\mu}{\sigma}\right)$.

(2) $P(x_1<X\leqslant x_2)=P\left(\dfrac{x_1-\mu}{\sigma}<\dfrac{X-\mu}{\sigma}\leqslant\dfrac{x_2-\mu}{\sigma}\right)=\Phi\left(\dfrac{x_2-\mu}{\sigma}\right)-\Phi\left(\dfrac{x_1-\mu}{\sigma}\right)$.

例如，设 $X\sim N(1,4)$，进行变换并查表得

$$\begin{aligned}P(0<X\leqslant 1.6)&=\Phi\left(\frac{1.6-1}{2}\right)-\Phi\left(\frac{0-1}{2}\right)\\&=\Phi(0.3)-\Phi(-0.5)\\&=0.6179-[1-\Phi(0.5)]\\&=0.6179-1+0.6915\\&=0.3094\end{aligned}$$

【例 2.17】　将一温度调节器放置在储存着某种液体的容器内，调节器固定在 d℃，液体的温度 X（以℃计）是一个随机变量，且 $X\sim N(d,0.5^2)$.

(1) 若 $d=90$℃，求 X 小于 89℃的概率.

(2) 若要求保持液体的温度至少为 80℃的概率不低于 0.99，问 d 至少为多少？

解　(1) 所求概率为

$$\begin{aligned}P(X\leqslant 89)&=P\left(\frac{X-90}{0.5}<\frac{89-90}{0.5}\right)=\Phi\left(\frac{89-90}{0.5}\right)=\Phi(-2)\\&=1-\Phi(2)=1-0.9772=0.0228\end{aligned}$$

(2) 按题意需要 d 满足：

$$\begin{aligned}0.99\leqslant P(X>80)&=P\left(\frac{X-d}{0.5}>\frac{80-d}{0.5}\right)=1-P\left(\frac{X-d}{0.5}\leqslant\frac{80-d}{0.5}\right)\\&=1-\Phi\left(\frac{80-d}{0.5}\right)\end{aligned}$$

所以

$$\Phi\left(\frac{80-d}{0.5}\right)\leqslant 1-0.99=0.01$$

$$\frac{80-d}{0.5}\leqslant -2.327$$

即

$$d>81.1635$$

为了便于今后应用，对于标准正态随机变量，我们引入了 α 分位点的定义.

设 $X\sim N(0,1)$，若 u_α 满足条件 $P(X>u_\alpha)=\alpha$，$0<\alpha<1$，则称点 u_α 为标准正态分布的上 α 分位点.

例如，由查表可得 $u_{0.05}=1.645$，$u_{0.001}=3.09$，故 1.645 和 3.09 分别是标准正态分布

的上 0.05 分位点与上 0.001 分位点，由图形(见图 2.4)的对称性可知 $u_{1-\alpha}=-u_\alpha$.

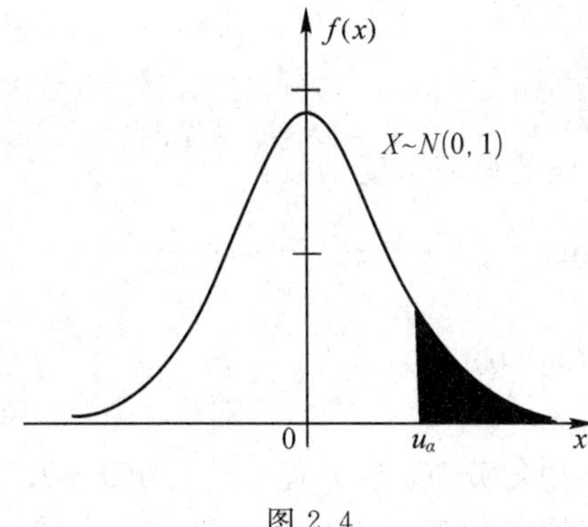

图 2.4

【例 2.18】 某人需乘车到机场搭乘飞机，现有两条路线可供选择. 第一条路线较短，但交通比较拥挤，到达机场所需时间 X(单位为分)服从正态分布 $N(50, 100)$. 第二条路线较长，但出现意外的阻塞较少，所需时间 X 服从正态分布 $N(60, 16)$.

(1) 若有 70 分钟可用，问应走哪一条路线？

(2) 若有 65 分钟可用，又应选择哪一条路线？

解　已知 $X_1 \sim N(50, 100)$，$X_2 \sim N(60, 16)$.

(1) $P\{X_1<70\}=\Phi\left(\dfrac{70-50}{10}\right)=\Phi(2)=0.9772$

$$P\{X_2<70\}=\Phi\left(\frac{70-60}{4}\right)=\Phi(2.5)=0.9938$$

因 $\Phi(2)<\Phi(2.5)$，故应选择第二条线路走.

(2) $P\{X_1<65\}=\Phi\left(\dfrac{65-50}{10}\right)=\Phi(1.5)=0.9332$

$$P\{X_2<65\}=\Phi\left(\frac{65-60}{4}\right)=\Phi(1.25)=0.8944$$

因 $\Phi(1.5)>\Phi(1.25)$，故应选择第一条线路走.

习题 2.4

1. 设随机变量 X 的概率密度函数为

$$f(x)=\begin{cases} a\cos x & \left(|x|\leqslant \dfrac{\pi}{2}\right) \\ 0 & (\text{其他}) \end{cases}$$

试求：

(1) 常数 a；

(2) $P\left\{0<X\leqslant \dfrac{\pi}{4}\right\}$；

(3) X 的分布函数 $F(x)$.

2. 设随机变量 X 的概率密度函数为

$$f(x)=a\mathrm{e}^{-|x|}\ (-\infty< x <+\infty)$$

试求：

(1) 常数 a；

(2) $P\{0\leqslant X\leqslant 1\}$；

(3) X 的分布函数 $F(x)$.

3. 求下列分布函数所对应的概率密度函数：

(1) $F(x)=\dfrac{1}{2}+\dfrac{1}{\pi}\arctan x \quad (-\infty<x<+\infty)$；

(2) $F(x)=\begin{cases}1-\mathrm{e}^{-\frac{x^2}{2}} & (x>0)\\ 0 & (x\leqslant 0)\end{cases}$.

4. 设 K 在(0，5)上服从均匀分布，求方程 $4x^2+4Kx+K+2=0$ 有实根的概率.

5. 设 X 在(2，5)上服从均匀分布，现在对 X 进行 3 次独立观测，求至少有 2 次观测值大于 3 的概率.

6. 设修理某机器所用的时间 X(以小时计)服从参数为 0.5 的指数分布，求机器出现故障时在一小时内可以修好的概率.

7. 设顾客在某银行的窗口等待服务的时间 X(以分计)服从参数为 0.2 的指数分布. 某顾客在窗口等待服务，若超过 10 分钟，他就离开. 他一个月要去银行 5 次，以 Y 表示他未等到服务而离开窗口的次数.

(1) 写出 Y 的分布律；

(2) 求 $P\{Y\geqslant 1\}$.

8. 设 $X\sim N(1,4)$，求 $P(5\leqslant X<7.2)$、$P(0\leqslant X<1.6)$，并求常数 c，使 $P(X>c)=P(X\leqslant c)$.

9. 某机器生产的螺栓长度 X(单位为 cm)服从正态分布 $N(10.05, 0.06^2)$，规定长度在范围 10.05 ± 0.12 内为合格，求一螺栓不合格的概率.

10. (辛普森分布或三角分布)设随机变量 X 具有概率密度函数：

$$f(x)=\begin{cases}x & (0\leqslant x<1)\\ 2-x & (1\leqslant x<2)\\ 0 & (\text{其他})\end{cases}$$

试求 X 的分布函数.

2.5 随机变量函数的分布

在许多实际问题中，所考虑的随机变量往往依赖于另一个随机变量. 例如，我们能测量圆轴截面的直径 X，而关心的却是其截面的面积 $Y=\dfrac{\pi}{4}X^2$，这里随机变量 Y 是随机变量 X 的函数. 对于这类问题，用数学的语言来描述就是：已知 X 的概率分布或概率密度函数 $f_X(x)$，求其函数 $Y=g(X)$的概率分布或概率密度函数 $f_Y(y)$. 下面我们来具体地讨论.

2.5.1 离散型情形

当 X 是离散型随机变量时，$Y=g(X)$也是随机变量，这时设随机变量 X 的概率分布如表 2.11 所示.

表 2.11

X	x_1	x_2	x_3	…	x_k	…
P	p_1	p_2	p_3	…	p_k	…

当 X 取某值 x_k 时，随机变量 Y 取值 $y_k=g(x_k)$，如果所有 $g(x_k)$的值全不相等，则随机变量 Y 的概率分布如表 2.12 所示.

表 2.12

Y	y_1	y_2	y_3	…	y_k	…
P	p_1	p_2	p_3	…	p_k	…

如果某些 $y_k=g(x_k)$有相同的值，则这些相同的值仅取一次. 根据概率加法定理，应把相应的概率值 p_i 加起来，就得到 Y 的分布.

【例 2.19】 设 X 的分布律如表 2.13 所示.

表 2.13

X	-1	0	1	2
P	0.2	0.3	0.1	0.4

求 $Y=(X-1)^2$ 的分布律.

解 X 和 Y 取值的对应关系及概率如表 2.14 所示.

表 2.14

P	0.2	0.3	0.1	0.4
X	-1	0	1	2
Y	4	1	0	1

Y 所有可能的值为 0、1、4，且

$$P\{Y=0\}=P\{X=1\}=0.1$$
$$P\{Y=1\}=P\{X=0\}+P\{X=2\}=0.3+0.4=0.7$$
$$P\{Y=4\}=P\{X=-1\}=0.2$$

因而，Y 的分布律如表 2.15 所示.

表 2.15

Y	0	1	4
P	0.1	0.7	0.2

【例 2.20】 设随机变量 X 的分布律如表 2.16 所示.

表 2.16

X	1	2	…	n	…
P	$\frac{1}{2}$	$\left(\frac{1}{2}\right)^2$	…	$\left(\frac{1}{2}\right)^n$	…

求随机变量 $Y=\cos\left(\frac{\pi}{2}X\right)$ 的分布律.

解 因为

$$\cos\left(\frac{n\pi}{2}\right)=\begin{cases}-1 & (n=2(2k-1);\ k=0,\ 1,\ 2\cdots) \\ 0 & (n=2k-1;\ k=0,\ 1,\ 2,\ \cdots) \\ 1 & (n=2(2k);\ k=0,\ 1,\ 2,\ \cdots)\end{cases}$$

所以 $Y=\cos\left(\frac{\pi}{2}X\right)$ 的所有可能的取值为-1、0、1.

由于 X 取值 2，6，10，…时，对应的 Y 都取-1，根据上述方法得

$$P\{Y=-1\}=\left(\frac{1}{2}\right)^2+\left(\frac{1}{2}\right)^6+\left(\frac{1}{2}\right)^{10}+\cdots=\frac{1}{4\times\left(1-\frac{1}{16}\right)}=\frac{4}{15}$$

$$P\{Y=0\}=\left(\frac{1}{2}\right)^1+\left(\frac{1}{2}\right)^3+\left(\frac{1}{2}\right)^5+\cdots=\frac{1}{2\times\left(1-\frac{1}{4}\right)}=\frac{2}{3}$$

$$P\{Y=1\}=\left(\frac{1}{2}\right)^4+\left(\frac{1}{2}\right)^8+\left(\frac{1}{2}\right)^{12}+\cdots=\frac{1}{16\times\left(1-\frac{1}{16}\right)}=\frac{1}{15}$$

故 $Y=\cos\left(\frac{\pi}{2}X\right)$ 的分布律如表 2.17 所示.

表 2.17

Y	-1	0	1
P	$\frac{4}{15}$	$\frac{2}{3}$	$\frac{1}{15}$

2.5.2 连续型情形

在应用中最常见的情形是连续型随机变量的函数. 设 X 是连续型随机变量，已知 $f_X(x)$ 为其概率密度，那么应当如何确定随机变量 $Y=g(X)$ 的概率密度 $f_Y(x)$ 呢？先求 Y 的分布函数 $F_Y(y)$ 的表达式，再对 $F_Y(y)$ 求导求出 Y 的概率密度函数 $f_Y(y)$.

【例 2.21】 设随机变量 $X\sim N(\mu,\ \sigma^2)$，试证明 X 的线性函数 $y=ax+b(a\neq 0)$ 也服从正态分布.

证明 分别记 X、Y 的分布函数为 $F_X(x)$、$F_Y(y)$. 设 $a>0$，下面先求 $F_Y(y)$.

$$\begin{aligned}F_Y(y)&=P\{Y\leqslant y\}=P\{aX+b\leqslant y\}\\&=P\left\{X\leqslant\frac{y-b}{a}\right\}=F_X\left(\frac{y-b}{a}\right)\end{aligned}$$

将上式左右两端同时求导得

$$f_Y(y)=f_X\left(\frac{y-b}{a}\right)\left(\frac{y-b}{a}\right)'=\frac{1}{a}f_X\left(\frac{y-b}{a}\right)$$

而 X 的概率密度函数为

$$f_X(x)=\frac{1}{\sqrt{2\pi}\sigma}e^{-\frac{(x-\mu)^2}{2\sigma^2}}\quad(-\infty<x<+\infty)$$

所以，得到 Y 的概率密度函数为

$$f_Y(y)=\frac{1}{\sqrt{2\pi}(a\sigma)}e^{-\frac{[y-(a\mu+b)]^2}{2(a\sigma)^2}} \quad (-\infty<y<+\infty)$$

若 $a<0$，采用同样的方法可以求得 Y 的概率密度函数为

$$f_Y(y)=\frac{1}{\sqrt{2\pi}\,|a\sigma|}e^{-\frac{[y-(a\mu+b)]^2}{2(a\sigma)^2}} \quad (-\infty<y<+\infty)$$

故

$$Y=aX+b\sim N(a\mu+b,\ (a\sigma)^2)$$

特别地，取 $a=\frac{1}{\sigma}$，$b=-\frac{\mu}{\sigma}$，得 $Y=\frac{X-\mu}{\sigma}\sim N(0,1)$，这就是 2.4 节引理的结果.

例 2.21 中的做法具有普遍性. 一般来说，我们都可以用这样的方法求连续型随机变量的分布函数或概率密度函数. 下面我们仅对 $Y=g(X)$是严格单调函数的特别情况给出一般的结果.

定理 2.2　设随机变量 X 具有概率密度函数 $f_X(x)(-\infty<x<+\infty)$，又设函数 $g(x)$ 处处可导且恒有 $g'(x)>0$(或恒有 $g'(x)<0$)，则 $Y=g(X)$也是连续型随机变量，其概率密度为

$$f_Y(y)=\begin{cases} f_X[h(y)]\,|h'(y)| & (\alpha<y<\beta) \\ 0 & (\text{其他}) \end{cases}$$

其中，$\alpha=\min[g(-\infty),\ g(+\infty)]$，$\beta=\max[g(-\infty),\ g(+\infty)]$，$h(y)$是 $g(x)$的反函数.

证明略.

【例 2.22】　设随机变量 X 在区间$\left(-\frac{\pi}{2},\ \frac{\pi}{2}\right)$内服从均匀分布，$Y=\sin X$，试求随机变量 Y 的概率密度函数.

解　$Y=\sin X$ 对应的函数 $Y=g(x)=\sin x$ 在区间$\left(-\frac{\pi}{2},\ \frac{\pi}{2}\right)$上恒有 $g'(x)=\cos x>0$，且有反函数 $x=h(y)=\arcsin y$，$h'(y)=\frac{1}{\sqrt{1-y^2}}$，又因 X 的概率密度函数为

$$f_X(x)=\begin{cases} \frac{1}{\pi} & \left(-\frac{\pi}{2}<x<\frac{\pi}{2}\right) \\ 0 & (\text{其他}) \end{cases}$$

故得 $Y=\sin X$ 的概率密度函数为

$$f_Y(y)=\begin{cases} \frac{1}{\pi}\frac{1}{\sqrt{1-y^2}} & (-1<y<1) \\ 0 & (\text{其他}) \end{cases}$$

若在例 2.22 中将区间换成$(0,\pi)$，这时 $Y=g(x)=\sin x$ 在区间$(0,\pi)$上不是单调函数，所以上述定理失效，应该仍按照例 2.21 的方法做，请读者思考.

习题 2.5

1. 设随机变量 X 的分布律如表 2.18 所示.

表 2.18

X	-2	0	1	2
P	0.2	0.3	0.4	0.1

求 $Y=(X-1)^2$ 的分布律.

2. 设随机变量 $X\sim B(3, 0.4)$，求 $Y=X^2-2X$ 的分布律.

3. 随机变量 X 在区间(0, 1)上服从均匀分布.

(1) 求 $Y=e^X$ 的概率密度函数；

(2) 求 $Y=-2\ln X$ 的概率密度函数.

4. 设随机变量 X 的概率密度函数为

$$f_X(x)=\begin{cases}\dfrac{3}{2}x^2 & (-1<x<1)\\ 0 & (其他)\end{cases}$$

(1) 求 $Y=3X$ 的概率密度函数；

(2) 求 $Y=X^2$ 的概率密度函数.

5. 设随机变量 X 服从参数为 1 的指数分布，求以下函数的概率密度函数：

(1) $Y=2X+1$；

(2) $Y=e^X$；

(3) $Y=X^2$.

总习题 2

一、选择题

1. 设随机变量 X 服从 $X\sim B(4, 0.2)$，则 $P\{X>3\}=$(　　).

A. 0.0016　　B. 0.0272　　C. 0.4096　　D. 0.8192

2. 设随机变量 X 的分布函数为 $F(x)$，下列结论中不一定成立的是(　　).

A. $F(+\infty)=1$　　B. $F(-\infty)=0$

C. $0\leqslant F(x)\leqslant 1$　　D. $F(x)$为连续函数

3. 下列各函数中是随机变量的分布函数的是(　　).

A. $F_1(x)=\dfrac{1}{1+x^2}\quad(-\infty<x<+\infty)$　　B. $F_2(x)=\begin{cases}0 & (x\leqslant 0)\\ \dfrac{x}{1+x} & (x>0)\end{cases}$

C. $F_3(x)=e^{-x}\quad(-\infty<x<+\infty)$　　D. $F_4(x)=\dfrac{3}{4}+\dfrac{1}{2\pi}\arctan x\quad(-\infty<x<+\infty)$

4. 设随机变量 X 的概率密度 $f(x)=\dfrac{1}{2}e^{-|x|}\ (-\infty<x<+\infty)$，则其分布函数 $F(x)$是(　　).

A. $F(x)=\begin{cases}\dfrac{1}{2}e^x & (x<0)\\ 1 & (x\geqslant 0)\end{cases}$　　B. $F(x)=\begin{cases}\dfrac{1}{2}e^x & (x<0)\\ 1-\dfrac{1}{2}e^{-x} & (x\geqslant 0)\end{cases}$

C. $F(x)=\begin{cases}1-\frac{1}{2}e^{-x} & (x<0)\\ 1 & (x\geqslant 0)\end{cases}$　　D. $F(x)=\begin{cases}\frac{1}{2}e^{-x} & (x<0)\\ 1-\frac{1}{2}e^{-x} & (0\leqslant x<1)\\ 1 & (x\geqslant 1)\end{cases}$

5. 设随机变量 X 的概率密度函数 $f(x)=\begin{cases}\frac{a}{x^2} & (x>10)\\ 0 & (x\leqslant 10)\end{cases}$，则常数 $a=$(　　).

A. -10　　B. $-\frac{1}{500}$　　C. $\frac{1}{500}$　　D. 10

6. 如果函数 $f(x)=\begin{cases}x & (a\leqslant x\leqslant b)\\ 0 & (\text{其他})\end{cases}$ 是某连续型随机变量 X 的概率密度函数，则区间 $[a, b]$ 可以是(　　).

A. $[0, 1]$　　B. $[0, 2]$　　C. $[0, \sqrt{2}]$　　D. $[1, 2]$

7. 设连续型随机变量 X 的概率密度函数 $f(x)=\begin{cases}\frac{x}{2} & (0<x<2)\\ 0 & (\text{其他})\end{cases}$，则 $P\{-1<X<1\}=$(　　).

A. 0　　B. 0.25　　C. 0.5　　D. 1

8. 设随机变量 X 在区间 $[2, 4]$ 上服从均匀分布，则 $P\{3<X<4\}=$(　　).

A. $P\{2.25<X<3.25\}$　　B. $P\{1.5<X<2.5\}$

C. $P\{3.5<X<4.5\}$　　D. $P\{4.5<X<5.5\}$

9. 设随机变量 X 的概率密度函数 $f(x)=\frac{1}{2\sqrt{2\pi}}e^{-\frac{(x+1)^2}{8}}$，则 X 服从(　　).

A. $N(-1, 2)$　　B. $N(-1, 4)$　　C. $N(-1, 8)$　　D. $N(-1, 16)$

10. 已知随机变量 X 的概率密度函数为 $f_X(x)$，令 $Y=-2X$，则 Y 的概率密度函数 $f_Y(y)$ 为(　　).

A. $2f_X(-2y)$　　B. $f_X\left(-\frac{y}{2}\right)$

C. $-\frac{1}{2}f_X\left(-\frac{y}{2}\right)$　　D. $\frac{1}{2}f_X\left(-\frac{y}{2}\right)$

11. 任何一个连续型随机变量的概率密度 $f(x)$ 一定满足(　　).

A. $0\leqslant f(x)\leqslant 1$　　B. $\lim\limits_{x\to\infty}f(x)=1$

C. $\int_{-\infty}^{+\infty}f(x)\mathrm{d}x=1$　　D. 在定义域内单调非减

12. 设随机变量 X 服从参数为 2 的指数分布，则随机变量 $Y=1-e^{-2X}$(　　).

A. 在(0, 1)上服从均匀分布　　B. 仍服从指数分布

C. 服从正态分布　　D. 服从参数为 2 的泊松分布

13. 设随机变量 X 服从正态分布 $N(0, 4)$，则 $P(X<1)=$(　　).

A. $\int_{0}^{1}\frac{1}{\sqrt{2\pi}}\mathrm{e}^{-\frac{x^{2}}{8}}\mathrm{d}x$　　B. $\int_{0}^{1}\frac{1}{4}\mathrm{e}^{-\frac{x}{4}}\mathrm{d}x$

C. $\frac{1}{\sqrt{2\pi}}\mathrm{e}^{-\frac{1}{2}}$　　D. $\int_{-\infty}^{1}\frac{1}{2\sqrt{2\pi}}\mathrm{e}^{-\frac{x^{2}}{8}}\mathrm{d}x$

14. 下列各函数中可以作为某随机变量的分布函数的是(　　).

A. $F(x)=\frac{1}{1+x^{2}}$　　B. $F(x)=\sin x$

C. $F(x)=\begin{cases}\frac{1}{1+x^{2}} & (x\leqslant 0)\\ 1 & (x>0)\end{cases}$　　D. $F(x)=\begin{cases}0 & (x<0)\\ 1.1 & (0\leqslant x\leqslant 1)\\ 1 & (x>1)\end{cases}$

15. 设随机变量 X 的概率密度函数 $f(x)=\frac{1}{2\sqrt{\pi}}\mathrm{e}^{-\frac{(x+3)^{2}}{4}}$ $(-\infty<x<+\infty)$，则 $Y=$(　　)时，$Y\sim N(0,1)$。

A. $\frac{x+3}{2}$　　B. $\frac{x+3}{\sqrt{2}}$

C. $\frac{x-3}{2}$　　D. $\frac{x-3}{\sqrt{2}}$

二、填空题

1. 已知随机变量 X 的分布律如表 2.19 所示，则常数 $a=$________.

表 2.19

X	1	2	3	4	5
P	$2a$	0.2	a	0.2	0.3

2. 设随机变量 X 的分布律如表 2.20 所示，记 X 的分布函数为 $F(X)$，则$F(2)=$________.

表 2.20

X	1	2	3
P	$\frac{1}{6}$	$\frac{1}{3}$	$\frac{1}{2}$

3. 设随机变量 X 服从参数为 $\lambda(\lambda>0)$ 的泊松分布，且 $P\{X=0\}=\frac{1}{2}P\{X=2\}$，则$\lambda=$__________.

4. 设随机变量 X 为连续型随机变量，c 是一个常数，则 $P\{X=c\}=$__________.

5. 设连续型随机变量 X 的分布函数 $F(x)=\begin{cases}1-\mathrm{e}^{-2x} & (x>0)\\ 0 & (x\leqslant 0)\end{cases}$，其概率密度函数为 $f(x)$，则 $f(1)=$__________.

6. 设随机变量 X 服从 $N(0,1)$，$\Phi(x)$为其分布函数，则 $\Phi(x)+\Phi(-x)=$______.

7. 设 X 服从 $N(\mu,\sigma^{2})$，其分布函数为 $F(x)$，$\Phi(x)$为标准正态分布函数，$F(x)$与

$\Phi(x)$之间的关系是 $F(x)=$______.

8. X 服从 $N(\mu,\sigma^2)$，$\mu\neq 0$，$\sigma>0$，且 $P\left(\frac{x-\sigma}{\mu}<\alpha\right)=\frac{1}{2}$，则 $\alpha=$______.

9. 设非负随机变量 X 的密度函数为 $f(x)=Ax^3e^{-\frac{x^2}{2}}$，$x>0$，则 $A=$______.

三、解答题

1. 已知 ξ 的分布函数为

$$F(x)=\begin{cases}0 & (x<0)\\ 1/2 & (0\leqslant x<1)\\ 2/3 & (1\leqslant x<2)\\ 11/12 & (2\leqslant x<3)\\ 1 & (x\geqslant 3)\end{cases}$$

求 $P\{\xi\leqslant 3\}$、$P\{\xi=1\}$、$P\{\xi>1/2\}$、$P\{2<\xi<4\}$.

2. 甲、乙两名篮球队员轮流投篮，直至某人投中为止，如果甲投中的概率为 0.4，乙投中的概率为 0.6，并假设甲先投，试分别求出投篮终止时甲、乙两人投篮次数的分布律.

3. 射手向目标独立地进行了 3 次射击，每次击中率为 0.8，求 3 次击中目标的次数的分布律，并求 3 次射击中至少击中 2 次的概率.

4. 甲、乙两人投篮，投中的概率分别为 0.6、0.7，现各投 3 次，求：

(1) 两人投中次数相等的概率；

(2) 甲比乙投中次数多的概率.

5. 有甲、乙两种味道和颜色都极为相似的名酒各 4 杯，如果从中挑 4 杯，能将甲种酒全部挑出来，算是成功一次.

(1) 某人随机去猜，问他试验成功一次的概率是多少？

(2) 某人声称他通过品尝能区分两种酒，他连续试验 10 次，成功了 3 次，试推断他是猜对的还是他确有区分能力.(假设各次试验是相互独立的)

6. 有一繁忙的汽车站，每天有大量的汽车通过，设每辆车在一天的某时段出事故的概率为 0.0001，在某天的该段时段内有 1000 辆汽车通过，问出事故的次数不小于 2 的概率是多少？(利用泊松定理)

7. 某公安局在长度为 t 的时间间隔内收到的紧急呼救的次数 X 服从参数为 $\frac{1}{2}t$ 的泊松分布，而与时间间隔起点无关(时间以 h 计). 求：

(1) 某一天 12：00 至 15：00 未收到呼救的概率；

(2) 某一天 12：00 至 17：00 至少收到 1 次呼救的概率.

8. 某教科书出版了 2000 册，因装订等原因造成错误的概率为 0.001，试求在这 2000 册书中恰有 5 册错误的概率.

9. 有 2500 名同一年龄和同社会阶层的人参加了保险公司的人寿保险，在一年中每个人死亡的概率为 0.002，每个参加保险的人在 1 月 1 日须交 12 元保险费，而在死亡时其家属可从保险公司领取 2000 元赔偿金. 求：

(1) 保险公司亏本的概率；

(2) 保险公司获利分别不少于 10 000 元、20 000 元的概率.

10. 某地抽样调查结果表明，考生的外语成绩(百分制)近似服从正态分布，平均成绩为72分，96分以上的占考生总数的2.3%，试求考生的外语成绩在60～84分之间的概率.

11. 在电源电压不超过200 V、200～240 V和超过240 V三种情况下，某种电子元件损坏的概率分别为0.1、0.001、0.2，假设电源电压服从$N(200, 625)$. 试求：

(1) 电子元件损坏的概率；

(2) 该电子元件损坏时电源电压为200～240 V的概率.

12. 一袋中有5只乒乓球，编号为1、2、3、4、5，在其中同时取三只，以X表示取出的三只球中的最大号码，写出随机变量X的分布律.

13. 某种型号的电子元件的寿命X(以小时计)具有以下的概率密度函数：

$$f(x)=\begin{cases}\dfrac{1000}{x^2} & (x>1000)\\ 0 & (\text{其他})\end{cases}$$

现有一大批此种元件，设各元件工作相互独立.

(1) 任取1只，其寿命大于1500小时的概率是多少？

(2) 任取4只，4只寿命都大于1500小时的概率是多少？

(3) 任取4只，4只中至少有1只寿命大于1500小时的概率是多少？

(4) 若已知一只元件的寿命大于1500小时，则该元件的寿命大于2000小时的概率是多少？

第3章　多维随机变量及其分布

在第2章中，我们讨论了一随机变量及其概率的分布情况，可以说那是一维随机变量，即试验的结果$\Omega=\{\omega\}$仅用一个变量$X=X(\omega)$来描述. 而许多实际问题中，试验的结果仅用一维随机变量去描述是不够的. 例如，观察一发炮弹的弹着点，在平面坐标系里必须用两个随机变量$X(\omega)$、$Y(\omega)$才能描述弹着点的位置. 又如，飞机在飞行过程中的空间位置，在三维直角坐标系里应用三个随机变量$X(\omega)$、$Y(\omega)$、$Z(\omega)$方能准确描述. 对于一个气象现象来说，常常需要通过气温、气压、湿度、雨量、风向、风速等多个随机变量去描述，这些随机变量之间一般还存在着某种联系. 因此，我们还需要探讨多个相互联系的随机变量构成的一个整体，即多维随机变量及其分布.

本章将着重讨论二维随机变量及其分布，至于多于二维的随机变量情况，对照二维情况，作平行推广分析即可加以理解.

3.1　二维随机变量

一般地，设E是一个随机试验，它的样本空间$\Omega=\{\omega\}$，设$X=X(\omega)$和$Y=Y(\omega)$是定义在Ω上的随机变量，由它们构成的一个向量(X, Y)，叫作二维随机向量或二维随机变量(见图3.1).

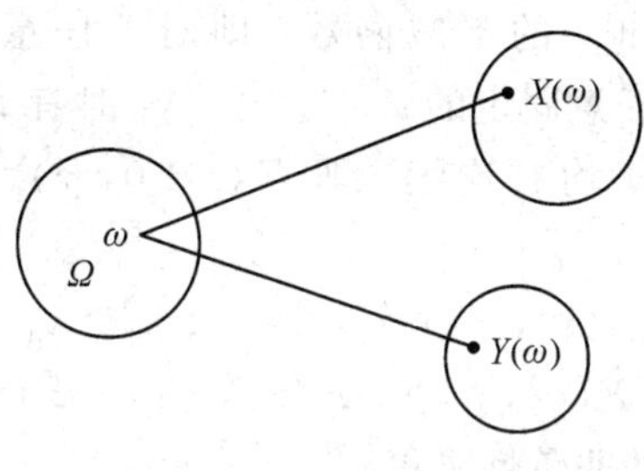

图3.1

3.1.1　二维随机变量的概念

二维随机变量(X, Y)的性质不仅与X及Y有关，而且依赖于这两个随机变量之间的相互关系. 因此，逐个地研究X或Y的性质是不够的，还需要将(X, Y)作为一个整体来进行研究.

3.1.2　二维随机变量的分布

和一维的情况类似，我们也借助“分布函数”来研究二维随机变量.

定义3.1　设(X, Y)是二维随机变量，对于任意实数x、y，二元函数：

$$F(x, y)=P\{(X\leqslant x)\cap(Y\leqslant y)\}\overset{\text{记作}}{=}P\{X\leqslant x, Y\leqslant y\}$$

称为二维随机变量(X, Y)的分布函数，或称为随机变量 X 和 Y 的联合分布函数.

如果将二维随机变量(X, Y)看成平面上随机点的坐标，那么分布函数 $F(x, y)$在(x, y)处的函数值就是随机点(X, Y)落在以点(x, y)为顶点、位于该点左下方的无限矩形域内的概率(如图 3.2 中阴影部分所示).

这时，随机点(X, Y)落入任一矩形域 $G=\{(x, y)\mid x_1<x\leqslant x_2, y_1<y\leqslant y_2\}$(如图 3.3 所示)的概率为

$$\begin{aligned}&P\{x_1<x\leqslant x_2, y_1<y\leqslant y_2\}\\&=F(x_2, y_2)-F(x_1, y_2)-F(x_2, y_1)+F(x_1, y_1)\end{aligned}\tag{3.1}$$

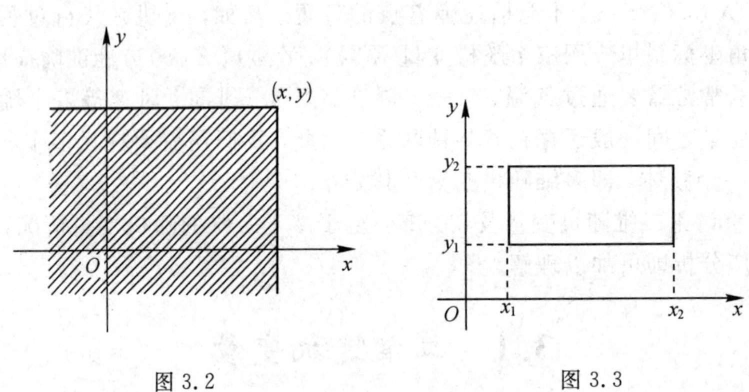

图 3.2　　　　图 3.3

二维随机变量的分布函数 $F(x, y)$亦有类似于一维随机变量的分布函数的性质：

(1) $0\leqslant F(x, y)\leqslant 1$，且对于任意固定的 y，$F(-\infty, y)=0$，对于任意固定的 x，$F(x, -\infty)=0$，$F(-\infty, -\infty)=0$，$F(+\infty, +\infty)=1$.

(2) $F(x, y)$是变量 x 和 y 的不减函数，即对于任意固定的 y，当 $x_2>x_1$ 时有 $F(x_2, y)\geqslant F(x_1, y)$，对于任意固定的 x，当 $y_2>y_1$ 时有 $F(x, y_2)\geqslant F(x, y_1)$.

(3) $F(x, y)$关于 x 或 y 均右连续，即 $F(x+0, y)=F(x, y)$，$F(x, y+0)=F(x, y)$.

(4) 对于任意的(x_1, y_1)、(x_2, y_2)且 $x_2>x_1$、$y_2>y_1$，下述不等式成立：

$$F(x_2, y_2)-F(x_1, y_2)-F(x_2, y_1)+F(x_1, y_1)\geqslant 0$$

这一性质可由式(3.1)及概率的非负性求得.

如果二维随机变量(X, Y)全部可能的取值只有有限对或可列无限多对，则称(X, Y)为二维离散型随机变量.

设二维离散型随机变量(X, Y)所有可能取值为$(x_i, y_j)$$(i, j=1, 2, \cdots)$，记 $P\{X=x_i, Y=y_j\}=p_{ij}$$(i, j=1, 2, \cdots)$，则由概率的定义有

(1) $p_{ij}\geqslant 0$；

(2) $\sum\limits_{i=1}^{\infty}\sum\limits_{j=1}^{\infty}p_{ij}=1$.

我们称此 $P\{X=x_i, Y=y_j\}=p_{ij}$$(i, j=1, 2, \cdots)$为二维离散型随机变量$(X, Y)$的分布律，或称为随机变量 X 和 Y 的联合分布律.

此分布律也可直观地用表格表示为表 3.1.

表 3.1

$Y \backslash X$	x_1	x_2	…	x_i	…
y_1	p_{11}	p_{21}	…	p_{i1}	…
y_2	p_{12}	p_{22}	…	p_{i2}	…
⋮	⋮	⋮		⋮	
y_j	p_{1j}	p_{2j}	…	p_{ij}	…
⋮	⋮	⋮		⋮	

将(X, Y)看成一个随机点的坐标，由图 3.2 知，离散型随机变量 X 和 Y 的联合分布函数为

$$F(x, y)=\sum_{x_i \leqslant x} \sum_{y_j \leqslant y} p_{ij} \tag{3.2}$$

其中，和式(3.2)是对一切满足 $x_i \leqslant x$，$y_j \leqslant y$ 的 i、j 来求和的.

【例 3.1】 设随机变量 X 在 1、2、3、4 四个整数中等可能地取一个值，另一个随机变量 Y 在 $1\sim X$ 中等可能地取一整数值. 试求(X, Y)的分布律.

解 由乘法公式容易求得(X, Y)的分布律. 易知$\{X=i, Y=j\}$的取值情况是

$$P\{X=i, Y=j\}=P\{X=i\}P\{Y=j \mid X=i\}=\frac{1}{4} \cdot \frac{1}{i} \quad (i=1, 2, 3, 4;\ j \leqslant i)$$

于是(X, Y)的分布律如表 3.2 所示.

表 3.2

$X \backslash Y$	1	2	3	4
1	$\frac{1}{4}$	0	0	0
2	$\frac{1}{8}$	$\frac{1}{8}$	0	0
3	$\frac{1}{12}$	$\frac{1}{12}$	$\frac{1}{12}$	0
4	$\frac{1}{16}$	$\frac{1}{16}$	$\frac{1}{16}$	$\frac{1}{16}$

【例 3.2】 设二维随机变量(X, Y)的联合分布律如表 3.3 所示.

表 3.3

$X \backslash Y$	-1	0
1	$\frac{1}{4}$	$\frac{1}{4}$
2	$\frac{1}{6}$	a

试求：

(1) a 的值；

(2) (X, Y)的分布函数$F(x, y)$.

解 (1)
$$P\{X=x_i, Y=y_j\}=p_{ij}, \sum_{i=1}^{2}\sum_{j=1}^{2}p_{ij}=1$$

所以$\frac{1}{4}+\frac{1}{4}+\frac{1}{6}+a=1$，解得$a=\frac{1}{3}$.

(2) 由$F(x, y)=P\{X\leqslant x, Y\leqslant y\}$知：

当$x<1$或$y<-1$时，有

$$F(x, y)=P\{\varnothing\}=0$$

当$1\leqslant x<2$，$-1\leqslant y<0$时，有

$$F(x, y)=P\{X=1, Y=-1\}=\frac{1}{4}$$

当$x\geqslant 2$，$-1\leqslant y<0$时，有

$$F(x, y)=P\{X=1, Y=-1\}+P\{X=2, Y=-1\}=\frac{5}{12}$$

当$1\leqslant x<2$，$y\geqslant 0$时，有

$$F(x, y)=P\{X=1, Y=-1\}+P\{X=1, Y=0\}=\frac{1}{2}$$

当$x\geqslant 2$，$y\geqslant 0$时，有

$$\begin{aligned}F(x, y)&=P\{X=1, Y=-1\}+P\{X=2, Y=-1\}\\&\quad+P\{X=1, Y=0\}+P\{X=2, Y=0\}\\&=1\end{aligned}$$

所以(X, Y)的分布函数为

$$F(x, y)=\begin{cases}0 & (x<1 \text{ 或 } y<-1)\\ \frac{1}{4} & (1\leqslant x<2, -1\leqslant y<0)\\ \frac{5}{12} & (x\geqslant 2, -1\leqslant y<0)\\ \frac{1}{2} & (1\leqslant x<2, y\geqslant 0)\\ 1 & (x\geqslant 2, y\geqslant 0)\end{cases}$$

与一维随机变量相似，对于二维随机变量(X, Y)的分布函数$F(x, y)$，如果存在非负可积函数$f(x, y)$，使得对于任意的x、y有

$$F(x, y)=\int_{-\infty}^{y}\int_{-\infty}^{x}f(u, v)\,\mathrm{d}u\mathrm{d}v$$

则称(X, Y)是连续型二维随机变量，函数$f(x, y)$称为二维随机变量(X, Y)的概率密度，或称为随机变量X和Y的联合概率密度.

按定义，概率密度$f(x, y)$具有如下性质：

(1) $f(x, y)\geqslant 0$.

(2) $\int_{-\infty}^{+\infty}\int_{-\infty}^{+\infty}f(x, y)\,\mathrm{d}x\mathrm{d}y=F(+\infty, +\infty)=1$.

(3) 设G是xOy平面上的区域，则点(X, Y)落在G内的概率为

$$P\{(X, Y) \in G\} = \iint_G f(x, y)\,dx\,dy \tag{3.3}$$

(4) 若 $f(x, y)$ 在点 (x, y) 处连续，则有

$$\frac{\partial^2 F(x, y)}{\partial x \partial y} = f(x, y)$$

【例 3.3】 设二维随机变量 (X, Y) 具有概率密度：

$$f(x, y) = \begin{cases} 2e^{-(2x+y)} & (x > 0, y > 0) \\ 0 & (\text{其他}) \end{cases}$$

(1) 求分布函数 $F(x, y)$；

(2) 求概率 $P\{Y \leqslant X\}$.

解 (1)

$$F(x, y) = \int_{-\infty}^{y}\int_{-\infty}^{x} f(u, v)\,du\,dv$$

$$= \begin{cases} \int_0^y\int_0^x 2e^{-(2u+v)}\,du\,dv & (x > 0, y > 0) \\ 0 & (\text{其他}) \end{cases}$$

即有

$$F(x, y) = \begin{cases} (1 - e^{-2x})(1 - e^{-y}) & (x > 0, y > 0) \\ 0 & (\text{其他}) \end{cases}$$

(2) 将 (X, Y) 看成平面上随机点的坐标，即有

$$\{Y \leqslant X\} = \{(X, Y) \in G\}$$

其中，G 为 xOy 平面上直线 $y = x$ 及其下方的部分，如图 3.4 所示，于是

$$P\{Y \leqslant X\} = P\{(X, Y) \in G\}$$

$$= \iint_G f(x, y)\,dx\,dy$$

$$= \int_0^{+\infty}\int_y^{+\infty} 2e^{-(2x+y)}\,dx\,dy$$

$$= \frac{1}{3}$$

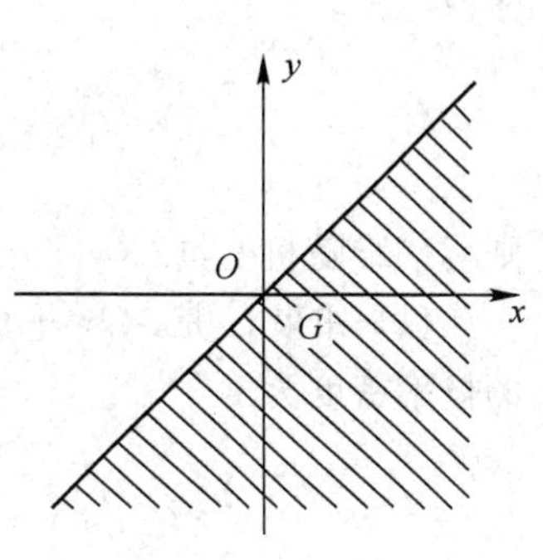

图 3.4

【例 3.4】 设二维随机变量 (X, Y) 具有概率密度：

$$f(x, y) = \begin{cases} 1 & (0 < x < 1, 0 < y < 1) \\ 0 & (\text{其他}) \end{cases}$$

试求 (X, Y) 的分布函数 $F(x, y)$.

解

$$F(x, y) = \int_{-\infty}^{y}\int_{-\infty}^{x} f(u, v)\,du\,dv$$

当 $x \leqslant 0$ 或 $y \leqslant 0$ 时，有

$$F(x, y) = \int_{-\infty}^{y}\int_{-\infty}^{x} f(u, v)\,du\,dv = \int_{-\infty}^{y}\int_{-\infty}^{x} 0\,du\,dv = 0$$

当 $0 < x < 1$，$0 < y < 1$ 时，有

$$F(x, y) = \int_{-\infty}^{y}\int_{-\infty}^{x} f(u, v)\,du\,dv = \int_0^y\int_0^x 1\,du\,dv = xy$$

当 $0<x<1$，$y\geqslant 1$ 时，有

$$F(x,y)=\int_{-\infty}^{y}\int_{-\infty}^{x}f(u,v)\,\mathrm{d}u\mathrm{d}v=\int_{0}^{1}\int_{0}^{x}1\mathrm{d}u\mathrm{d}v=x$$

当 $x\geqslant 1$，$0<y<1$ 时，有

$$F(x,y)=\int_{-\infty}^{y}\int_{-\infty}^{x}f(u,v)\,\mathrm{d}u\mathrm{d}v=\int_{0}^{y}\int_{0}^{1}1\mathrm{d}u\mathrm{d}v=y$$

当 $x\geqslant 1$，$y\geqslant 1$ 时，有

$$F(x,y)=\int_{-\infty}^{y}\int_{-\infty}^{x}f(u,v)\,\mathrm{d}u\mathrm{d}v=\int_{0}^{1}\int_{0}^{1}1\mathrm{d}u\mathrm{d}v=1$$

所以 (X,Y) 的分布函数为

$$F(x,y)=\begin{cases}0 & (x\leqslant 0 \text{ 或 } y\leqslant 0)\\ xy & (0<x<1,\ 0<y<1)\\ x & (0<x<1,\ y\geqslant 1)\\ y & (x\geqslant 1,\ 0<y<1)\\ 1 & (x\geqslant 1,\ y\geqslant 1)\end{cases}$$

3.1.3 常见的二维随机变量的分布

1. 均匀分布

设 G 是 xOy 平面上的有限区域，且其面积为 S. 若二维随机变量 (X,Y) 的概率密度为

$$f(x,y)=\begin{cases}\dfrac{1}{S} & ((x,y)\in G)\\ 0 & ((x,y)\notin G)\end{cases}$$

则称二维随机变量 (X,Y) 服从区域 G 上的均匀分布，记作 $(X,Y)\sim U_G$.

(1) 如果 G 是 xOy 平面上的矩形区域 $G=\{(x,y)\mid a\leqslant x\leqslant b,\ c\leqslant y\leqslant d\}$，那么相应的概率密度为

$$f(x,y)=\begin{cases}\dfrac{1}{(b-a)(d-c)} & (a\leqslant x\leqslant b,\ c\leqslant y\leqslant d)\\ 0 & (\text{其他})\end{cases}$$

(2) 如果 G 是 xOy 平面上以原点为圆心、R 为半径的圆域 $G=\{(x,y)\mid x^2+y^2\leqslant R^2\}$，那么相应的概率密度为

$$f(x,y)=\begin{cases}\dfrac{1}{\pi R^2} & (x^2+y^2\leqslant R^2)\\ 0 & (x^2+y^2>R^2)\end{cases}$$

2. 正态分布

若二维随机变量 (X,Y) 的概率密度为

$$f(x,y)=\frac{1}{2\pi\sigma_1\sigma_2\sqrt{1-\rho^2}}\exp\left\{-\frac{1}{2(1-\rho^2)}\left[\frac{(x-\mu_1)^2}{\sigma_1^2}-2\rho\frac{(x-\mu_1)(y-\mu_2)}{\sigma_1\sigma_2}+\frac{(y-\mu_2)^2}{\sigma_2^2}\right]\right\}\quad (x,y\in\mathbf{R})$$

其中，μ_1，μ_2，σ_1，σ_2，ρ 都是常数，且 $\sigma_1>0$，$\sigma_2>0$，$-1<\rho<1$，则称 (X, Y) 服从参数为 μ_1，μ_2，σ_1，σ_2，ρ 的二维正态分布，记作 $(X, Y)\sim N(\mu_1, \mu_2, \sigma_1^2, \sigma_2^2, \rho)$（这五个参数的意义将在第 4 章说明）.

以上关于二维随机变量的讨论，不难推广到 n 维随机变量的情况.

一般地，设 E 是一个随机试验，它的样本空间 $\Omega=\{\omega\}$，设 $X_1=X_1(\omega)$，$X_2=X_2(\omega)$，…，$X_n=X_n(\omega)$ 是定义在 Ω 上的随机变量，由它们构成的一个 n 维随机变量 $(X_1, X_2, \cdots, X_n)$ 叫作 n 维随机向量或 n 维随机变量.

对于任意 n 个实数 x_1，x_2，…，x_n，n 元函数：

$$F(x_1, x_2, \cdots, x_n)=P\{X_1\leqslant x_1, X_2\leqslant x_2, \cdots, X_n\leqslant x_n\}$$

称为 n 维随机变量 $(X_1, X_2, \cdots, X_n)$ 的分布函数. 它具有类似于二维随机变量的分布函数的性质.

习题 3.1

1. 100 件产品中有 50 件一等品，30 件二等品，20 件三等品，从中不放回地抽取 5 件，以 X、Y 分别表示取出 5 件中一等品、二等品的件数，求 (X, Y) 的联合分布律.

2. 盒子里装有 3 个黑球、2 个红球、2 个白球，从中任取 4 个，以 X 表示取到黑球的个数，以 Y 表示取到红球的个数，试求 $P\{X=Y\}$.

3. 设随机变量 X 和 Y 的联合分布律如表 3.4 所示.

表 3.4

Y \ X	-1	0	1
2	$\frac{1}{4}$	$\frac{1}{3}$	$\frac{1}{12}$
3	$\frac{1}{24}$	a	$2a$

试求：

(1) 常数 a；

(2) $P\{X\leqslant 0, Y\leqslant 0\}$.

4. 设随机变量 (X, Y) 的联合密度函数为

$$f(x, y)=\begin{cases} k\mathrm{e}^{-(3x+4y)} & (x>0, y>0) \\ 0 & (\text{其他}) \end{cases}$$

试求：

(1) 常数 a；

(2) (X, Y) 的联合分布函数 $F(x, y)$；

(3) $P\{0<X\leqslant 1, 0<Y\leqslant 2\}$.

5. 设随机变量 (X, Y) 的概率密度为

$$f(x, y)=\begin{cases} A(6-x-y) & (0<x<2, 2<y<4) \\ 0 & (\text{其他}) \end{cases}$$

试求：

(1) 常数 A；

(2) $P\{X<1, Y<3\}$；

(3) $P\{X<1.5\}$；

(4) $P\{X+Y<4\}$.

6. 设随机变量(X, Y)服从正态分布$N(\mu_1, \mu_2, \sigma_1^2, \sigma_2^2, \rho)$，其概率密度为

$$f(x, y)=\frac{1}{2\pi\sqrt{3}}\mathrm{e}^{-\frac{1}{6}(4x^2+2xy+y^2-8x-2y+4)}$$

求 μ_1, μ_2, σ_1^2, σ_2^2, ρ.

3.2 边 缘 分 布

3.2.1 边缘分布的概念

二维随机变量(X, Y)作为一个整体，具有分布函数$F(x, y)$. 而X和Y都是随机变量，各自也有分布函数，将它们分别记为$F_X(x)$、$F_Y(y)$，依次称为二维随机变量(X, Y)关于X和Y的边缘分布函数或边际分布函数，即

$$F_X(x)=P\{X\leqslant x\}=P\{X\leqslant x, Y<+\infty\}=F(x, +\infty) \tag{3.4}$$

$$F_Y(y)=P\{Y\leqslant y\}=P\{X<+\infty, Y\leqslant y\}=F(+\infty, y) \tag{3.5}$$

因此，边缘分布函数$F_X(x)$、$F_Y(y)$可由(X, Y)的分布函数确定.

设离散型随机变量(X, Y)的分布律为$p_{ij}(i, j=1, 2, \cdots)$，则有

$$F_X(x)=F(x, +\infty)=\sum_{x_i\leqslant x}\sum_{j=1}^{\infty}p_{ij}$$

与 2.3 节式 $F(x)=\sum\limits_{x_k\leqslant x}p_k$ 比较可知，X的分布律为

$$P\{X=x_i\}=\sum_{j=1}^{\infty}p_{ij} \quad (i=1, 2, \cdots)$$

同样地，Y的分布律为

$$P\{Y=y_j\}=\sum_{i=1}^{\infty}p_{ij} \quad (j=1, 2, \cdots)$$

记

$$P_{i\cdot}=\sum_{j=1}^{\infty}p_{ij}=P\{X=x_i\} \quad (i=1, 2, \cdots)$$

$$P_{\cdot j}=\sum_{i=1}^{\infty}p_{ij}=P\{Y=y_j\} \quad (j=1, 2, \cdots)$$

分别称$P_{i\cdot}(i=1, 2, \cdots)$和$P_{\cdot j}(j=1, 2, \cdots)$为二维随机变量$(X, Y)$关于$X$和$Y$的边缘分布律(注意，$P_{i\cdot}$是由$P_{ij}$关于$j$求和后得到的，同样$P_{\cdot j}$是由$P_{ij}$关于$i$求和后得到的).

通常把$P_{i\cdot}$和$P_{\cdot j}$直接写在联合分布律表格的边缘上，这正是边缘分布律的由来.

若考虑连续型随机变量(X, Y)，设它的概率密度为$f(x, y)$，则有

$$F_X(x)=F(x,+\infty)=\int_{-\infty}^{x}\left[\int_{-\infty}^{+\infty}f(x,y)\,dy\right]dx$$

与2.4节中式 $F(x)=\int_{-\infty}^{x}f(t)\,dt$ 比较可知，X 是一个连续型随机变量，且其概率密度为

$$f_X(x)=\int_{-\infty}^{+\infty}f(x,y)\,dy \tag{3.6}$$

同样地，Y 也是一个连续型随机变量，其概率密度为

$$f_Y(y)=\int_{-\infty}^{+\infty}f(x,y)\,dx \tag{3.7}$$

分别称 $f_X(x)$、$f_Y(y)$ 为二维随机变量 (X,Y) 关于 X 和 Y 的边缘概率密度.

3.2.2　离散型和连续型随机变量

【例3.5】 在只有3个红球、4个黑球的袋中逐次随机取一球，令

$$X_i=\begin{cases}1 & (\text{如第 } i \text{ 次取出黑球}，i=1,2)\\ 0 & (\text{如第 } i \text{ 次取出红球}，i=1,2)\end{cases}$$

试在有放回及不放回两种情况下，求 X_1 和 X_2 的联合分布律及边缘分布律.

解　(1) 有放回的情形：

$$P\{X_1=0,X_2=0\}=P\{X_1=0\}P\{X_2=0\}=\frac{4}{7}\times\frac{4}{7}=\frac{16}{49}$$

$$P\{X_1=0,X_2=1\}=P\{X_1=0\}P\{X_2=1\}=\frac{4}{7}\times\frac{3}{7}=\frac{12}{49}$$

$$P\{X_1=1,X_2=0\}=P\{X_1=1\}P\{X_2=0\}=\frac{3}{7}\times\frac{4}{7}=\frac{12}{49}$$

$$P\{X_1=1,X_2=1\}=P\{X_1=1\}P\{X_2=1\}=\frac{3}{7}\times\frac{3}{7}=\frac{9}{49}$$

则 (X_1,X_2) 分布律及边缘分布律如表3.5所示.

表3.5

X_1 \ X_2	0	1	$P_{i\cdot}=P\{X_1=i\}$
0	$\frac{16}{49}$	$\frac{12}{49}$	$\frac{4}{7}$
1	$\frac{12}{49}$	$\frac{9}{49}$	$\frac{3}{7}$
$P_{\cdot j}=P\{X_2=j\}$	$\frac{4}{7}$	$\frac{3}{7}$	1

(2) 不放回的情形：

$$P\{X_1=0,X_2=0\}=P\{X_1=0\}P\{X_2=0\mid X_1=0\}=\frac{4}{7}\times\frac{3}{6}=\frac{2}{7}$$

$$P\{X_1=0,X_2=1\}=P\{X_1=0\}P\{X_2=1\mid X_1=0\}=\frac{4}{7}\times\frac{3}{6}=\frac{2}{7}$$

$$P\{X_1=1,X_2=0\}=P\{X_1=1\}P\{X_2=0\mid X_1=1\}=\frac{3}{7}\times\frac{4}{6}=\frac{2}{7}$$

$$P\{X_1=1, X_2=1\}=P\{X_1=1\}P\{X_2=1 \mid X_1=1\}=\frac{3}{7}\times\frac{2}{6}=\frac{1}{7}$$

则(X_1, X_2)分布律及边缘分布律如表 3.6 所示.

表 3.6

X_1 \ X_2	0	1	$P_{i\cdot}=P\{X_1=i\}$
0	$\frac{2}{7}$	$\frac{2}{7}$	$\frac{4}{7}$
1	$\frac{2}{7}$	$\frac{1}{7}$	$\frac{3}{7}$
$P_{\cdot j}=P\{X_2=j\}$	$\frac{4}{7}$	$\frac{3}{7}$	1

由定义可知，联合分布可以决定边缘分布，但反之不然. 由此例可见，有放回与不放回抽取其联合分布虽然不同，但边缘分布相同. 因此，边缘分布不能决定联合分布.

【例 3.6】 设二维随机变量(X, Y)在区域$G=\{(x, y)|0\leqslant x\leqslant 1, x^2\leqslant y\leqslant x\}$上服从均匀分布（如图 3.5 所示），求边缘概率密度$f_X(x)$、$f_Y(y)$.

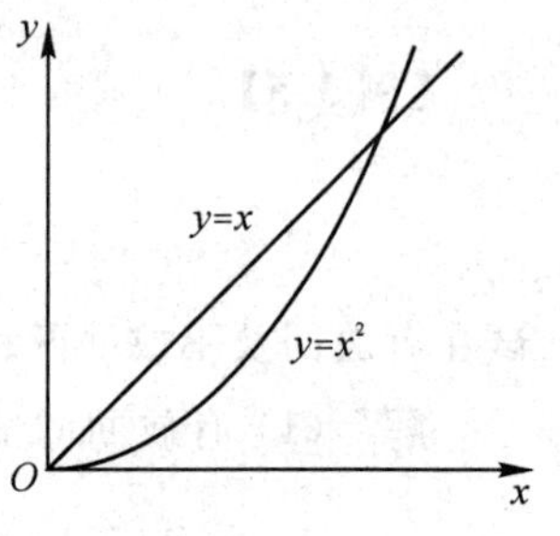

图 3.5

解 依题意知

$$S_G=\iint_G \mathrm{d}x\,\mathrm{d}y=\int_0^1 \mathrm{d}x\int_{x^2}^x \mathrm{d}y=\frac{1}{6}, \text{且}(X, Y)\sim U_G$$

则(X, Y)的概率密度为

$$f(x, y)=\begin{cases}6 & (0\leqslant x\leqslant 1, x^2\leqslant y\leqslant x)\\ 0 & (\text{其他})\end{cases}$$

所以

$$f_X(x)=\int_{-\infty}^{+\infty} f(x, y)\,\mathrm{d}y=\begin{cases}\int_{x^2}^{x} 6\mathrm{d}y=6(x^2-x) & (0\leqslant x\leqslant 1)\\ 0 & (\text{其他})\end{cases}$$

$$f_Y(y)=\int_{-\infty}^{+\infty} f(x, y)\,\mathrm{d}x=\begin{cases}\int_{y}^{\sqrt{y}} 6\mathrm{d}x=6(\sqrt{y}-y) & (0\leqslant y\leqslant 1)\\ 0 & (\text{其他})\end{cases}$$

这里值得注意的是，虽然(X, Y)的联合分布在G上服从均匀分布，但是它们的边缘分布不是均匀分布.

【例 3.7】 设$(X, Y)\sim N(\mu_1, \mu_2, \sigma_1^2, \sigma_2^2, \rho)$，求边缘概率密度$f_X(x)$、$f_Y(y)$.

解 依题意知

$$f(x, y)=\frac{1}{2\pi\sigma_1\sigma_2\sqrt{1-\rho^2}}\exp\left\{\frac{-1}{2(1-\rho^2)}\left[\frac{(x-\mu_1)^2}{\sigma_1^2}-2\rho\frac{(x-\mu_1)(y-\mu_2)}{\sigma_1\sigma_2}+\frac{(y-\mu_2)^2}{\sigma_2^2}\right]\right\}$$

又

$$f_X(x)=\int_{-\infty}^{+\infty} f(x, y)\,\mathrm{d}y$$

由于

$$\frac{(y-\mu_2)^2}{\sigma_2^2}-2\rho\frac{(x-\mu_1)(y-\mu_2)}{\sigma_1\sigma_2}=\left(\frac{y-\mu_2}{\sigma_2}-\rho\frac{x-\mu_1}{\sigma_1}\right)^2-\rho^2\frac{(x-\mu_1)^2}{\sigma_1^2}$$

于是

$$f_X(x)=\frac{1}{2\pi\sigma_1\sigma_2\sqrt{1-\rho^2}}\mathrm{e}^{-\frac{(x-\mu_1)^2}{2\sigma_1^2}}\int_{-\infty}^{+\infty}\mathrm{e}^{-\frac{1}{2(1-\rho^2)}\left(\frac{y-\mu_2}{\sigma_2}-\rho\frac{x-\mu_1}{\sigma_1}\right)}\mathrm{d}y$$

令 $t=\frac{1}{\sqrt{1-\rho^2}}\left(\frac{y-\mu_2}{\sigma_2}-\rho\frac{x-\mu_1}{\sigma_1}\right)$，则有

$$f_X(x)=\frac{1}{2\pi\sigma_1}\mathrm{e}^{-\frac{(x-\mu_1)^2}{2\sigma_1^2}}\int_{-\infty}^{+\infty}\mathrm{e}^{-\frac{t^2}{2}}\mathrm{d}t$$

即

$$f_X(x)=\frac{1}{\sqrt{2\pi}\sigma_1}\mathrm{e}^{-\frac{(x-\mu_1)^2}{2\sigma_1^2}}\quad(-\infty<x<+\infty)$$

同理可得

$$f_Y(y)=\frac{1}{\sqrt{2\pi}\sigma_2}\mathrm{e}^{-\frac{(y-\mu_2)^2}{2\sigma_2^2}}\quad(-\infty<y<+\infty)$$

这里值得注意的是，二维正态分布的两个边缘分布都是一维正态分布，并且都不依赖于参数 ρ，亦即对于给定的 μ_1，μ_2，σ_1，σ_2，不同的 ρ 对应不同的二维正态分布，它们的边缘分布却是一样的. 这一事实表明，单由关于 X 和关于 Y 的边缘分布，一般来说是不能确定随机变量 X 和 Y 的联合分布的.

习题 3.2

1. 完成表 3.7.

表 3.7

X \ Y	y_1	y_2	y_3	$P_{i\cdot}$
x_1	0.1		0.2	0.4
x_2	0.1	0.2		
$P_{\cdot j}$				1

2. 设二维离散型随机变量 (X,Y) 的可能值为 $(0,0)$、$(-1,1)$、$(-1,2)$、$(1,0)$，且取这些值的概率依次为 $\frac{1}{6}$、$\frac{1}{3}$、$\frac{1}{12}$、$\frac{5}{12}$，试求 X 和 Y 各自的边际分布律.

3. 设二维随机变量 (X,Y) 的联合分布函数为

$$F(x,y)=\begin{cases}1-\mathrm{e}^{-\lambda_1 x}-\mathrm{e}^{-\lambda_2 y}+\mathrm{e}^{-\lambda_1 x-\lambda_2 y-1-\lambda_{12}\max\{x,y\}} & (x>0,\ y>0)\\ 0 & (\text{其他})\end{cases}$$

试求 X 和 Y 各自的边际分布函数.

4. 设二维随机变量 (X,Y) 的概率密度为

$$f(x,y)=\begin{cases}A\sin(x+y) & \left(0\leqslant x\leqslant\frac{\pi}{2},\ 0\leqslant y\leqslant\frac{\pi}{2}\right)\\ 0 & (\text{其他})\end{cases}$$

试求：

(1) 常数 A；

(2) (X, Y)关于 X 和 Y 的边缘概率密度.

5. 设二维随机变量(X, Y)的概率密度为

$$f(x, y)=\begin{cases}2xy & ((x, y)\in G)\\ 0 & ((x, y)\notin G)\end{cases}$$

其中，G 是由直线 $y=\dfrac{x}{2}$、$y=0$、$x=2$ 所围成的区域，求(X, Y)关于 X 和 Y 的边缘概率密度.

6. 设二维随机变量(X, Y)在以原点为圆心、R 为半径的圆上服从均匀分布. 试求(X, Y)的联合概率密度及边缘概率密度.

3.3 条件分布

3.3.1 条件分布的概念

我们由条件概率很自然地引出条件概率分布的概念.

设(X, Y)是二维离散型随机变量，其分布律为

$$P\{X=x_i, Y=y_j\}=p_{ij}\quad (i, j=1, 2, \cdots)$$

(X, Y)关于 X 和 Y 的边缘分布律分别为

$$P\{X=x_i\}=P_{i\cdot}=\sum_{j=1}^{\infty}p_{ij}\quad (i=1, 2, \cdots)$$

$$P\{Y=y_j\}=P_{\cdot j}=\sum_{i=1}^{\infty}p_{ij}\quad (j=1, 2, \cdots)$$

设 $P_{i\cdot}>0$，我们来考虑在事件$\{Y=y_j\}$已发生的条件下事件$\{X=x_i\}$发生的概率，也就是求事件

$$\{X=x_i \mid Y=y_j\}\quad (i=1, 2, \cdots)$$

的概率. 由条件概率公式，可得

$$P\{X=x_i \mid Y=y_j\}=\frac{P\{X=x_i, Y=y_j\}}{P\{Y=y_j\}}=\frac{P_{ij}}{P_{\cdot j}}\quad (i=1, 2, \cdots)$$

易知，上述条件概率具有分布律的性质：

(1) $P\{X=x_i|Y=y_j\}\geqslant 0$；

(2) $\displaystyle\sum_{i=1}^{\infty}P\{X=x_i \mid Y=y_j\}=\sum_{i=1}^{\infty}\frac{P_{ij}}{P_{\cdot j}}=\frac{1}{P_{\cdot j}}\sum_{i=1}^{\infty}P_{ij}=\frac{P_{\cdot j}}{P_{\cdot j}}=1.$

于是我们引入以下定义：

定义 3.2 设(X, Y)是二维离散型随机变量，对于固定的 j，若 $P\{Y=y_j\}>0$，则称

$$P\{X=x_i \mid Y=y_j\}=\frac{P\{X=x_i, Y=y_j\}}{P\{Y=y_j\}}=\frac{P_{ij}}{P_{\cdot j}}\quad (i=1, 2, \cdots)$$

为在$\{Y=y_j\}$条件下随机变量 X 的条件分布律.

同样，对于固定的 i，若 $P\{X=x_i\}>0$，则称

$$P\{Y=y_j \mid X=x_i\}=\frac{P\{X=x_i, Y=y_j\}}{P\{X=x_i\}}=\frac{P_{ij}}{P_{i\cdot}} \quad (j=1, 2, \cdots)$$

为在$\{X=x_i\}$条件下随机变量 Y 的条件分布律.

3.3.2　条件分布的实例

【例 3.8】　将两封信随机地往编号为Ⅰ、Ⅱ、Ⅲ、Ⅳ的四个邮筒内投，X_1、X_2 分别表示第Ⅰ、Ⅱ邮筒内信的数目. 求在 $X_2=1$ 的条件下关于 X_1 的条件分布.

解　依题意知，X_1、X_2 各自可能的取值为 0、1、2，且(X_1, X_2)取(1, 2)、(2, 1)、(2, 2)均不可能，因而相应的概率均为 0. 再由古典概率计算得

$$P\{X_1=0, X_2=0\}=\frac{2\times 2}{4\times 4}=\frac{1}{4}$$

$$P\{X_1=0, X_2=1\}=\frac{1\times 2+1\times 2}{4\times 4}=\frac{1}{4}$$

$$P\{X_1=0, X_2=2\}=\frac{1}{16}$$

$$P\{X_1=1, X_2=0\}=\frac{1}{4}$$

$$P\{X_1=1, X_2=1\}=\frac{1}{8}$$

$$P\{X_1=2, X_2=0\}=\frac{1}{16}$$

故(X_1, X_2)的分布律与边缘分布律如表 3.8 所示.

表 3.8

X_1 \ X_2	0	1	2	$P_{i\cdot}$
0	$\frac{1}{4}$	$\frac{1}{4}$	$\frac{1}{16}$	$\frac{9}{16}$
1	$\frac{1}{4}$	$\frac{1}{8}$	0	$\frac{3}{8}$
2	$\frac{1}{16}$	0	0	$\frac{1}{16}$
$P_{\cdot j}$	$\frac{9}{16}$	$\frac{3}{8}$	$\frac{1}{16}$	1

在 $X_2=1$ 的条件下，X_1 的条件分布(见表 3.9)为

$$P\{X_1=0 \mid X_2=1\}=\frac{1/4}{3/8}=\frac{2}{3}$$

$$P\{X_1=1 \mid X_2=1\}=\frac{1/8}{3/8}=\frac{1}{3}$$

$$P\{X_1=2 \mid X_2=1\}=\frac{0}{3/8}=0$$

表 3.9

$X_1 \mid X_2=1$	0	1	2
$P\{X_1=x_i \mid X_2=1\}$	$\frac{2}{3}$	$\frac{1}{3}$	0

【例 3.9】 设某一地区一天出生的婴儿数为 X，其中男婴的个数为 Y. 如果 X 和 Y 的联合分布律为

$$P\{X=i, Y=j\}=p_{ij}=\frac{\mathrm{e}^{-14}7.14^i 6.86^{i-j}}{j!(i-j)!} \quad (j=0, 1, 2, \cdots, i;\ i=j, j+1, \cdots)$$

试求(X, Y)的条件分布律.

解 由题设知

$$\begin{aligned} P_{i\cdot}=P\{X=i\}&=\sum_{j=0}^{\infty}P\{X=i, Y=j\}=\sum_{j=0}^{\infty}\frac{\mathrm{e}^{-14}7.14^i 6.86^{i-j}}{j!(i-j)!} \\ &=\frac{\mathrm{e}^{-14}}{i!}\sum_{j=0}^{\infty}\binom{i}{j}7.14^i 6.86^{i-j} \\ &=\frac{\mathrm{e}^{-14}}{i!}(7.14+6.86)^i=\frac{14^i}{i!}\mathrm{e}^{-14} \quad (i=0, 1, 2, \cdots) \end{aligned}$$

即 X 服从参数为 14 的泊松分布 $\pi(14)$.

同理，有

$$\begin{aligned} P_{\cdot j}=P\{Y=j\}&=\sum_{i=j}^{\infty}p_{ij}=\sum_{i=j}^{\infty}\frac{\mathrm{e}^{-14}7.14^i 6.86^{i-j}}{j!(i-j)!} \\ &=\frac{\mathrm{e}^{-14}}{j!}7.14^j\sum_{i=j}^{\infty}\frac{6.86^{i-j}}{(i-j)!}=\frac{7.14^j}{j!}\mathrm{e}^{-14}\cdot\mathrm{e}^{6.86} \\ &=\frac{7.14^j}{j!}\mathrm{e}^{-7.14} \quad (j=0, 1, 2, \cdots) \end{aligned}$$

即 Y 服从参数为 7.14 的泊松分布 $\pi(7.14)$.

固定 j 即得

$$P\{X=i \mid Y=j\}=\frac{P_{ij}}{P_{\cdot j}}=\frac{6.86^{i-j}}{(i-j)!}\mathrm{e}^{-6.86} \quad (i=j, j+1, \cdots;\ i=1, 2, \cdots)$$

固定 i 即得

$$\begin{aligned} P\{Y=j \mid X=i\}&=\frac{P_{ij}}{P_{i\cdot}}=\binom{i}{j}\left(\frac{7.14}{14}\right)^j\left(\frac{6.86}{14}\right)^{i-j} \\ &=\binom{i}{j}0.51^j 0.49^{i-j} \quad (j=0, 1, \cdots, i) \end{aligned}$$

即$\{Y|X=i\}\sim B(i, 0.51)(i=1, 2, \cdots)$.

特别地，只当$Y=0$时才有$i=1, 2, \cdots$。也就是说，X 在 $Y=0$ 的条件下的条件分布服从参数为 6.86 的泊松分布，即

$$\{X \mid Y=0\}\sim\pi(6.86)$$

这就是该地区一天只出生女婴的概率分布.

又

$$\{Y|X=i\}\sim B(i, 0.51) \quad (i=1, 2, \cdots)$$

这就是说，在该地区一天出生 i 个女婴的条件下，男婴总是服从参数 $n=i$，$p=0.51$ 的二项分布. 例如，Y 在 $X=1$ 的条件下的条件分布为 $B(1, 0.51)$，即为(0-1)分布，如表3.10所示.

表 3.10

$Y\|X=1$	0	1
P	0.49	0.51

现设 (X, Y) 是二维连续型随机变量，这时由于对任意 x、y 有 $P\{X=x\}=0$，$P\{Y=y\}=0$，因此就不能直接用条件概率公式引入"条件分布函数"了.

设 (X, Y) 的概率密度为 $f(x, y)$，(X, Y) 关于 Y 的边缘概率密度为 $f_Y(y)$. 给定 y，对于任意固定的 $\varepsilon>0$，对于任意 x，考虑条件概率

$$P\{X \leqslant x \mid y < Y \leqslant y+\varepsilon\}$$

设 $P\{y<Y\leqslant y+\varepsilon\}>0$，则有

$$\begin{aligned} P\{X \leqslant x \mid y < Y \leqslant y+\varepsilon\} &= \frac{P\{X \leqslant x,\ y < Y \leqslant y+\varepsilon\}}{P\{y < Y \leqslant y+\varepsilon\}} \\ &= \frac{\int_{-\infty}^{x}\left[\int_{y}^{y+\varepsilon} f(x, y)\,\mathrm{d}y\right]\mathrm{d}x}{\int_{y}^{y+\varepsilon} f_Y(y)\,\mathrm{d}y} \end{aligned}$$

在某些条件下，当 ε 很小时，上式右端分子、分母分别近似于 $\varepsilon\int_{-\infty}^{x} f(x, y)\,\mathrm{d}x$ 和 $\varepsilon f_Y(y)$，于是当 ε 很小时，有

$$P\{X \leqslant x \mid y < Y \leqslant y+\varepsilon\} \approx \frac{\varepsilon\int_{-\infty}^{x} f(x, y)\,\mathrm{d}x}{\varepsilon f_Y(y)} = \int_{-\infty}^{x} \frac{f(x, y)}{f_Y(y)}\mathrm{d}x \tag{3.8}$$

与一维随机变量概率密度的定义 $F(x)=\int_{-\infty}^{x} f(t)\,\mathrm{d}t$ 比较，我们给出以下定义：

定义 3.3　设二维随机变量 (X, Y) 的概率密度为 $f(x, y)$，(X, Y) 关于 Y 的边缘概率密度为 $f_Y(y)$. 若固定的 y，$f_Y(y)>0$，则称 $\dfrac{f(x, y)}{f_Y(y)}$ 为在 $Y=y$ 的条件下 X 的条件概率密度，记为

$$f_{X|Y}(x \mid y) = \frac{f(x, y)}{f_Y(y)} \tag{3.9}$$

称 $\int_{-\infty}^{x} f_{X|Y}(x \mid y)\,\mathrm{d}x = \int_{-\infty}^{x} \dfrac{f(x, y)}{f_Y(y)}\mathrm{d}x$ 为在 $Y=y$ 的条件下 X 的条件分布函数，记为 $P\{X\leqslant x|Y=y\}$ 或 $F_{X|Y}(x|y)$，即

$$F_{X|Y}(x \mid y) = P\{X \leqslant x \mid Y=y\} = \int_{-\infty}^{x} \frac{f(u, y)}{f_Y(y)}\mathrm{d}u$$

类似地，可以定义 $f_{Y|X}(y \mid x) = \dfrac{f(x, y)}{f_X(x)}$ 和 $F_{Y|X}(y \mid x) = \int_{-\infty}^{y} \dfrac{f(x, v)}{f_X(x)}\mathrm{d}v$.

【例 3.10】 设(X, Y)在圆域$G=\{(x, y) | x^2+y^2\leqslant 1\}$上服从均匀分布，求条件概率密度$f_{X|Y}(x|y)$.

解 由题意知，(X, Y)具有概率密度：

$$f(x, y)=\begin{cases}\dfrac{1}{\pi} & (x^2+y^2\leqslant 1)\\ 0 & (\text{其他})\end{cases}$$

且有边缘概率密度：

$$f_Y(y)=\int_{-\infty}^{+\infty} f(x, y)\,\mathrm{d}x=\begin{cases}\dfrac{1}{\pi}\displaystyle\int_{-\sqrt{1-y^2}}^{\sqrt{1-y^2}}\mathrm{d}x=\dfrac{2}{\pi}\sqrt{1-y^2} & (-1\leqslant y\leqslant 1)\\ 0 & (\text{其他})\end{cases}$$

于是当$-1<y<1$时有

$$f_{X|Y}(x \mid y)=\begin{cases}\dfrac{\dfrac{1}{\pi}}{\dfrac{2}{\pi}\sqrt{1-y^2}}=\dfrac{1}{2\sqrt{1-y^2}} & (-\sqrt{1-y^2}<x<\sqrt{1-y^2})\\ 0 & (\text{其他})\end{cases}$$

特别地，当$y=0$时，有

$$f_{X|Y}(x \mid y)=\begin{cases}\dfrac{1}{2} & (-1<x<1)\\ 0 & (\text{其他})\end{cases}$$

即$\{X|Y=0\}\sim U(-1, 1)$.

当$y=\dfrac{1}{2}$时，有

$$f_{X|Y}(x \mid y)=\begin{cases}\dfrac{1}{\sqrt{3}}\approx 0.577 & \left(-\dfrac{\sqrt{3}}{2}<x<\dfrac{\sqrt{3}}{2}\right)\\ 0 & (\text{其他})\end{cases}$$

即

$$\left\{X|Y=\frac{1}{2}\right\}\sim U\left(-\frac{\sqrt{3}}{2}, \frac{\sqrt{3}}{2}\right)$$

当$y=0$和$y=\dfrac{1}{2}$时$f_{X|Y}(x|y)$的图形分别如图 3.6 和图 3.7 所示.

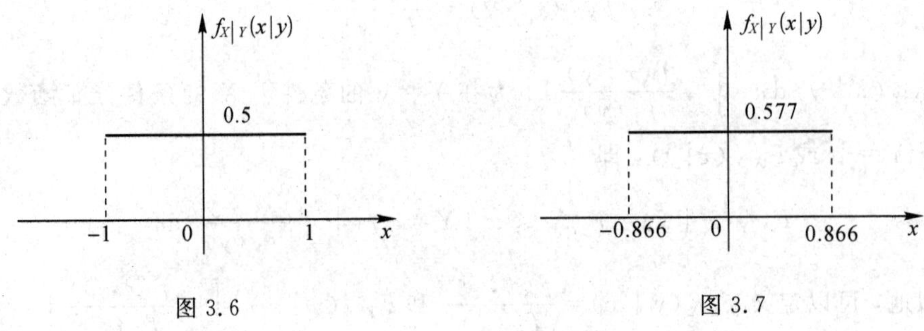

图 3.6　　图 3.7

【例 3.11】 设数 X 在区间(0, 1)上随机地取值，当观察到 $X=x\,(0<x<1)$ 时，数 Y 在区间$(x, 1)$上随机地取值，求 Y 的概率密度 $f_Y(y)$.

解　由题意知，$X\sim U(0, 1)$，即

$$f_X(x)=\begin{cases}1 & (0<x<1)\\ 0 & (\text{其他})\end{cases}$$

而对于给定的值 $x\,(0<x<1)$，在 $X=x$ 的条件下 Y 的条件概率密度为

$$f_{Y|X}(y\mid x)=\begin{cases}\dfrac{1}{1-x} & (x<y<1)\\ 0 & (\text{其他})\end{cases}$$

故由式(3.9)得 X 和 Y 的联合概率密度为

$$f(x, y)=f_{Y|X}(y\mid x)f_X(x)=\begin{cases}\dfrac{1}{1-x} & (0<x<y<1)\\ 0 & (\text{其他})\end{cases}$$

于是得关于 Y 的边缘概率密度为

$$f_Y(y)=\int_{-\infty}^{+\infty}f(x, y)\,\mathrm{d}x=\begin{cases}\displaystyle\int_0^y\frac{1}{1-x}\mathrm{d}x=-\ln(1-y) & (0<y<1)\\ 0 & (\text{其他})\end{cases}$$

习题 3.3

1. 设随机变量(X, Y)的分布律如表 3.11 所示.

表 3.11

Y \ X	1	2
1	$\frac{1}{5}$	$\frac{2}{5}$
2	$\frac{1}{5}$	$\frac{1}{5}$

试求 $Y=2$ 的条件下 X 的条件分布律.

2. 设(X, Y)的分布律如表 3.12 所示.

表 3.12

Y \ X	0	1
0	$\frac{2}{25}$	b
1	a	$\frac{3}{25}$
2	$\frac{1}{25}$	$\frac{2}{25}$

且已知 $P\{Y=1|X=0\}=\dfrac{2}{5}$，求常数 a、b.

3. 一射手对目标进行射击，击中目标的概率为 p，射击直至击中目标两次为止. 设 X 表示首次击中目标所进行的射击次数，Y 表示总共进行的射击次数. 试求：

(1) (X, Y)的分布律；

(2) $Y=n$ 时 X 的条件分布律.

4. 设二维随机变量(X, Y)的概率密度为

$$f(x, y)=\begin{cases}\dfrac{21}{4}x^2 y & (x^2\leqslant y\leqslant 1)\\ 0 & (\text{其他})\end{cases}$$

求条件概率密度和条件概率 $P\left\{Y>\dfrac{3}{4} \mid X=\dfrac{1}{2}\right\}$.

5. 已知二维随机变量(X, Y)的边缘概率密度为

$$f_Y(y)=\begin{cases}5y^4 & (0<y<1)\\ 0 & (\text{其他})\end{cases}$$

$0<y<1$ 时的条件概率密度为

$$f_{X|Y}(x \mid y)=\begin{cases}\dfrac{3x^2}{y^3} & (0<x<y)\\ 0 & (\text{其他})\end{cases}$$

求边缘概率密度 $f_X(x)$.

6. 设二维随机变量(X, Y)的概率密度为

$$f(x, y)=\begin{cases}e^{-y} & (0<x<y)\\ 0 & (\text{其他})\end{cases}$$

试求：

(1) (X, Y)的边缘概率密度；

(2) (X, Y)的条件概率密度；

(3) $P\{X>2 \mid Y<4\}$.

3.4 随机变量的独立性

3.4.1 相互独立的概念

同事件的独立性一样，随机变量的独立性也是概率统计中的一个重要概念.

我们从两个事件相互独立的概念引出两个随机变量相互独立的概念. 事件$\{X\leqslant x\}$与$\{Y\leqslant y\}$相互独立意味着事件$\{X\leqslant x, Y\leqslant y\}$的概率等于事件$\{X\leqslant x\}$的概率与事件$\{Y\leqslant y\}$的概率的乘积，由此引入随机变量 X 与 Y 相互独立的定义.

定义 3.4 设 $F(x, y)$及 $F_X(x)$、$F_Y(y)$分别是二维随机变量(X, Y)的联合分布函数及边缘分布函数. 若对于所有 x、y 有

$$P\{X\leqslant x, Y\leqslant y\}=P\{X\leqslant x\}P\{Y\leqslant y\} \tag{3.10}$$

即

$$F(x, y)=F_X(x)\cdot F_Y(y) \tag{3.11}$$

则称随机变量 X 和 Y 是相互独立的.

设(X, Y)是离散型随机变量，X 和 Y 相互独立的条件式(3.11)等价于：对于(X, Y)的所有取值(x_i, y_j)，有

$$P\{X=x_i, Y=y_j\}=P\{X=x_i\}P\{Y=y_j\} \tag{3.12}$$

设(X, Y)是连续型随机变量，$f(x, y)$及 $f_X(x)$、$f_Y(y)$分别为二维随机变量(X, Y)的概率密度及边缘概率密度，则 X 和 Y 相互独立的条件(式(3.11))等价于等式

$$f(x, y)=f_X(x)f_Y(y) \tag{3.13}$$

在平面上几乎处处成立.

在实际中使用式(3.12)或式(3.13)要比使用式(3.11)方便.

3.4.2　相互独立的实例

【例 3.12】 设离散型随机变量 X 与 Y 的联合分布律如表 3.13 所示.

表 3.13

X \ Y	0	1
0	$\frac{1}{4}$	$\frac{1}{4}$
1	$\frac{1}{4}$	$\frac{1}{4}$

试问 X 与 Y 是否相互独立?

解　由 X 与 Y 的联合分布律可得 X 与 Y 的边缘分布律分别如表 3.14 和表 3.15 所示.

表 3.14

X	0	1
$P_{i\cdot}$	$\frac{1}{2}$	$\frac{1}{2}$

表 3.15

Y	0	1
$P_{\cdot j}$	$\frac{1}{2}$	$\frac{1}{2}$

易验证，对于所有的 $i=1, 2$，$j=1, 2$，均有 $P_{ij}=P_{i\cdot}\cdot P_{\cdot j}$，其中 $P_{1\cdot}=P_{2\cdot}=P_{\cdot 1}=P_{\cdot 2}=\frac{1}{2}$，$P_{ij}=\frac{1}{4}$，$i=1, 2$，$j=1, 2$.

因此可知，随机变量 X 与 Y 是相互独立的.

实际上，本例可作为一次抛两个均匀硬币的试验模型，可设随机变量 X 与 Y 分别为

$$X=\begin{cases}0 & (\text{甲币出现反面})\\ 1 & (\text{甲币出现正面})\end{cases}$$

$$Y=\begin{cases}0 & (\text{乙币出现反面})\\ 1 & (\text{乙币出现正面})\end{cases}$$

则甲币出现正面与否是与乙币出现正面无关的，此即为相互独立的意义.

【例 3.13】 设二维离散型随机变量(X, Y)的分布律如表 3.16 所示.

表 3.16

Y \ X	1	2	3
1	$\frac{1}{6}$	$\frac{1}{9}$	$\frac{1}{18}$
2	$\frac{1}{3}$	α	β

问当 α、β 取何值时，X 和 Y 相互独立？

解 由 X 与 Y 的联合分布律可得 X 与 Y 的边缘分布律分别如表 3.17 和表 3.18 所示.

表 3.17

X	1	2
$P_{i\cdot}$	$\frac{1}{3}$	$\frac{1}{3}+\alpha+\beta$

表 3.18

Y	1	2	3
$P_{\cdot j}$	$\frac{1}{2}$	$\frac{1}{9}+\alpha$	$\frac{1}{18}+\beta$

若 X 与 Y 相互独立，则有

$$\frac{1}{9}=P\{X=1,\ Y=2\}=P\{X=1\}P\{Y=2\}=\frac{1}{3}\times\left(\frac{1}{9}+\alpha\right)$$

$$\frac{1}{18}=P\{X=1,\ Y=3\}=P\{X=1\}P\{Y=3\}=\frac{1}{3}\times\left(\frac{1}{18}+\beta\right)$$

解得 $\alpha=\frac{2}{9}$，$\beta=\frac{1}{9}$.

容易验证，当 $\alpha=\frac{2}{9}$，$\beta=\frac{1}{9}$时，等式 $P_{ij}=P_{i\cdot}\cdot P_{\cdot j}$ 对所有的 x_i、y_j 均成立，即 X 和 Y 相互独立.

【例 3.14】 一负责人到达办公室的时间均匀分布在 8～12 时，他的秘书到达办公室的时间均匀分布在 7～9 时，设他们两人到达的时间相互独立，求他们到达办公室的时间相差不超过 5 分钟($\frac{1}{12}$小时)的概率.

解 设 X 和 Y 分别是负责人和他的秘书到达办公室的时间，由假设知，X 和 Y 的概率密度分别为

$$f_X(x)=\begin{cases}\frac{1}{4} & (8<x<12)\\ 0 & (\text{其他})\end{cases}$$

$$f_Y(y)=\begin{cases}\frac{1}{2} & (7<y<9)\\ 0 & (\text{其他})\end{cases}$$

因为 X、Y 相互独立，所以 (X,Y) 的概率密度为

$$f(x,\ y)=f_X(x)f_Y(y)=\begin{cases}\frac{1}{8} & (8<x<12,\ 7<y<9)\\ 0 & (\text{其他})\end{cases}$$

按题意需要，求概率 $P\left\{|X-Y|\leqslant\frac{1}{12}\right\}$，画出区域 $|X-Y|\leqslant\frac{1}{12}$ 以及长方形

$[8<x<12, 7<y<9]$，它们的公共部分是四边形 $BCC'B'$（见图 3.8），记为 G. 显然，仅当 (X, Y) 取值于 G 内时，他们两人到达的时间相差才不超过 $\frac{1}{12}$ 小时，因此所求的概率为

$$P\left\{|X-Y|\leqslant\frac{1}{12}\right\}=\iint_G f(x, y)\,dx\,dy=\frac{1}{8}S_G$$

而 G 的面积

$$S_G=S_{\triangle ABC}-S_{\triangle AB'C'}=\frac{1}{2}\times\left(\frac{13}{12}\right)^2-\frac{1}{2}\times\left(\frac{11}{12}\right)^2=\frac{1}{6}$$

于是

$$P\left\{|X-Y|\leqslant\frac{1}{12}\right\}=\frac{1}{48}$$

即负责人和他的秘书到达办公室的时间相差不超过 5 分钟的概率为 $\frac{1}{48}$.

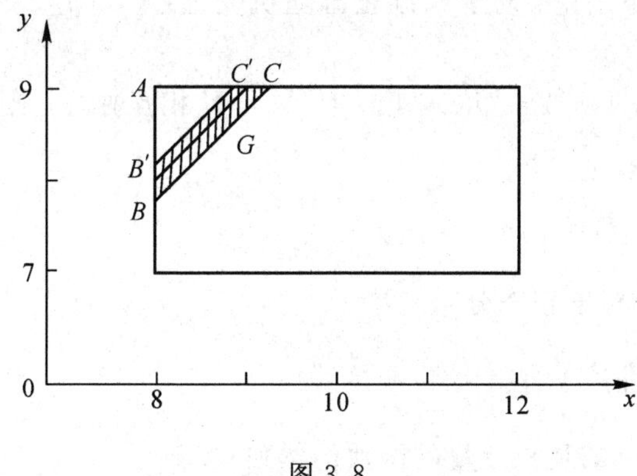

图 3.8

【例 3.15】 设 (X, Y) 的概率密度为

$$f(x, y)=\begin{cases}\frac{15}{2}x^2 & (0<x<1, x^2<y<1)\\ 0 & (\text{其他})\end{cases}$$

试判断 X 与 Y 是否相互独立.

解　由 (X, Y) 的概率密度可知，X 与 Y 的边缘概率密度分别为

$$f_X(x)=\int_{-\infty}^{+\infty}f(x, y)\,dy=\begin{cases}\int_{x^2}^{1}\frac{15}{2}x^2\,dy=\frac{15}{2}x^2(1-x^2) & (0<x<1)\\ 0 & (\text{其他})\end{cases}$$

$$f_Y(y)=\int_{-\infty}^{+\infty}f(x, y)\,dx=\begin{cases}\int_0^{\sqrt{y}}\frac{15}{2}x^2\,dx=\frac{5}{2}y^{\frac{3}{2}} & (0<y<1)\\ 0 & (\text{其他})\end{cases}$$

易见，$f(x, y)\neq f_X(x)f_Y(y)$，所以 X 与 Y 非独立.

下面考察二维正态随机变量 (X, Y)，它的概率密度为

$$f(x, y)=\frac{1}{2\pi\sigma_1\sigma_2\sqrt{1-\rho^2}}\exp$$

$$\left\{\frac{-1}{2(1-\rho^2)}\left[\frac{(x-\mu_1)^2}{\sigma_1^2}-2\rho\frac{(x-\mu_1)(y-\mu_2)}{\sigma_1\sigma_2}+\frac{(y-\mu_2)^2}{\sigma_2^2}\right]\right\} \quad (x, y \in \mathbf{R})$$

由例 3.7 知道，其边缘概率密度 $f_X(x)$、$f_Y(y)$的乘积为

$$f_X(x)f_Y(y)=\frac{1}{2\pi\sigma_1\sigma_2}\exp\left\{-\frac{1}{2}\left[\frac{(x-\mu_1)^2}{\sigma_1^2}+\frac{(y-\mu_2)^2}{\sigma_2^2}\right]\right\}$$

因此，如果 $\rho=0$，则对于所有 x、y 有 $f(x, y)=f_X(x)f_Y(y)$，即 X 和 Y 相互独立. 反之，如果 X 和 Y 相互独立，则由于 $f(x, y)$、$f_X(x)$、$f_Y(y)$都是连续函数，因此对于所有的 x、y 有 $f(x, y)=f_X(x)f_Y(y)$.

特别地，令 $x=\mu_1$，$y=\mu_2$，有

$$\frac{1}{2\pi\sigma_1\sigma_2\sqrt{1-\rho^2}}=\frac{1}{2\pi\sigma_1\sigma_2}$$

从而 $\rho=0$.

综上所述，得到以下结论：对于二维正态随机变量(X, Y)，X 和 Y 相互独立的充要条件是参数 $\rho=0$.

例如，若 $X\sim N(0, 1)$，$Y\sim N(0, 1)$，且 X 与 Y 相互独立，则(X, Y)的联合概率密度为

$$f(x, y)=f_X(x)f_Y(y)=\frac{1}{2\pi}\mathrm{e}^{-\frac{1}{2}(x^2+y^2)} \quad (x, y \in \mathbf{R})$$

这时称(X, Y)服从二维标准正态分布.

3.4.3 相互独立的推广

下面的定理说明独立的随机变量的函数仍然独立.

定理 3.1 设 X 和 Y 是相互独立的随机变量，$h(x)$和 $g(y)$是$(-\infty, +\infty)$上的连续函数，则 $h(X)$和 $g(Y)$也是相互独立的随机变量.

这是一个很重要的结论，有兴趣的读者可自己给出其证明.

在实际问题中，如果一个随机变量的取值对另一个随机变量的取值不产生影响，或者影响很小，就认为这两个随机变量是相互独立的.

以上关于二维随机变量的一些概念，容易推广到 n 维随机变量的情况.

n 维随机变量$(X_1, X_2, \cdots, X_n)$的分布函数定义为

$$F(x_1, x_2, \cdots, x_n)=P\{X_1\leqslant x_1, X_2\leqslant x_2, \cdots, X_n\leqslant x_n\}$$

其中，$x_1, x_2, \cdots, x_n$ 为任意实数.

若存在非负可积函数 $f(x_1, x_2, \cdots, x_n)$，使对于任意实数 $x_1, x_2, \cdots, x_n$，有

$$F(x_1, x_2, \cdots, x_n)=\int_{-\infty}^{x_n}\int_{-\infty}^{x_{n-1}}\cdots\int_{-\infty}^{x_1}f(x_1, x_2, \cdots, x_n)\,\mathrm{d}x_1\mathrm{d}x_2\cdots\mathrm{d}x_n$$

则称 $f(x_1, x_2, \cdots, x_n)$为$(X_1, X_2, \cdots, X_n)$的概率密度函数.

设$(X_1, X_2, \cdots, X_n)$的分布函数 $F(x_1, x_2, \cdots, x_n)$为已知，则$(X_1, X_2, \cdots, X_n)$的 k 维边缘分布函数就随之确定$(1\leqslant k<n)$. 例如$(X_1, X_2, \cdots, X_n)$关于 X_1、(X_1, X_2)的边缘分布函数分别为

$$F_{X_1}(x_1)=F(x_1, \infty, \infty, \cdots, \infty)$$

$$F_{X_1, X_2}(x_1, x_2)=F(x_1, x_2, \infty, \infty, \cdots, \infty)$$

又如，若 $f(x_1, x_2, \cdots, x_n)$ 是 $(X_1, X_2, \cdots, X_n)$ 的概率密度，则 $(X_1, X_2, \cdots, X_n)$ 关于 X_1、(X_1, X_2) 的边缘概率密度分别为

$$f_{X_1}(x_1)=\int_{-\infty}^{+\infty}\int_{-\infty}^{+\infty}\cdots\int_{-\infty}^{+\infty} f(x_1, x_2, \cdots, x_n)\,\mathrm{d}x_2\mathrm{d}x_3\cdots\mathrm{d}x_n$$

$$f_{X_1, X_2}(x_1, x_2)=\int_{-\infty}^{+\infty}\int_{-\infty}^{+\infty}\cdots\int_{-\infty}^{+\infty} f(x_1, x_2, \cdots, x_n)\,\mathrm{d}x_3\mathrm{d}x_4\cdots\mathrm{d}x_n$$

若对于所有的 $x_1, x_2, \cdots, x_n$ 有

$$F(x_1, x_2, \cdots, x_n)=F_{X_1}(x_1)F_{X_2}(x_2)\cdots F_{X_n}(x_n) \tag{3.14}$$

则称 $X_1, X_2, \cdots, X_n$ 是相互独立的.

设 $(X_1, X_2, \cdots, X_n)$ 是离散型随机变量，$X_1, X_2, \cdots, X_n$ 相互独立的条件(式(3.14))等价于：对于 $(X_1, X_2, \cdots, X_n)$ 的所有可能取的值 $(x_1, x_2, \cdots, x_n)$，有

$$P\{X_1=x_1, X_2=x_2, \cdots, X_n=x_n\}=P\{X_1=x_1\}P\{X_2=x_2\}\cdots P\{X_n=x_n\}$$

设 $(X_1, X_2, \cdots, X_n)$ 是连续型随机变量，$f(x_1, x_2, \cdots, x_n)$，$f_{X_1}(x_1)$，$f_{X_2}(x_2)$，$\cdots$，$f_{X_n}(x_n)$ 分别为 $(X_1, X_2, \cdots, X_n)$ 的概率密度和边缘概率密度，则 $X_1, X_2, \cdots, X_n$ 相互独立的条件(式(3.14))等价于：

$$f(x_1, x_2, \cdots, x_n)=f_{X_1}(x_1)f_{X_2}(x_2)\cdots f_{X_n}(x_n)$$

在 $f(x_1, x_2, \cdots, x_n)$，$f_{X_1}(x_1)$，$f_{X_2}(x_2)$，$\cdots$，$f_{X_n}(x_n)$ 的一切公共连续点上成立.

进一步地，若对所有的 $x_1, x_2, \cdots, x_m, y_1, y_2, \cdots, y_n$，有

$$F(x_1, x_2, \cdots, x_m, y_1, y_2, \cdots, y_n)=F_1(x_1, x_2, \cdots, x_m)F_2(y_1, y_2, \cdots, y_n)$$

其中，F_1、F_2、F 分别为随机变量 $(X_1, X_2, \cdots, X_m)$、$(Y_1, Y_2, \cdots, Y_n)$ 和 $(X_1, X_2, \cdots, X_m, Y_1, Y_2, \cdots, Y_n)$ 的分布函数，则称随机变量 $(X_1, X_2, \cdots, X_m)$ 和 $(Y_1, Y_2, \cdots, Y_n)$ 是相互独立的.

以下定理在数理统计中是很有用的.

定理 3.2　设 $(X_1, X_2, \cdots, X_m)$ 和 $(Y_1, Y_2, \cdots, Y_n)$ 相互独立，则 $X_i\,(i=1, 2, \cdots, m)$ 和 $Y_j\,(j=1, 2, \cdots, n)$ 相互独立. 又若 $h(x_1, x_2, \cdots, x_m)$、$g(y_1, y_2, \cdots, y_n)$ 是连续函数，则 $h(X_1, X_2, \cdots, X_m)$ 和 $g(Y_1, Y_2, \cdots, Y_n)$ 相互独立.(证明略)

习题 3.4

1. 设 (X, Y) 的分布律如表 3.19 所示，试问 X 与 Y 是否相互独立？

表 3.19

Y \ X	0	1	$P_{\cdot j}$
1	$\frac{1}{6}$	$\frac{2}{6}$	$\frac{1}{2}$
2	$\frac{1}{6}$	$\frac{2}{6}$	$\frac{1}{2}$
$P_{i\cdot}$	$\frac{1}{3}$	$\frac{2}{3}$	1

2. 设随机变量 X 和 Y 相互独立且具有相同的分布，X 的分布律如表 3.20 所示，求

$P\{X=Y\}$ 及 $P\{X>Y\}$.

表 3.20

X	-1	1
P	$\frac{1}{2}$	$\frac{1}{2}$

3. 已知随机变量 X 和 Y 的分布律如表 3.21 和表 3.22 所示，且 $P\{XY=0\}=1$.

表 3.21

X	-1	0	1
P	$\frac{1}{4}$	$\frac{1}{2}$	$\frac{1}{4}$

表 3.22

Y	0	1
P	$\frac{1}{2}$	$\frac{1}{2}$

试求：

(1) X 和 Y 的联合分布律；

(2) X 和 Y 是否相互独立？为什么？

4. 设随机变量(X, Y)的联合概率密度为

$$f(x, y)=\begin{cases}4xy & (0\leqslant x\leqslant 1, 0\leqslant y\leqslant 1)\\ 0 & (\text{其他})\end{cases}$$

问 X 和 Y 是否相互独立？

5. 一电子仪器由两个部件构成，以 X 和 Y 分别表示两个部件的寿命(单位为小时)，已知(X, Y)的联合分布函数为

$$F(x, y)=\begin{cases}1-\mathrm{e}^{-\frac{x}{2}}-\mathrm{e}^{-\frac{y}{2}}+\mathrm{e}^{\frac{1}{2}(x+y)} & (x\geqslant 0, y\geqslant 0)\\ 0 & (\text{其他})\end{cases}$$

(1) 问 X 和 Y 是否相互独立？

(2) 求两个部件的寿命都超过 100 小时的概率 α.

6. 设 X 和 Y 是两个相互独立的随机变量，X 在$(0, 1)$上服从均匀分布，Y 的概率密度为

$$f_Y(y)=\begin{cases}\dfrac{1}{2}\mathrm{e}^{-\frac{y}{2}} & (y>0)\\ 0 & (\text{其他})\end{cases}$$

(1) 求 X 和 Y 的联合概率密度；

(2) 设含有 a 的二次方程为 $a^2+2Xa+Y=0$，试求 a 有实根的概率.

3.5 两个随机变量的函数的分布

3.5.1 两个离散型随机变量的函数的分布

已知二维随机变量(X, Y)的联合分布，怎样求随机变量 X 和 Y 的函数 $Z=g(X, Y)$的分布呢？这是本节要讨论的问题. 与求一维随机变量的函数的分布相比较，其基本方法仍然适用. 下面换一个角度来讨论两个随机变量的函数的分布.

设(X, Y)为离散型随机变量，其概率分布为

$$P\{X=x_i, Y=y_j\}=P_{ij} \quad (i, j=1, 2, \cdots)$$

则$Z=g(X, Y)$的概率分布的一般求法是：先确定函数$Z=g(X, Y)$的全部可能取值$z=g(x_i, y_j)(i, j=1, 2, \cdots)$，再确定相应的概率：

$$P\{Z=g(x_i, y_j)\}=P\{X=x_i, Y=y_j\}=P_{ij}$$

然后将$z=g(x_i, y_j)(i, j=1, 2, \cdots)$中相同的值合并，相应的概率相加，并将$z$值按从小到大的顺序重新排列，且与其概率对应，即可写出$Z=g(X, Y)$的概率分布.

【例 3.16】 设随机变量(X, Y)的分布律如表 3.23 所示.

表 3.23

X \ Y	0	1	2
0	0.24	0.18	0.11
1	0.15	0.20	0.12

试求：

(1) $Z_1=X+Y$ 的概率分布；

(2) $Z_2=XY$ 的概率分布；

(3) $Z_3=\max(X, Y)$的概率分布.

解 (1) 因为$Z_1=X+Y$的全部可能取值为 0，1，2，3，所以

$$P\{Z_1=0\}=P\{X=0, Y=0\}=0.24$$

$$P\{Z_1=1\}=P\{X=0, Y=1\}+P\{X=1, Y=0\}=0.18+0.15=0.33$$

$$P\{Z_1=2\}=P\{X=0, Y=2\}+P\{X=1, Y=1\}=0.11+0.20=0.31$$

$$P\{Z_1=3\}=P\{X=1, Y=2\}=0.12$$

即得$Z_1=X+Y$的概率分布如表 3.24 所示.

表 3.24

Z_1	0	1	2	3
P	0.24	0.33	0.31	0.12

(2) 采用与(1)相同的方法计算可得$Z_2=XY$的概率分布如表 3.25 所示.

表 3.25

Z_2	0	1	2
P	0.68	0.20	0.12

(3) 因为$Z_3=\max(X, Y)$的全部可能取值为 0，1，2，所以

$$P\{Z_3=0\}=P\{X=0, Y=0\}=0.24$$

$$P\{Z_3=1\}=P\{X=0, Y=1\}+P\{X=1, Y=0\}+P\{X=1, Y=1\}=0.53$$

$$P\{Z_3=2\}=P\{X=0, Y=2\}+P\{X=1, Y=2\}=0.23$$

即得$Z_3=\max(X, Y)$的概率分布如表 3.26 所示.

表 3.26

Z_3	0	1	2
P	0.24	0.53	0.23

设二维离散型随机变量(X, Y)的分布律为

$$P\{X=x_i, Y=y_j\}=p_{ij} \quad (i, j=1, 2, \cdots)$$

若随机变量 Z 是 X 与 Y 的和，即 $Z=X+Y$，则 Z 的任一可能值 z_k 是 X 的可能值 x_i 与 Y 的可能值 y_j 的和：

$$z_k=x_i+y_j$$

由上式及概率的加法公式，有

$$P\{Z=z_k\}=\sum_i\sum_j P\{X=x_i, Y=y_j\}$$

或者

$$P\{Z=z_k\}=\sum_j P\{X=z_k-y_j, Y=y_j\}$$

其中，i，j，k 均为自然数，$\sum\limits_i$ 与 $\sum\limits_j$ 表示对所有满足等式 $z_k=x_i+y_j$ 的有序自然数对(i, j)求和.

特别地，当 X 与 Y 相互独立时，上述公式为

$$P\{Z=z_k\}=\sum_i P\{X=x_i\}P\{Y=z_k-x_i\} \quad (k=1, 2, \cdots)$$

$$P\{Z=z_k\}=\sum_j P\{Y=y_j\}P\{X=z_k-y_j\} \quad (k=1, 2, \cdots)$$

3.5.2 两个连续型随机变量的函数的分布

1. $Z=X+Y$ 的分布

设(X, Y)是二维连续型随机变量，它具有概率密度 $f(x, y)$，则 $Z=X+Y$ 仍为连续型随机变量，其概率密度为

$$f_{X+Y}(z)=\int_{-\infty}^{+\infty} f(z-y, y)\,\mathrm{d}y \tag{3.15}$$

或

$$f_{X+Y}(z)=\int_{-\infty}^{+\infty} f(x, z-x)\,\mathrm{d}x \tag{3.16}$$

又若 X 与 Y 相互独立，设(X, Y)关于 X、Y 的边缘密度分别为 $f_X(x)$、$f_Y(y)$，则式(3.15)、式(3.16)分别化为

$$f_{X+Y}(z)=\int_{-\infty}^{+\infty} f_X(z-y)f_Y(y)\,\mathrm{d}y \tag{3.17}$$

或

$$f_{X+Y}(z)=\int_{-\infty}^{+\infty} f_X(x)f_Y(z-x)\,\mathrm{d}x \tag{3.18}$$

这两个公式称为 $f_X(x)$ 和 $f_Y(y)$ 的卷积公式，记为 $f_X * f_Y$，即

$$f_X * f_Y=\int_{-\infty}^{+\infty} f_X(z-y)f_Y(y)\,\mathrm{d}y=f_{X+Y}(z)=\int_{-\infty}^{+\infty} f_X(x)f_Y(z-x)\,\mathrm{d}x$$

证明　先来求 $Z=X+Y$ 的分布函数 $F_Z(z)$，即有

$$F_Z(z)=P\{Z\leqslant z\}=\iint\limits_{x+y\leqslant z} f(x,y)\,\mathrm{d}x\mathrm{d}y$$

这里积分区域 G：$x+y\leqslant z$ 是直线 $x+y=z$ 及其左下方的平面(见图3.9).

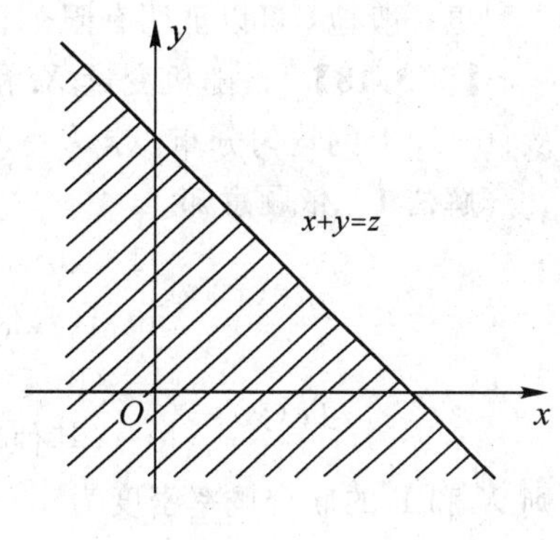

图 3.9

重积分化成累次积分，得

$$F_Z(z)=\int_{-\infty}^{+\infty}\left[\int_{-\infty}^{z-y} f(x,y)\,\mathrm{d}x\right]\mathrm{d}y$$

固定 z 和 y 对积分 $\int_{-\infty}^{z-y} f(x,y)\,\mathrm{d}x$ 作变量替换，令 $x=u-y$，得

$$\int_{-\infty}^{z-y} f(x,y)\,\mathrm{d}x=\int_{-\infty}^{z} f(u-y,y)\,\mathrm{d}u$$

于是

$$F_Z(z)=\int_{-\infty}^{+\infty}\left[\int_{-\infty}^{z} f(u-y,y)\,\mathrm{d}u\right]\mathrm{d}y=\int_{-\infty}^{z}\left[\int_{-\infty}^{+\infty} f(u-y,y)\,\mathrm{d}y\right]\mathrm{d}u$$

由概率密度的定义即得式(3.15)，类似可证得式(3.16).

【例3.17】　设 X 和 Y 是两个相互独立的随机变量，它们都服从 $N(0,1)$分布，其概率密度分别为

$$f_X(x)=\frac{1}{\sqrt{2\pi}}\mathrm{e}^{-\frac{x^2}{2}}\quad(-\infty<x<+\infty)$$

$$f_Y(y)=\frac{1}{\sqrt{2\pi}}\mathrm{e}^{-\frac{y^2}{2}}\quad(-\infty<y<+\infty)$$

求 $Z=X+Y$ 的概率密度.

解　由式(3.18)得

$$\begin{aligned}f_Z(z)&=\int_{-\infty}^{+\infty} f_X(x)f_Y(z-x)\,\mathrm{d}x=\frac{1}{2\pi}\int_{-\infty}^{+\infty}\mathrm{e}^{-\frac{x^2}{2}}\mathrm{e}^{-\frac{(z-x)^2}{2}}\mathrm{d}x\\&=\frac{1}{2\pi}\mathrm{e}^{-\frac{z^2}{4}}\int_{-\infty}^{+\infty}\mathrm{e}^{-\left(x-\frac{z}{2}\right)^2}\mathrm{d}x\end{aligned}$$

令 $t=x-\frac{z}{2}$，得

$$f_Z(z)=\frac{1}{2\pi}\mathrm{e}^{-\frac{z^2}{4}}\int_{-\infty}^{+\infty}\mathrm{e}^{-\frac{t^2}{2}}\mathrm{d}t=\frac{1}{2\pi}\mathrm{e}^{-\frac{z^2}{4}}\sqrt{\pi}=\frac{1}{2\sqrt{\pi}}\mathrm{e}^{-\frac{z^2}{4}}$$

即得 Z 服从 $N(0,2)$分布.

一般地，设 X、Y 相互独立，且 $X\sim N(\mu_1,\sigma_1^2)$，$Y\sim N(\mu_2,\sigma_2^2)$，由式(3.18)经过计算知，$Z=X+Y$ 仍然服从正态分布，且有 $Z\sim N(\mu_1+\mu_2,\sigma_1^2+\sigma_2^2)$. 这个结论还能推广到 n 个独立正态随机变量之和的情况，即若 $X_i\sim N(\mu_i,\sigma_i^2)$ $(i=1,2,\cdots,n)$，且它们相互独立，则它们的和 $Z=X_1+X_2+\cdots+X_n$ 仍然服从正态分布，且有

$$Z\sim N(\mu_1+\mu_2+\cdots+\mu_n,\ \sigma_1^2+\sigma_2^2+\cdots+\sigma_n^2)$$

即 $Z\sim N\left(\sum_{i=1}^{n}\mu_i,\ \sum_{i=1}^{n}\sigma_i^2\right)$.

更一般地，可以证明有限个相互独立的正态随机变量的线性组合仍然服从正态分布.

【例 3.18】 设随机变量 X 和 Y 相互独立，都服从[0，1]上的均匀分布，求 $Z=X+Y$ 的概率密度.

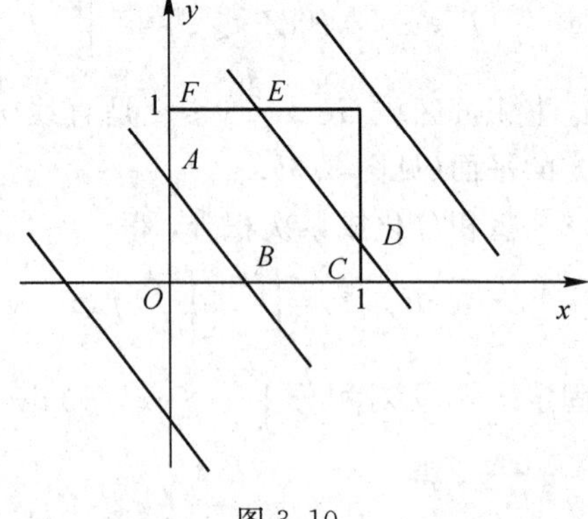

图 3.10

解法 1 依题意知

$$f_X(x)=\begin{cases}1 & (0\leqslant x\leqslant 1)\\0 & (\text{其他})\end{cases}$$

$$f_Y(y)=\begin{cases}1 & (0\leqslant y\leqslant 1)\\0 & (\text{其他})\end{cases}$$

则 X 和 Y 的联合概率密度为

$$f(x,y)=\begin{cases}1 & (0\leqslant x\leqslant 1,\ 0\leqslant y\leqslant 1)\\0 & (\text{其他})\end{cases}$$

分布函数为

$$F(z)=P\{X+Y\leqslant z\}=\iint\limits_{x+y\leqslant z} f(x,y)\,\mathrm{d}x\mathrm{d}y$$

由图 3.10 可知：

当 $z\leqslant 0$ 时，有

$$F(z)=0$$

当 $0<z\leqslant 1$ 时，有

$$F(z)=\iint\limits_{0\leqslant x+y\leqslant z}\mathrm{d}x\mathrm{d}y=\frac{1}{2}z^2\text{(即三角形 }AOB\text{ 的面积)}$$

当 $1<z\leqslant 2$ 时，有

$$F(z)=\iint\limits_{\substack{0\leqslant x+y\leqslant z\\0\leqslant x\leqslant 1\\0\leqslant y\leqslant 1}}\mathrm{d}x\mathrm{d}y=1-\frac{(z-2)^2}{2}=-\frac{z^2}{2}+2z-1\quad\text{(即多边形 }OCDEF\text{ 之面积)}$$

当 $z>2$ 时，有

$$F(z)=\iint\limits_{\substack{0\leqslant x\leqslant 1\\0\leqslant y\leqslant 1}}\mathrm{d}x\mathrm{d}y=1$$

于是，$Z=X+Y$ 的概率密度为

$$f_Z(z)=\begin{cases}z & (0\leqslant z\leqslant 1)\\2-z & (1\leqslant z\leqslant 2)\\0 & (\text{其他})\end{cases}$$

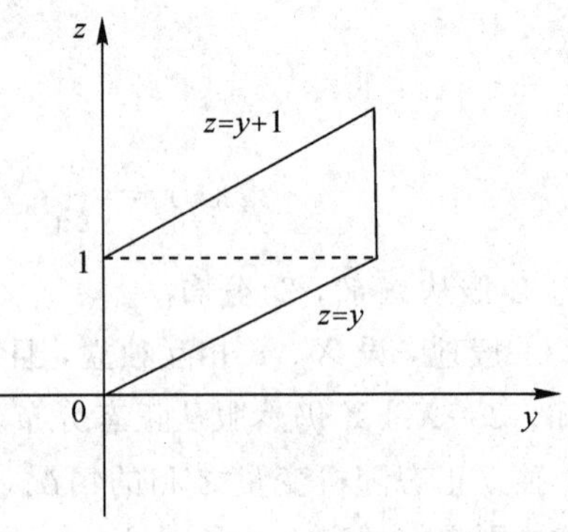

图 3.11

解法 2 由卷积公式有

$$f_Z(z)=\int_{-\infty}^{+\infty}f_X(z-y)f_Y(y)\,\mathrm{d}y$$

当 $0\leqslant z-y\leqslant 1$ 及 $0\leqslant y\leqslant 1$，即 $z-1\leqslant y\leqslant z$ 及 $0\leqslant y\leqslant 1$(见图 3.11)时，$f_X(z-y)f_Y(y)=1$，否则 $f_X(z-y)f_Y(y)=0$，于是：

当 $0<z\leqslant 1$ 时，有

$$f_Z(z)=\int_0^z 1\mathrm{d}y=z$$

当 $1<z\leqslant 2$ 时，有

$$f_Z(z)=\int_{z-1}^{1} 1\mathrm{d}y=2-z$$

故有

$$f_Z(z)=\begin{cases} z & (0\leqslant z\leqslant 1) \\ 2-z & (1\leqslant z\leqslant 2) \\ 0 & (\text{其他}) \end{cases}$$

注：本题的答案是三角形分布，亦称辛普森分布. 本题的难点在于分区域计算，值得初学者三思.

【例 3.19】 设随机变量 X、Y 相互独立，且分别服从参数为 α、θ 和 β、θ 的 Γ 分布（分别记成 $X\sim\Gamma(\alpha,\theta)$，$Y\sim\Gamma(\beta,\theta)$），即 X、Y 的概率密度分别为

$$f_X(x)=\begin{cases} \dfrac{1}{\theta^{\alpha}\Gamma(\alpha)}x^{\alpha-1}\mathrm{e}^{-\frac{x}{\theta}} & (x>0) \\ 0 & (\text{其他}) \end{cases}$$

$$f_Y(y)=\begin{cases} \dfrac{1}{\theta^{\beta}\Gamma(\beta)}y^{\beta-1}\mathrm{e}^{-\frac{y}{\theta}} & (y>0) \\ 0 & (\text{其他}) \end{cases}$$

式中，$d>0$，$\theta>0$，$\beta>0$.

试证明 $Z=X+Y$ 服从参数为 $\alpha+\beta$、θ 的 Γ 分布，即 $X+Y\sim\Gamma(\alpha+\beta,\theta)$.

证　由式(3.18)知，$Z=X+Y$ 的概率密度为

$$f_Z(z)=\int_{-\infty}^{+\infty} f_X(x)f_Y(z-x)\mathrm{d}x$$

易知，仅当 $\begin{cases} x>0 \\ z-x>0 \end{cases}$，亦即 $\begin{cases} x>0 \\ z<x \end{cases}$ 时上述积分的被积函数不等于零，于是参见图 3.12 知：

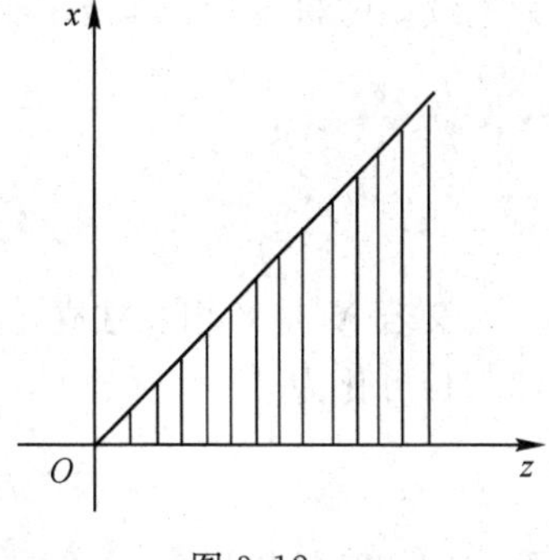

图 3.12

当 $z<0$ 时，$f_Z(z)=0$，而当 $z>0$ 时，有

$$\begin{aligned} f_Z(z) &= \int_0^z \frac{1}{\theta^{\alpha}\Gamma(\alpha)}x^{\alpha-1}\mathrm{e}^{-\frac{x}{\theta}}\ \frac{1}{\theta^{\beta}\Gamma(\beta)}(z-x)^{\beta-1}\mathrm{e}^{-\frac{z-x}{\theta}}\mathrm{d}x \\ &= \frac{\mathrm{e}^{-\frac{z}{\theta}}}{\theta^{\alpha+\chi}\Gamma(\alpha)\Gamma(\beta)}\int_0^z x^{\alpha-1}(z-x)^{\beta-1}\mathrm{d}x \\ &\overset{\text{令}x=zt}{=} \frac{z^{\alpha+\beta-1}\mathrm{e}^{-\frac{z}{\theta}}}{\theta^{\alpha+\beta}\Gamma(\alpha)\Gamma(\beta)}\int_0^1 t^{\alpha-1}(1-t)^{\beta-1}\mathrm{d}t \\ &\overset{\text{记成}}{=} Az^{\alpha+\beta-1}\mathrm{e}^{-\frac{z}{\theta}} \end{aligned}$$

其中：

$$A=\frac{1}{\theta^{\alpha+\beta}\Gamma(\alpha)\Gamma(\beta)}\int_0^1 t^{\alpha-1}(1-t)^{\beta-1}\mathrm{d}t. \tag{3.19}$$

现在来计算 A. 由概率密度的性质得到

$$\begin{aligned} 1 &= \int_{-\infty}^{+\infty} f_Z(z)\mathrm{d}z=\int_0^{+\infty} Az^{\alpha+\beta-1}\mathrm{e}^{-\frac{z}{\theta}}\mathrm{d}z \\ &= A\theta^{\alpha+\beta}\int_0^{+\infty}\left(\frac{z}{\theta}\right)^{\alpha+\beta-1}\mathrm{e}^{-\frac{z}{\theta}}\mathrm{d}\left(\frac{z}{\theta}\right)=A\theta^{\alpha+\beta}\Gamma(\alpha+\beta) \end{aligned}$$

即有

$$A=\frac{1}{\theta^{\alpha+\beta}\Gamma(\alpha+\beta)} \tag{3.20}$$

于是

$$f_Z(z)=\begin{cases}\dfrac{1}{\theta^{\alpha+\beta}\Gamma(\alpha+\beta)}z^{\alpha+\beta-1}\mathrm{e}^{-\frac{z}{\theta}} & (z>0)\\ 0 & (\text{其他})\end{cases}$$

即 $X+Y\sim\Gamma(\alpha+\beta,\theta)$.

式(3.19)中的积分 $\int_0^1 t^{\alpha-1}(1-t)^{\beta-1}\mathrm{d}t\overset{\text{记成}}{=}\mathrm{B}(\alpha,\beta)$，$\alpha>0$，$\beta>0$，称为Beta函数. 由式(3.19)、式(3.20)知，Beta函数与Γ函数有如下关系：

$$\mathrm{B}(\alpha,\beta)=\frac{\Gamma(\alpha)\Gamma(\beta)}{\Gamma(\alpha+\beta)}$$

上述结论还能推广到n个相互独立的Γ分布变量之和的情况，即若X_1，X_2，…，X_n相互独立，且X_i服从参数为α_i，$\beta(i=1,2,\cdots,n)$的Γ分布，则$\sum\limits_{i=1}^{n}X_i$服从参数为$\sum\limits_{i=1}^{n}\alpha_i$，$\beta$的$\Gamma$分布，该性质称为$\Gamma$分布的可加性.

2. $Z=\dfrac{Y}{X}$及$Z=XY$的分布

设(X,Y)是二维连续型随机变量，它具有概率密度$f(x,y)$，则$Z=\dfrac{Y}{X}$及$Z=XY$仍为连续型随机变量，其概率密度分别为

$$f_{\frac{Y}{X}}(z)=\int_{-\infty}^{+\infty}|x|f(x,xz)\,\mathrm{d}x \tag{3.21}$$

$$f_{XY}(z)=\int_{-\infty}^{+\infty}\frac{1}{|x|}f\left(x,\frac{z}{x}\right)\mathrm{d}x \tag{3.22}$$

又若X与Y相互独立，设(X,Y)关于X、Y的边缘密度分别为$f_X(x)$、$f_Y(y)$，则式(3.21)可化为

$$f_{\frac{Y}{X}}(z)=\int_{-\infty}^{+\infty}|x|f_X(x)f_Y(xz)\,\mathrm{d}x \tag{3.23}$$

而式(3.22)可化为

$$f_{\frac{Y}{X}}(z)=\int_{-\infty}^{+\infty}\frac{1}{|x|}f_X(x)f_Y\left(\frac{z}{x}\right)\mathrm{d}x \tag{3.24}$$

证明　$Z=\dfrac{Y}{X}$的分布函数(见图3.13)为

$$\begin{aligned}F_{\frac{Y}{X}}(z)&=P\left\{\frac{Y}{X}\leqslant z\right\}=\iint\limits_{G_1\cup G_2}f(x,y)\,\mathrm{d}x\mathrm{d}y\\&=\iint\limits_{\frac{y}{x}\leqslant z,\,x<0}f(x,y)\,\mathrm{d}y\mathrm{d}x+\iint\limits_{\frac{y}{x}\leqslant z,\,x>0}f(x,y)\,\mathrm{d}y\mathrm{d}x\\&=\int_{-\infty}^{0}\left[\int_{zx}^{+\infty}f(x,y)\,\mathrm{d}y\right]\mathrm{d}x+\int_{0}^{+\infty}\left[\int_{-\infty}^{zx}f(x,y)\,\mathrm{d}y\right]\mathrm{d}x\end{aligned}$$

$$\overset{令 y=xu}{=}\int_{-\infty}^{0}\left[\int_{z}^{+\infty}xf(x,\ xu)\,\mathrm{d}u\right]\mathrm{d}x+\int_{0}^{+\infty}\left[\int_{-\infty}^{z}xf(x,\ xu)\,\mathrm{d}u\right]\mathrm{d}x$$

$$=\int_{-\infty}^{0}\left[\int_{-\infty}^{z}(-x)f(x,\ xu)\,\mathrm{d}u\right]\mathrm{d}x+\int_{0}^{+\infty}\left[\int_{-\infty}^{z}xf(x,\ xu)\,\mathrm{d}u\right]\mathrm{d}x$$

$$=\int_{-\infty}^{+\infty}\left[\int_{-\infty}^{z}|x|f(x,\ xu)\,\mathrm{d}u\right]\mathrm{d}x$$

$$=\int_{-\infty}^{z}\left[\int_{-\infty}^{+\infty}|x|f(x,\ xu)\,\mathrm{d}x\right]\mathrm{d}u$$

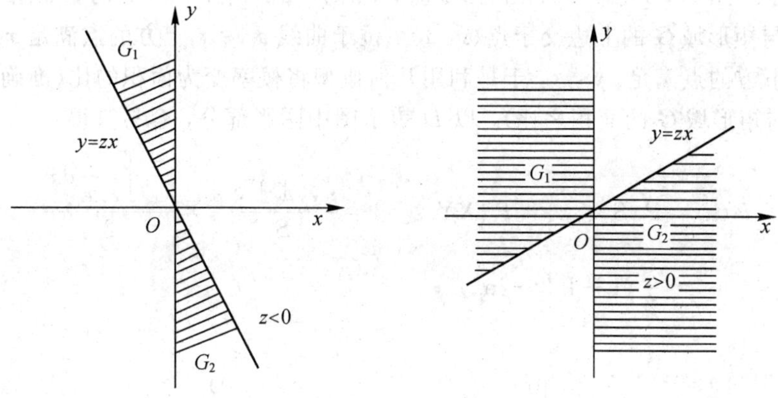

图 3.13

由概率密度的定义即得式(3.21).

类似地，可得 $f_{XY}(z)$的概率密度为式(3.22).

【例 3.20】 设 X、Y 分别表示两只不同型号的灯泡的寿命，X、Y 相互独立，它们的概率密度分别为

$$f_X(x)=\begin{cases}2\mathrm{e}^{-2x} & (x>0)\\ 0 & (其他)\end{cases}$$

$$f_Y(y)=\begin{cases}\mathrm{e}^{-y} & (y>0)\\ 0 & (其他)\end{cases}$$

试求 $Z=\dfrac{Y}{X}$的概率密度.

解　由式(3.22)得，$Z=\dfrac{Y}{X}$的概率密度为

$$f_Z(z)=\int_{-\infty}^{+\infty}|x|f_X(x)f_Y(xz)\,\mathrm{d}x=\begin{cases}\displaystyle\int_{0}^{+\infty}x\cdot 2\mathrm{e}^{-2x}\cdot\mathrm{e}^{-xz}\,\mathrm{d}x=\frac{2}{(2+z)^2} & (z>0)\\ 0 & (z\leqslant 0)\end{cases}$$

即

$$f_Z(z)=\begin{cases}\dfrac{2}{(2+z)^2} & (z>0)\\ 0 & (z\leqslant 0)\end{cases}$$

【例 3.21】 设二维随机变量在矩形域 $G=\{(x,\ y)|0\leqslant x\leqslant 2,\ 0\leqslant y\leqslant 1\}$上服从均匀分布，试求边长为 X 和 Y 的矩形面积 S 的概率密度 $f(s)$.

解 由题意知，(X, Y)的概率密度为

$$f(x, y)=\begin{cases}\dfrac{1}{2} & ((x, y)\in G)\\ 0 & ((x, y)\notin G)\end{cases}$$

设 $F(s)$为 S 的分布函数，则

$$F(s)=P\{S\leqslant s\}=\iint\limits_{xy\leqslant s} f(x, y)\,\mathrm{d}x\mathrm{d}y$$

显然，当 $s\leqslant 0$ 时，$F(s)=0$；当 $s\geqslant 2$ 时，$F(s)=1$；当 $0<s<2$ 时，如图 3.14 所示，曲线 $xy=s$ 与矩形域G 的上边交于点$(s, 1)$，位于曲线 $xy=s$ 上方的点满足 $xy>s$，位于曲线 $xy=s$ 下方的点满足$xy<s$，于是利用几何概型将概率变为面积的比(准确地说，是阴影部分面积与矩形域G 的面积之比)，以 D 表示图中阴影部分，容易算得

$$F(s)=P\{S\leqslant s\}=P\{XY\leqslant s\}=\frac{s\times 1+S_D}{S_G}=\frac{s+\int_s^2 \frac{2}{x}\mathrm{d}x}{2}$$

$$=\frac{s}{2}(1+\ln 2-\ln s)$$

于是

$$F(s)=\begin{cases}0 & (s\leqslant 0)\\ \dfrac{s}{2}(1+\ln 2-\ln s) & (0<s<2)\\ 1 & (s\geqslant 2)\end{cases}$$

S 的概率密度为

$$f(s)=F'(s)=\begin{cases}\dfrac{1}{2}(\ln 2-\ln s) & (0<s<2)\\ 0 & (\text{其他})\end{cases}$$

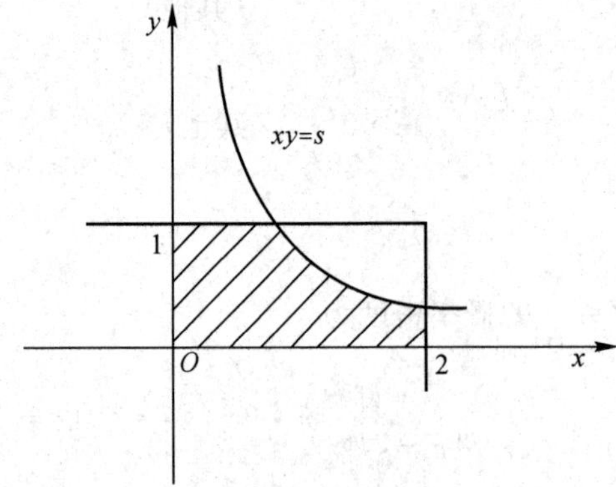

图 3.14

注：用分布函数的定义式计算得 S 的分布函数为

$$F(s)=P\{XY\leqslant s\}=1-P\{XY>s\}$$

$$=1-\iint\limits_{xy>s}\frac{1}{2}\mathrm{d}x\mathrm{d}y=1-\int_s^2\mathrm{d}x\int_{\frac{s}{x}}^1\mathrm{d}y=\frac{s}{2}(1+\ln 2-\ln s)$$

3. $M=\max\{X, Y\}$ 及 $N=\min\{X, Y\}$ 的分布

设 X、Y 是两个相互独立的随机变量，称 $M=\max\{X, Y\}$ 为最大值变量，$N=\min\{X, Y\}$ 为最小值变量，统称为极值变量. 若已知 X、Y 的分布函数分别为 $F_X(x)$、$F_Y(y)$，求 $M=\max\{X, Y\}$ 及 $N=\min\{X, Y\}$ 的分布函数.

由于事件"$M=\max\{X, Y\}$ 不大于 z"等价于事件"X 和 Y 都不大于 z"，因此有

$$P\{M\leqslant z\}=P\{X\leqslant z, Y\leqslant z\}$$

又由于 X 和 Y 相互独立，因此得到 $M=\max\{X, Y\}$ 的分布函数为

$$F_{\max}(z)=P\{M\leqslant z\}=P\{X\leqslant z, Y\leqslant z\}=P\{X\leqslant z\}P\{Y\leqslant z\}$$

即有

$$F_{\max}(z)=F_X(z)F_Y(z) \tag{3.25}$$

类似地，可得 $N=\min\{X, Y\}$ 的分布函数为

$$\begin{aligned}F_{\min}(z)&=P\{N\leqslant z\}=1-P\{N>z\}\\&=1-P\{X>z, Y>z\}=1-P\{X>z\}P\{Y>z\}\end{aligned}$$

即有

$$F_{\min}(z)=1-[1-F_X(z)][1-F_Y(z)] \tag{3.26}$$

以上结果很容易推广到 n 个相互独立的随机变量的情况. 设 $X_1, X_2, \cdots, X_n$ 是 n 个相互独立的随机变量，它们的分布函数分别为 $F_{X_i}(x_i)(i=1, 2, \cdots, n)$，则 $M=\max\{X_1, X_2, \cdots, X_n\}$ 及 $N=\min\{X_1, X_2, \cdots, X_n\}$ 分布函数分别为

$$F_{\max}(z)=F_{X_1}(z)F_{X_2}(z)\cdots F_{X_n}(z) \tag{3.27}$$

$$F_{\min}(z)=1-[1-F_{X_1}(z)][1-F_{X_2}(z)]\cdots[1-F_{X_n}(z)] \tag{3.28}$$

特别地，当 $X_1, X_2, \cdots, X_n$ 相互独立且具有相同的分布函数 $F_X(x)$ 时，有

$$F_{\max}(z)=[F(z)]^n \tag{3.29}$$

$$F_{\min}(z)=1-[1-F(z)]^n \tag{3.30}$$

【例3.22】 设系统 L 由两个相互独立的子系统 L_1、L_2 连接而成，连接方式分别为 (1) 串联、(2) 并联、(3) 备用(当系统 L_1 损坏时，系统 L_2 开始工作)，如图3.15所示. 设 L_1、L_2 的寿命分别为 X、Y，已知它们的概率密度分别为

$$f_X(x)=\begin{cases}\alpha e^{-\alpha x} & (x>0)\\0 & (x\leqslant 0)\end{cases} \tag{3.31}$$

$$f_Y(y)=\begin{cases}\beta e^{-\beta y} & (y>0)\\0 & (y\leqslant 0)\end{cases} \tag{3.32}$$

其中，$\alpha>0$，$\beta>0$ 且 $\alpha\neq\beta$. 试分别就以上3种连接方式写出 L 的寿命 Z 的概率密度.

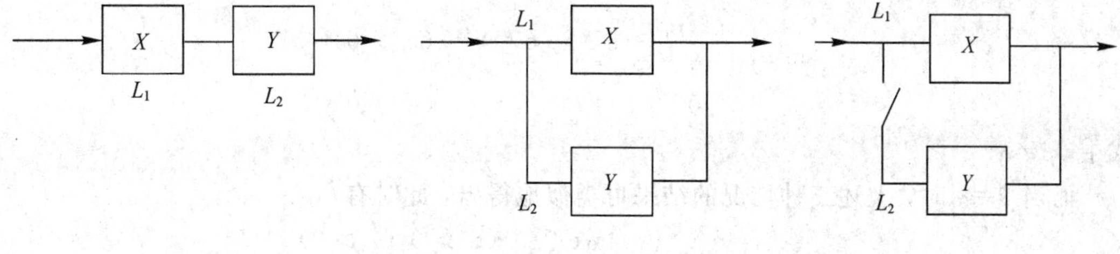

图3.15

解 (1) 串联的情况。

由于当 L_1、L_2 中有一个损坏时系统 L 就停止工作，因此这时 L 的寿命应为

$$Z=\min\{X, Y\}$$

由式(3.31)、式(3.32)知，X、Y 的分布函数分别为

$$F_X(x)=\begin{cases}1-\mathrm{e}^{-\alpha x} & (x>0)\\ 0 & (x\leqslant 0)\end{cases}$$

$$F_Y(y)=\begin{cases}1-\mathrm{e}^{-\beta y} & (y>0)\\ 0 & (y\leqslant 0)\end{cases}$$

再由式(3.26)得 $Z=\min\{X, Y\}$ 的分布函数为

$$F_{\min}(z)=\begin{cases}1-\mathrm{e}^{-(\alpha+\beta)z} & (z>0)\\ 0 & (z\leqslant 0)\end{cases}$$

于是 $Z=\min\{X, Y\}$ 的概率密度为

$$f_{\min}(z)=\begin{cases}(\alpha+\beta)\mathrm{e}^{-(\alpha+\beta)z} & (z>0)\\ 0 & (z\leqslant 0)\end{cases}$$

(2) 并联的情况。

由于当且仅当 L_1、L_2 都损坏时系统 L 才停止工作，因此这时 L 的寿命应为

$$Z=\max\{X, Y\}$$

由式(3.26)得 $Z=\max\{X, Y\}$ 的分布函数为

$$F_{\max}(z)=F_X(z)F_Y(z)=\begin{cases}(1-\mathrm{e}^{-\alpha z})(1-\mathrm{e}^{-\beta z}) & (z>0)\\ 0 & (z\leqslant 0)\end{cases}$$

于是 $Z=\max\{X, Y\}$ 的概率密度为

$$f_{\max}(z)=\begin{cases}\alpha\mathrm{e}^{-\alpha z}+\beta\mathrm{e}^{-\beta z}-(\alpha+\beta)\mathrm{e}^{-(\alpha+\beta)z} & (z>0)\\ 0 & (z\leqslant 0)\end{cases}$$

(3) 备用的情况。

由于系统 L_1 损坏时系统 L_2 才开始工作，因此这时整个系统 L 的寿命 Z 是 L_1、L_2 两者之和，即

$$Z=X+Y$$

由式(3.17)知，当 $z>0$ 时，$Z=X+Y$ 的概率密度为

$$f_Z(z)=\int_{-\infty}^{+\infty}f_X(z-y)f_Y(y)\,\mathrm{d}y=\int_0^z\alpha\mathrm{e}^{-\alpha(z-y)}\beta\mathrm{e}^{-\beta y}\,\mathrm{d}y$$

$$=\alpha\beta\mathrm{e}^{-\alpha z}\int_0^z\mathrm{e}^{-(\beta-\alpha)y}\,\mathrm{d}y=\frac{\alpha\beta}{\beta-\alpha}(\mathrm{e}^{-\alpha z}-\mathrm{e}^{-\beta z})$$

当 $z\leqslant 0$ 时 $f_Z(z)=0$，于是 $Z=X+Y$ 的概率密度为

$$f(z)=\begin{cases}\dfrac{\alpha\beta}{\beta-\alpha}(\mathrm{e}^{-\alpha z}-\mathrm{e}^{-\beta z}) & (z>0)\\ 0 & (z\leqslant 0)\end{cases}$$

式中，$\beta\neq\alpha$.

而当 $\beta=\alpha$ 时，上述三种情况的结果可类似地得出，此时有

$$f_X(z)=f_Y(z)=\begin{cases}\alpha\mathrm{e}^{-\alpha z} & (z>0,\ \alpha>0)\\ 0 & (z\leqslant 0)\end{cases}$$

$$F_X(z)=F_Y(z)=\begin{cases}1-e^{-\alpha z} & (z>0,\alpha>0)\\0 & (z\leqslant 0)\end{cases}$$

$$F_{\min}(z)=1-[1-F_X(z)]^2=\begin{cases}1-e^{-2\alpha z} & (z>0)\\0 & (z\leqslant 0)\end{cases}$$

$$f_{\min}(z)=2[1-F_X(z)]f_X(z)=\begin{cases}2\alpha e^{-2\alpha z} & (z>0)\\0 & (z\leqslant 0)\end{cases}$$

$$F_{\max}(z)=[F_X(z)]^2=\begin{cases}(1-e^{-\alpha z})^2 & (z>0)\\0 & (z\leqslant 0)\end{cases}$$

$$f_{\max}(z)=2F_X(z)f_X(z)=\begin{cases}2\alpha(1-e^{-\alpha z}) & (z>0)\\0 & (z\leqslant 0)\end{cases}$$

当 $z>0$ 时，有

$$f_Z(z)=\int_{-\infty}^{+\infty}f_X(z-y)f_Y(y)\,dy=\int_0^z \alpha e^{-\alpha(z-y)}\alpha e^{-\alpha y}\,dy=\alpha^2 z e^{-\alpha z}$$

当 $z\leqslant 0$ 时，$f_Z(z)=0$，即

$$f(z)=\begin{cases}\alpha^2 z e^{-\alpha z} & (z>0)\\0 & (z\leqslant 0)\end{cases}$$

以上我们仅讨论了一些简单的函数分布情况，实际中遇到的函数是复杂的、多种多样的，但一般的求随机变量函数分布的方法均为：对离散型随机变量，从分布律着手分析，先确定随机变量函数的可能取值，再确定相应取值的概率，整理即得所求分布律；对连续型随机变量，则从分布函数着手分析.

习题 3.5

1．设随机变量 X 和 Y 相互独立，且 X 和 Y 的分布律如表 3.27 和表 3.28 所示.

表 3.27

X	-3	-2	-1
P	$\frac{1}{4}$	$\frac{1}{4}$	$\frac{1}{2}$

表 3.28

Y	1	2	3
P	$\frac{2}{5}$	$\frac{1}{5}$	$\frac{2}{5}$

试求：

(1) (X,Y)的分布律；

(2) $Z=2X+Y$ 的分布律；

(3) $Z=X-Y$ 的分布律；

(4) $M=\max\{X,Y\}$的分布律.

2．设 X 和 Y 是两个相互独立的随机变量，且 $X\sim\pi(\lambda_1)$，$Y\sim\pi(\lambda_2)$，证明 $Z=X+Y\sim\pi(\lambda_1+\lambda_2)$.

3. 设随机变量(X, Y)的联合概率密度为

$$f(x, y)=\begin{cases}\frac{1}{2}(x+y)\mathrm{e}^{-(x+y)} & (x>0, y>0)\\ 0 & (\text{其他})\end{cases}$$

(1) 问 X 和 Y 是否相互独立?

(2) 求 $Z=X+Y$ 的概率密度.

4. 设随机变量(X, Y)的联合概率密度为

$$f(x, y)=\begin{cases}\frac{1}{1-\mathrm{e}^{-1}}\mathrm{e}^{-(x+y)} & (0<x<1, y>0)\\ 0 & (\text{其他})\end{cases}$$

(1) 问 X 和 Y 是否相互独立?

(2) 求 $M=\max\{X, Y\}$的分布函数.

5. 某种商品一周的需求量 X 是一个随机变量,其概率密度为

$$f(x)=\begin{cases}x\mathrm{e}^{-x} & (x>0)\\ 0 & (\text{其他})\end{cases}$$

假设各周的需求量相互独立,以 U_k 表示 k 周的总需求量.

(1) 求 U_2、U_3 的概率密度;

(2) 求接连三周中周最大需求量的概率密度.

6. 设 X 和 Y 是两个相互独立的随机变量,它们都服从正态分布 $N(0, \sigma^2)$,试验证随机变量 $Z=\sqrt{X^2+Y^2}$ 具有概率密度:

$$f(z)=\begin{cases}\frac{z}{\sigma^2}\mathrm{e}^{-\frac{z^2}{2\sigma^2}} & (z\geqslant 0)\\ 0 & (\text{其他})\end{cases}$$

我们称 Z 服从参数为$\sigma(\sigma>0)$的瑞利(Rayleigh)分布.

总习题3

1. 设随机变量 $U_i(i=1, 2, 3)$相互独立且服从参数为 p 的(0-1)分布,令

$$X=\begin{cases}1 & (U_1+U_2\text{ 为奇数})\\ 0 & (U_1+U_2\text{ 为偶数})\end{cases}$$

$$Y=\begin{cases}1 & (U_2+U_3\text{ 为奇数})\\ 0 & (U_2+U_3\text{ 为偶数})\end{cases}$$

求 X 和 Y 的联合分布律.

2. 设 X 和 Y 是两个相互独立的随机变量,且 $X\sim B(n_1, p)$,$Y\sim B(n_2, p)$,求 $Z=X+Y$ 的分布律.

3. 设二维随机变量(X, Y)的联合概率密度 $f(x, y)=\frac{1}{2\pi}\mathrm{e}^{-\frac{1}{2}(x^2+y^2)}(1+\sin x\sin y)$,试求关于 X 和 Y 的边缘概率密度.

4. 设二维随机变量(X, Y)的联合概率密度为

$$f(x, y)=\begin{cases}3x & (0<x<1,\ 0<y<x)\\ 0 & (\text{其他})\end{cases}$$

(1) 求关于X和Y的边缘概率密度；

(2) 求关于X和Y的条件概率密度；

(3) 问X和Y是否相互独立？

5. 设X和Y是两个相互独立的随机变量，其概率密度分别为

$$f_X(x)=\begin{cases}1 & (0<x<1)\\ 0 & (\text{其他})\end{cases}$$

$$f_Y(y)=\begin{cases}e^{-y} & (y>0)\\ 0 & (\text{其他})\end{cases}$$

求$Z=2X+Y$的概率密度.

6. 设X、Y是两个相互独立的随机变量且服从同一分布的两个随机变量，已知X的分布律为$P\{X=i\}=\dfrac{1}{3}$ $(i=1, 2, 3)$，又设$U=\max\{X, Y\}$，$V=\min\{X, Y\}$，写出二维随机变量(U, V)的分布律.

7. 设二维随机变量(X, Y)的联合概率密度为

$$f(x, y)=\begin{cases}e^{-x} & (0<y<x)\\ 0 & (\text{其他})\end{cases}$$

试求：

(1) 条件概率密度$f_{Y|X}(y|x)$；

(2) 条件概率$P\{X\leqslant 1|Y\leqslant 1\}$.

8. 设二维随机变量(X, Y)的联合概率密度为

$$f(x, y)=\begin{cases}2-x-y & (0<x<1,\ 0<y<1)\\ 0 & (\text{其他})\end{cases}$$

试求：

(1) $P\{X>2Y\}$；

(2) $Z=X+Y$的概率密度$f_Z(z)$.

9. 设二维随机变量(X, Y)的联合概率密度为

$$f(x, y)=\begin{cases}x+y & (0\leqslant x\leqslant 1,\ 0\leqslant y\leqslant 1)\\ 0 & (\text{其他})\end{cases}$$

试求：

(1) $\max\{X, Y\}$的分布函数及概率密度；

(2) $\min\{X, Y\}$的分布函数及概率密度.

10. 假设随机变量$X_1, X_2, \cdots, X_n$独立同分布，$F(x)$是其共同的分布函数，令

$$U=\max\{X_1, X_2, \cdots, X_n\},\ V=\min\{X_1, X_2, \cdots, X_n\}$$

试求：

(1) U的分布函数$F_U(u)$及V的分布函数$F_V(v)$；

(2) (U, V)的联合分布函数.

第 4 章 随机变量的数字特征

通过前面章节的学习，我们可以看到随机变量的分布函数能够完整地描述一个随机变量的统计特征，但是在一些实际问题中，随机变量的分布函数并不容易求得，有时也并不需要了解这个规律性的全貌，只需要知道随机变量的某些特征，如分布的中心位置、分散程度等．例如，研究某个课程的考试成绩，不仅要关心该课程的平均成绩，还要研究该课程成绩的差异程度．以上这些与随机变量有关的数值，在概率论与数理统计中称为随机变量的数字特征，而这些数字特征在理论和实践中都有十分重要的意义．本章主要介绍随机变量的数学期望、方差、协方差、相关系数和矩．

4.1 数学期望

4.1.1 离散型随机变量的数学期望

很多情况下，我们需要找到能够体现随机变量 X“平均”取值大小的一个数值．由于随机变量取值为 $x_1, x_2, \cdots, x_n$，因此可计算出其算术平均值 $\bar{x}=\frac{1}{n}\sum_{i=1}^{n}x_i$，但这并不是实际意义上的平均．其原因在于 X 取各个值的概率不同，概率大的机会也大，很可能造成在计算中权重变大．

【例 4.1】 下面为一女教师参加某项体育活动的多次成绩(s)，求其平均时长．

9　17　11　10　12　15　21　18

解

$$\bar{x}=\frac{x_1+x_2+x_3+\cdots+x_8}{N}=14.125\ \text{s}$$

例 4.1 是在没有重复观测数据的情况下计算的算术平均值．

【例 4.2】 一射手进行打靶练习，成绩统计如表 4.1 所示．

表 4.1

环数	10	9	8	7
次数	5	2	2	1

解 根据表 4.1，可计算出该射手在本次练习中平均击中环数为

$$\bar{x}=\frac{x_1N_1+x_2N_2+x_3N_3+x_4N_4}{N}=\sum_{i=1}^{4}x_i\frac{N_i}{N}=9.1\ \text{环}$$

由前面所学的知识可知，当射击次数 $N\to\infty$ 时，$\frac{N_i}{N}$ 接近于概率 p_i．由此可以看出，随机变量的均值是这个随机变量取得一切可能数值与对应概率乘积的总和，也就是以相应的概率为权重进行加权平均．

定义 4.1　设离散型随机变量 X 的概率分布如表 4.2 所示.

表 4.2

X	x_1	x_2	…	x_k	…
P	p_1	p_2	…	p_k	…

若级数 $\sum_{k=1}^{\infty} x_k p_k$ 绝对收敛，则称级数 $\sum_{k=1}^{\infty} x_k p_k$ 为随机变量 X 的数学期望，记为 $E(X)$，即

$$E(X)=\sum_{k=1}^{\infty} x_k p_k$$

若级数 $\sum_{k=1}^{\infty} x_k p_k$ 发散，则称 $E(X)$ 不存在，数学期望简称期望，又称均值.

下面我们来计算一些重要离散型随机变量的数学期望.

1. 0-1 分布

设 X 的分布律如表 4.3 所示，则 X 的数学期望为

$$E(X)=0\times(1-p)+1\times p=p$$

表 4.3

X	0	1
P	$1-p$	p

2. 二项分布

设 X 服从二项分布，其分布律为

$$P(X=k)=\mathrm{C}_n^k p^k (1-p)^{n-k} \quad (k=0,\ 1,\ 2,\ \cdots,\ n;\ 0<p<1)$$

则 X 的数学期望为

$$\begin{aligned}E(X)&=\sum_{k=0}^{n} k\mathrm{C}_n^k p^k (1-p)^{n-k}=\sum_{k=1}^{n} k\,\frac{n!}{k!\,(n-k)!}p^k(1-p)^{n-k}\\&=np\sum_{k=1}^{n}\frac{(n-1)!}{(k-1)!\,[(n-1)-(k-1)]!}p^{k-1}(1-p)^{(n-1)-(k-1)}\end{aligned}$$

令 $k-1=t$，则

$$\begin{aligned}E(X)&=np\sum_{t=0}^{n-1}\frac{(n-1)!}{t!\,[(n-1)-t]!}p^t(1-p)^{(n-1)-t}\\&=np[p+(1-p)]^{n-1}=np\end{aligned}$$

3. 泊松分布

设 X 服从泊松分布，其分布律为

$$P(X=k)=\frac{\lambda^k}{k!}\mathrm{e}^{-\lambda} \quad (k=0,\ 1,\ 2,\ \cdots;\ \lambda>0)$$

则 X 的数学期望为

$$E(X)=\sum_{k=0}^{\infty} k\,\frac{\lambda^k}{k!}\mathrm{e}^{-\lambda}=\lambda\mathrm{e}^{-\lambda}\sum_{k=1}^{\infty}\frac{\lambda^{k-1}}{(k-1)!}$$

令 $k-1=t$，则有

$$E(X)=\lambda e^{-\lambda}\sum_{t=0}^{\infty}\frac{\lambda^t}{t!}=\lambda e^{-\lambda}\cdot e^{\lambda}=\lambda$$

有关数学期望，历史上有一个著名的分赌本问题. 在17世纪中叶，一位赌徒向法国数学家帕斯卡(1623—1662年)提出一个使他苦恼很久的分赌本问题：甲、乙两赌徒赌技相同，各出赌注50法郎，每局中无平局. 他们约定，谁先赢三局，则得全部赌本100法郎. 当甲赢了二局、乙赢了一局时，因故要中止赌博，现问这100法郎如何分才算公平？

这个问题引起了不少人的兴趣，大家都认识到：平均分对甲不公平，全部归甲对乙不公平，合理的分法是按一定的比例，甲多分些，乙少分些. 所以，问题的焦点在于按怎样的比例来分. 以下有两种方法：

(1) 基于已赌局数：甲赢了二局、乙赢了一局，甲得100法郎中的2/3，乙得100法郎中的1/3.

(2) 1654年帕斯卡提出如下分法：设想再赌下去，则甲最终所得 X 为一个随机变量，其可能取值为0或100，再赌二局必可结束，其结果不外乎以下四种情况之一：

甲甲、甲乙、乙甲、乙乙

其中，“甲乙”表示第一局甲胜，第二局乙胜. 因为赌技相同，所以在这四种情况中有三种情况可使甲获得100法郎，只有一种情况(乙乙)下甲获得0法郎. 所以甲获得100法郎的可能性为3/4，获得0法郎的可能性为1/4，即 X 的分布律如表4.4所示.

表 4.4

X	0	100
P	0.25	0.75

经上述分析，帕斯卡认为，甲的“期望”所得应为 $0\times0.25+100\times0.75=75$(法郎)，即甲得75法郎，乙得25法郎. 这种分法不仅考虑了已赌局数，还包括了对再赌下去的一种“期望”，他比(1)的分法更为合理.

这就是“数学期望”这个名称的由来，其实这个名称称为“均值”更形象易懂. 对上例而言，若再赌下去，甲“平均”可以赢75法郎.

4.1.2 连续型随机变量的数学期望

设连续型随机变量 X 的概率密度为 $f(x)$，若反常积分

$$\int_{-\infty}^{+\infty}xf(x)\mathrm{d}x$$

绝对收敛，则称反常积分 $\int_{-\infty}^{+\infty}xf(x)\mathrm{d}x$ 的值为随机变量 X 的数学期望，记为 $E(X)$，即

$$E(X)=\int_{-\infty}^{+\infty}xf(x)\mathrm{d}x$$

若反常积分 $\int_{-\infty}^{+\infty}xf(x)\mathrm{d}x$ 发散，则 $E(X)$ 不存在.

下面我们来计算一些重要连续型随机变量的数学期望.

1. 均匀分布

设 X 服从 (a, b) 上的均匀分布，其概率密度函数为

$$f(x)=\begin{cases}\dfrac{1}{b-a} & (a<x<b)\\ 0 & (\text{其他})\end{cases}$$

则 X 的数学期望为

$$E(x)=\int_{-\infty}^{+\infty}xf(x)\mathrm{d}x=\int_a^b\frac{x}{b-a}\mathrm{d}x=\frac{a+b}{2}$$

2. 指数分布

设 X 服从指数分布，其分布密度为

$$f(x)=\begin{cases}\lambda\mathrm{e}^{-\lambda x} & (x>0)\\ 0 & (x\leqslant 0)\end{cases}$$

则 X 的数学期望为

$$E(x)=\int_{-\infty}^{+\infty}xf(x)\mathrm{d}x=\int_0^{+\infty}\lambda x\mathrm{e}^{-\lambda x}\mathrm{d}x=-x\mathrm{e}^{-\lambda x}\Big|_0^{+\infty}+\int_0^{+\infty}\mathrm{e}^{-\lambda x}\mathrm{d}x=\frac{1}{\lambda}\int_0^{+\infty}\lambda\mathrm{e}^{-\lambda x}\mathrm{d}x=\frac{1}{\lambda}$$

3. 正态分布

设 $X\sim N(\mu,\sigma^2)$，其分布密度为 $f(x)=\dfrac{1}{\sqrt{2\pi}\sigma}\mathrm{e}^{-\frac{(x-\mu)^2}{2\sigma^2}}$，则 X 的数学期望为

$$E(x)=\int_{-\infty}^{+\infty}xf(x)\mathrm{d}x=\frac{1}{\sqrt{2\pi}\sigma}\int_{-\infty}^{+\infty}x\mathrm{e}^{-\frac{(x-\mu)^2}{2\sigma^2}}\mathrm{d}x$$

令 $\dfrac{x-\mu}{\sigma}=t$，则

$$E(x)=\frac{1}{\sqrt{2\pi}}\int_{-\infty}^{+\infty}(\mu+\sigma t)\mathrm{e}^{-\frac{t^2}{2}}\mathrm{d}t$$

注意到

$$\frac{\mu}{\sqrt{2\pi}}\int_{-\infty}^{+\infty}\mathrm{e}^{-\frac{t^2}{2}}\mathrm{d}t=\mu$$

$$\frac{1}{\sqrt{2\pi}}\int_{-\infty}^{+\infty}\sigma t\mathrm{e}^{-\frac{t^2}{2}}\mathrm{d}t=0$$

故有 $E(X)=\mu$.

需要注意的是，并非所有随机变量都有数学期望，如下面的例子.

【例 4.3】 设随机变量 X 服从柯西(Cauchy)分布，其概率密度为

$$f(x)=\frac{1}{\pi(1+x^2)}\quad(-\infty<x<+\infty)$$

试证 $E(X)$不存在.

证明　由于

$$\int_{-\infty}^{+\infty}|x|f(x)\mathrm{d}x=\int_{-\infty}^{+\infty}|x|\frac{1}{\pi(1+x^2)}\mathrm{d}x=\infty$$

因此 $E(X)$不存在.

4.1.3　二维随机变量的数学期望

对二维随机变量(X,Y)，定义它的数学期望为 $E(X,Y)=(E(X),E(Y))$. 设二维

离散型随机变量(X, Y)的联合分布律为$P(X=x_i, Y=y_j)=p_{ij}(i, j=1, 2, \cdots)$，则

$$E(X)=\sum_{i=1}^{+\infty} x_i p_{i\cdot}=\sum_{i=1}^{+\infty}\sum_{j=1}^{+\infty} x_i p_{ij}$$

$$E(Y)=\sum_{j=1}^{+\infty} y_j p_{\cdot j}=\sum_{i=1}^{+\infty}\sum_{j=1}^{+\infty} y_j p_{ij}$$

设二维连续性随机变量(X, Y)的联合概率密度为$f(x, y)$，则

$$E(X)=\int_{-\infty}^{+\infty} x f_X(x)\mathrm{d}x=\int_{-\infty}^{+\infty}\int_{-\infty}^{+\infty} x f(x, y)\mathrm{d}x\mathrm{d}y$$

$$E(Y)=\int_{-\infty}^{+\infty} y f_Y(y)\mathrm{d}y=\int_{-\infty}^{+\infty}\int_{-\infty}^{+\infty} y f(x, y)\mathrm{d}x\mathrm{d}y$$

【例 4.4】 设二维连续型随机变量$(X、Y)$的密度函数为

$$f(x, y)=\begin{cases}12y^2 & (0\leqslant y\leqslant x\leqslant 1)\\ 0 & (其他)\end{cases}$$

求$E(X)$、$E(Y)$.

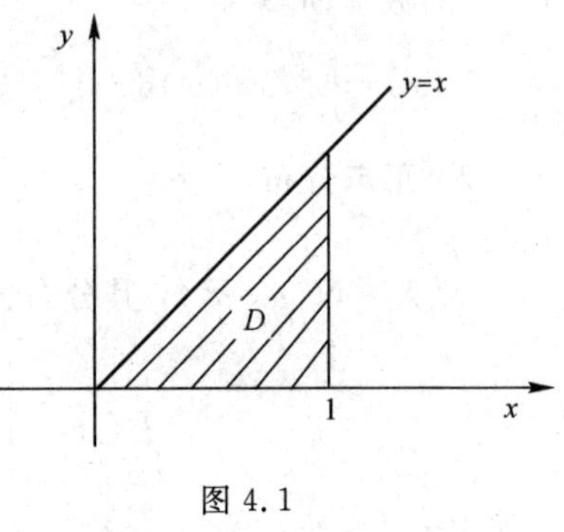

图 4.1

解 积分区域D如图4.1所示，因此有：

$$E(X)=\iint_D x f(x, y)\mathrm{d}\sigma=\int_0^1 x\mathrm{d}x\int_0^x 12y^2\mathrm{d}y=\frac{4}{5}$$

$$E(Y)=\iint_D y\cdot 12y^2\mathrm{d}\sigma=\int_0^1\mathrm{d}x\int_0^x 12y^3\mathrm{d}y=\frac{3}{5}$$

4.1.4 随机变量函数的数学期望

在实际问题与理论研究中，经常需要求随机变量函数的数学期望. 这时，我们可以通过下面介绍的几个定理来直接计算随机变量函数的数学期望.

定理 4.1 设Y为随机变量X的函数：$Y=g(X)$(g是实值连续函数).

(1) X是离散型随机变量，分布律为$p_k=P(X=x_k)(k=1, 2, \cdots)$，若级数$\sum_{k=1}^{\infty} g(x_k)p_k$绝对收敛，则有$E(Y)=E[g(X)]=\sum_{k=1}^{\infty} g(x_k)p_k$.

(2) X是连续型随机变量，它的分布密度为$f(x)$，若反常积分$\int_{-\infty}^{+\infty} g(x)f(x)\mathrm{d}x$绝对收敛，则有$E(Y)=E[g(X)]=\int_{-\infty}^{+\infty} g(x)f(x)\mathrm{d}x$.

由该定理可以得出：求$E(Y)$时，不必知道Y的分布，只需知道X的分布即可.

【例 4.5】 随机变量X的分布律如表4.5所示.

表 4.5

X	0	1	2	3
P	$\frac{1}{2}$	$\frac{1}{4}$	$\frac{1}{8}$	$\frac{1}{8}$

求 $E\left(\frac{1}{1+X}\right)$、$E(X^2)$.

解
$$E(\frac{1}{1+X})=\frac{1}{1+0}\times\frac{1}{2}+\frac{1}{1+1}\times\frac{1}{4}+\frac{1}{1+2}\times\frac{1}{8}+\frac{1}{1+3}\times\frac{1}{8}=\frac{67}{96}$$
$$E(X^2)=0^2\times\frac{1}{2}+1^2\times\frac{1}{4}+2^2\times\frac{1}{8}+3^2\times\frac{1}{8}=\frac{15}{8}$$

【例4.6】 对球的直径作近似测量，设其值均匀分布在区间[a, b]内，求球体积的数学期望.

解 设随机变量 X 表示球的直径，Y 表示球的体积，则 X 的概率密度为

$$f(x)=\begin{cases}\dfrac{1}{b-a} & (a\leqslant x\leqslant b)\\ 0 & (\text{其他})\end{cases}$$

球体积为 $Y=\frac{1}{6}\pi X^3$，由此可得

$$E(Y)=E\left(\frac{1}{6}\pi X^3\right)=\int_a^b\frac{1}{6}\pi x^3\ \frac{1}{b-a}\mathrm{d}x$$
$$=\frac{\pi}{6(b-a)}\int_a^b x^3\mathrm{d}x=\frac{\pi}{24}(a+b)(a^2+b^2)$$

【例4.7】 设国际市场每年对我国某种出口商品的需求量 X(吨)服从区间[2000, 4000]上的均匀分布. 若售出这种商品1吨可挣得外汇3万元，但如果销售不出而囤积于仓库，则每吨需缴纳保管费1万元. 问应预备多少吨这种商品，才能使国家的收益最大?

解 设预备这种商品 y 吨($2000\leqslant y\leqslant 4000$)，则收益(万元)为

$$g(X)=\begin{cases}3y & (X\geqslant y)\\ 3X-(y-X) & (X<y)\end{cases}$$

$$E(g(X))=\int_{-\infty}^{+\infty}g(x)f(x)\mathrm{d}x=\int_{2000}^{4000}g(x)\cdot\frac{1}{4000-2000}\mathrm{d}x$$
$$=\frac{1}{2000}\int_{2000}^{y}[3x-(y-x)]\mathrm{d}x+\frac{1}{2000}\int_{y}^{4000}3y\mathrm{d}x$$
$$=\frac{1}{1000}(-y^2+7000y-4\times10^6)$$

当 $y=3500$ 吨时，上式达到最大值. 所以预备3500吨此种商品能使国家的收益最大，最大收益为8250万元.

关于二维随机变量函数的数学期望，也有类似的定理.

定理4.2 设 $Z=g(X, Y)$是随机变量(X, Y)的连续函数.

(1) 当(X, Y)是二维离散型随机变量时，联合分布律为

$$p_{ij}=P(X=x_i, Y=y_j)\quad(i, j=1, 2, \cdots)$$

若 $\sum\limits_i\sum\limits_j g(x_i, y_i)p_{ij}$ 绝对收敛，则有

$$E(Z)=E[g(X, Y)]=\sum_{i=1}^{\infty}\sum_{j=1}^{\infty}g(x_i, y_j)p_{ij}$$

(2) 当(X, Y)是二维连续型随机变量时，联合分布密度为 $f(x, y)$，若

$\int_{-\infty}^{+\infty}\int_{-\infty}^{+\infty} g(z, y)f(x, y)\mathrm{d}x\mathrm{d}y$ 绝对收敛，则有

$$E(Z)=E[g(X, Y)]=\int_{-\infty}^{+\infty}\int_{-\infty}^{+\infty} g(x, y)f(x, y)\mathrm{d}x\mathrm{d}y$$

【例 4.8】 设二维随机变量(X, Y)的分布律如表 4.6 所示.

表 4.6

X \ Y	0	1
0	0.1	0.3
1	0.4	0.2

求 $E(XY)$和 $E(Z)$，其中 $Z=\max(x, y)$.

解 $E(XY)=0\times0\times0.1+0\times1\times0.3+1\times0\times0.4+1\times1\times0.2=0.2$

$E(Z)=0\times0.1+1\times0.9=0.9$

【例 4.9】 设(X, Y)的概率密度函数为

$$f(x, y)=\begin{cases}(x+y)/3 & (0\leqslant x\leqslant 2, 0\leqslant y\leqslant 1)\\ 0 & (\text{其他})\end{cases}$$

求 $E(X)$、$E(XY)$、$E(X^2+Y^2)$.

解 $E(X)=\iint\limits_D xf(x, y)\mathrm{d}x\mathrm{d}y=\int_0^2 x\mathrm{d}x\int_0^1\frac{x+y}{3}\mathrm{d}y=\frac{1}{6}\int_0^2 x(2x+1)\mathrm{d}x=\frac{11}{9}$

$$E(XY)=\iint\limits_D xyf(x, y)\mathrm{d}x\mathrm{d}y=\int_0^2\int_0^1 xy\frac{x+y}{3}\mathrm{d}y\mathrm{d}x+\int_0^2\left(\frac{1}{6}x^2+\frac{1}{9}x\right)\mathrm{d}x=\frac{8}{9}$$

$$E(X^2+Y^2)=\iint\limits_D (x^2+y^2)f(x, y)\mathrm{d}x\mathrm{d}y$$

$$=\int_0^2 x^2\mathrm{d}x\int_0^1\frac{x+y}{3}\mathrm{d}y+\int_0^2\mathrm{d}x\int_0^1\frac{xy^2+y^3}{3}\mathrm{d}y=\frac{13}{6}$$

4.1.5 数学期望的性质

(1) 设 c 是常数，则有 $E(c)=c$.

(2) 设 X 是随机变量，c 是常数，则有 $E(cX)=cE(X)$.

(3) 设 X、Y 是随机变量，则有 $E(X+Y)=E(X)+E(Y)$.

(4) 设 X、Y 是相互独立的随机变量，则有 $E(XY)=E(X)E(Y)$.

(1)、(2)由读者自己证明. 下面仅在连续型情形下证明(3)和(4)，离散型情形类似可证.

证明 设二维连续型随机变量(X, Y)的联合分布密度为 $f(x, y)$，其边缘分布密度为 $f_X(x)$、$f_Y(y)$，则

$$E(X+Y)=\int_{-\infty}^{+\infty}\int_{-\infty}^{+\infty}(x+y)f(x, y)\mathrm{d}x\mathrm{d}y$$

$$=\int_{-\infty}^{+\infty}\int_{-\infty}^{+\infty} xf(x, y)\mathrm{d}x\mathrm{d}y+\int_{-\infty}^{+\infty}\int_{-\infty}^{+\infty} yf(x, y)\mathrm{d}x\mathrm{d}y$$

$$=E(X)+E(Y)$$

性质(3)得证.

又若 X 和 Y 是相互独立的随机变量，则联合密度 $f(x, y)=f_X(x)f_Y(y)$，故有

$$E(XY)=\int_{-\infty}^{+\infty}\int_{-\infty}^{+\infty} xyf(x, y)\mathrm{d}x\mathrm{d}y=\int_{-\infty}^{+\infty}\int_{-\infty}^{+\infty} xyf_X(x)f_Y(y)\mathrm{d}x\mathrm{d}y$$
$$=\left[\int_{-\infty}^{+\infty} xf_X(x)\mathrm{d}x\right]\left[\int_{-\infty}^{+\infty} yf_Y(y)\mathrm{d}y\right]=E(X)E(Y)$$

性质(4)得证.

【例 4.10】 设随机变量 X 服从 $B(n, p)$，求 $E(X)$.

解 设 $X_i(i=1, 2, \cdots, n)$表示 A 在第 i 次试验中出现的次数，即

$$X_i=\begin{cases}1 & (\text{第 } i \text{ 次中事件 } A \text{ 发生})\\ 0 & (\text{第 } i \text{ 次中事件 } A \text{ 不发生})\end{cases}$$

若 X 表示在 n 次独立重复试验中事件 A 发生的次数，则有 $X=\sum_{i=1}^{n}X_i$. 显然，这里 $X_i(i=1, 2, \cdots, n)$服从(0－1)分布，其分布律如表 4.7 所示，所以 $E(X_i)=p(i=1, 2, \cdots n)$. 由此可得

$$E(X)=E\left(\sum_{i=1}^{n}X_i\right)=\sum_{i=1}^{n}E(X_i)=np$$

表 4.7

X_i	0	1
P	$1-p$	p

由此可见，利用数学期望的性质，将二项分布表示为 n 个相互独立的(0－1)分布的和，计算过程简单得多.

习题 4.1

1. 设随机变量 X 的分布如表 4.8 所示，求 $E(X)$.

表 4.8

X	0	1	2
P	1/3	1/6	1/2

2. 设随机变量 X 的分布如表 4.9 所示，求 $E(X^2)$、$E(-2X+1)$.

表 4.9

X	-1	0	2	3
P	1/8	1/4	3/8	1/4

3. 设随机变量 X 的概率密度为

$$f(x)=\begin{cases}x & (0\leqslant x<1)\\ 2-x & (1\leqslant x<2)\\ 0 & (\text{其他})\end{cases}$$

求 X 的数学期望 $E(X)$.

4. 设 X 的分布函数为

$$F(x)=\begin{cases}0 & (x<0)\\ Ax^2 & (0\leqslant x\leqslant 1)\\ 1 & (x>1)\end{cases}$$

求常数 A 和 X 的数学期望 $E(X)$.

5. 设随机变量 X 的分布函数为

$$F(x)=\begin{cases}1-\dfrac{a^3}{x^3} & (x\geqslant a)\\ 0 & (x<a)\end{cases}$$

其中，a 为常数且 $a>0$. 求 $E(X)$.

6. 设随机变量 X_1、X_2 的概率密度分别为

$$f_{X_1}(x)=\begin{cases}2\mathrm{e}^{-2x} & (x>0)\\ 0 & (x\leqslant 0)\end{cases}$$

$$f_{X_2}(x)=\begin{cases}4\mathrm{e}^{-4x} & (x>0)\\ 0 & (x\leqslant 0)\end{cases}$$

试求：

(1) $E(X_1+X_2)$、$E(2X_1-3X_2^2)$；

(2) 设 X_1、X_2 相互独立，求 $E(X_1X_2)$.

7. 设随机变量 X 的概率密度为

$$f(x)=\begin{cases}kx^{\alpha} & (0<x<1)\\ 0 & (\text{其他})\end{cases}$$

其中，k，$\alpha>0$. 又已知 $E(X)=0.75$，求 k、α 的值.

8. 设随机变量 X 的概率密度为

$$f(x)=\begin{cases}\mathrm{e}^{-x} & (x>0)\\ 0 & (x\leqslant 0)\end{cases}$$

试求：

(1) $Y=2X$；

(2) $Y=\mathrm{e}^{-2X}$ 的数学期望.

9. 甲、乙两台机器一天中出现次品的概率分布分别如表 4.10 和表 4.11 所示，若两台机器的日产量相同，问哪台机器较好？

表 4.10

X	0	1	2	3
P	0.4	0.3	0.2	0.1

表 4.11

Y	0	1	2	3
P	0.3	0.5	0.2	0

10. 设 X 的分布律如表 4.12 所示，试求：

(1) $E(X)$；

(2) $E(-X+1)$；

(3) $E(X^2)$.

表 4.12

X	-1	0	$\frac{1}{2}$	1	2
P	$\frac{1}{3}$	$\frac{1}{6}$	$\frac{1}{6}$	$\frac{1}{12}$	$\frac{1}{4}$

11. 设某产品每周需求量为 Q，Q 的可能取值为 1、2、3、4、5(等可能取各值)，生产每件产品的成本是 $C_1=3$ 元，每件产品的售价 $C_2=9$ 元，没有售出的产品以每件 $C_3=1$ 元的费用存入仓库，问生产者每周生产多少件产品可使所有期望的利润最大?

12. 若有 n 把看上去样子相同的钥匙，其中只有一把能打开门上的锁，用它们去试开门上的锁，设取到每只钥匙是等可能的，把每把钥匙试开一次后除去，求试开次数 X 的期望.

13. 将 n 个球放入 M 个盒子中，设每只球落入各个盒子是等可能的，求有球的盒子数 X 的期望.

4.2 方　　差

4.2.1 方差的定义

随机变量的数学期望表示了随机变量的平均取值，是随机变量的一个重要数字特征，但存在着一定的局限性. 例如，甲乙两位射击运动员，他们的射击水平由表 4.13 和表 4.14 给出，其中 X 表示甲击中的环数，Y 表示乙击中的环数. 计算得出二者的数学期望均为 9，这说明仅凭数学期望这一数字特征并不能比较谁的射击水平更高一些. 通常可以考虑谁的成绩更加稳定一些，也就是看谁命中的环数更加集中于平均值附近，即衡量随机变量关于数学期望的离散程度.

表 4.13

X	8	9	10
P	0.1	0.8	0.1

表 4.14

Y	8	9	10
P	0.2	0.6	0.2

一般对于随机变量 X，用 $X-E(X)$ 表示随机变量 X 与其均值的偏差，但是因为 $E[X-E(X)]=0$，所以采用绝对误差的数学期望 $E|X-E(X)|$ 来描述随机变量 X 的分散程度. 同时，因为绝对值的运算有很多不便之处，所以通常采用 $E[X-E(X)]^2$ 来描述随机变量 X 取值的分散程度. 上例中可以计算出：

$$E[X-E(X)]^2=0.1\times(8-9)^2+0.8\times(9-9)^2+0.1\times(10-9)^2=0.2$$

$$E[Y-E(Y)]^2=0.2\times(8-9)^2+0.6\times(9-9)^2+0.2\times(10-9)^2=0.4$$

由此可见，甲运动员的技术更稳定一些.

定义 4.2 设 X 是一个随机变量，若 $E[X-E(X)]^2$ 存在，就称其为 X 的方差，记为 $D(X)$或 $\mathrm{Var}(X)$，即

$$D(X)=\mathrm{Var}(X)=E[X-E(X)]^2$$

同时还引入与随机变量 X 具有相同量纲的量$\sqrt{D(X)}$，称为均方差或标准差，记为$\sigma(X)$.

根据定义可知，随机变量 X 的方差反映了随机变量的取值与其数学期望的偏离程度. 若 X 取值比较集中，则 $D(X)$较小，说明数据偏离较小；反之，若 X 取值比较分散，则 $D(X)$较大，说明数据偏离较大，参差不齐.

方差是随机变量 X 的函数的数学期望.

(1) 若 X 是离散型随机变量，分布律为 $p_k=P(X=x_k)$ $(k=1, 2, \cdots)$，则

$$D(X)=\sum_{k=1}^{\infty}[x_k-E(X)]^2 p_k$$

(2) 若 X 是连续型随机变量，它的概率密度为 $f(x)$，则

$$D(X)=\int_{-\infty}^{+\infty}[x-E(X)]^2 f(x)\mathrm{d}x$$

方差常用的计算公式为 $D(X)=E(X^2)-[E(X)]^2$.

证明 由方差的定义及数学期望的性质得

$$\begin{aligned}D(X)&=E\{[X-E(X)]^2\}=E\{X^2-2XE(X)+[E(X)]^2\}\\&=E(X^2)-2E(X)E(X)+[E(X)]^2\\&=E(X^2)-[E(X)]^2\end{aligned}$$

下面介绍常用分布的方差.

1. (0-1)分布

设 X 服从参数为 P 的(0-1)分布，其分布律如表 4.15 所示.

表 4.15

X	0	1
P	$1-p$	p

由 4.1 节可知：

$$E(X)=p$$

$$E(X^2)=0^2\times(1-p)+1^2\times p=p$$

$$D(X)=E(X^2)-[E(X)]^2=p-p^2=p(1-p)$$

2. 泊松分布

由于 $D(X)=E(X^2)-[E(X)]^2$，而 $E(X)=\lambda$，则

$$\begin{aligned}E(X^2)&=\sum_{k=1}^{\infty}k^2\frac{\lambda^k}{k!}\mathrm{e}^{-\lambda}=\lambda\sum_{k=1}^{\infty}\frac{k\lambda^{k-1}}{(k-1)!}\mathrm{e}^{-\lambda}=\lambda\mathrm{e}^{-\lambda}\sum_{k=0}^{\infty}\frac{(k+1)\lambda^k}{k!}\\&=\lambda\mathrm{e}^{-\lambda}\sum_{k=0}^{\infty}\frac{k\lambda^k}{k!}+\lambda\mathrm{e}^{-\lambda}\sum_{k=0}^{\infty}\frac{\lambda^k}{k!}=\lambda\mathrm{e}^{-\lambda}(\lambda\mathrm{e}^{\lambda}+\mathrm{e}^{\lambda})=\lambda^2+\lambda\end{aligned}$$

因此 $D(X)=\lambda$.

3. 均匀分布 $U(a, b)$

若随机变量 $X \sim U(a, b)$，其分布的密度函数为

$$f(x)=\begin{cases}\dfrac{1}{b-a} & (a<x<b)\\ 0 & (\text{其他})\end{cases}$$

则

$$E(X)=\frac{a+b}{2}$$

$$E(X^2)=\int_a^b \frac{x^2}{b-a}\mathrm{d}x=\frac{b^3-a^3}{3(b-a)}=\frac{b^2+ab+a^2}{3}$$

故

$$D(X)=\frac{b^2+ab+a^2}{3}-\left(\frac{a+b}{2}\right)^2=\frac{(b-a)^2}{12}$$

4. 指数分布

若随机变量 X 服从参数为 λ 的指数分布，其密度函数为

$$f(x)=\begin{cases}\lambda \mathrm{e}^{-\lambda x} & (x>0)\\ 0 & (x\leqslant 0)\end{cases}$$

则

$$\begin{aligned}E(X^2)&=\int_0^{+\infty} x^2 f(x)\mathrm{d}x=\int_0^{+\infty}\lambda x^2\mathrm{e}^{-\lambda x}\mathrm{d}x\\&=-\int_0^{+\infty}x^2\mathrm{d}\mathrm{e}^{-\lambda x}=-x^2\mathrm{e}^{-\lambda x}\Big|_0^{+\infty}+\int_0^{+\infty}2x\mathrm{e}^{-\lambda x}\mathrm{d}x\\&=\frac{2}{\lambda^2}\end{aligned}$$

故

$$D(X)=E(X^2)-[E(X)]^2=\frac{1}{\lambda^2}$$

5. 正态分布

设随机变量 $X\sim N(\mu, \sigma^2)$，由 4.1 节知，$E(X)=\mu$，从而

$$D(X)=\int_{-\infty}^{+\infty}[x-E(X)]^2 f(x)\mathrm{d}x=\int_{-\infty}^{+\infty}(x-\mu)^2\frac{1}{\sqrt{2\pi}\sigma}\mathrm{e}^{-\frac{(x-\mu)^2}{2\sigma^2}}\mathrm{d}x$$

令 $\dfrac{x-\mu}{\sigma}=t$，则

$$D(X)=\frac{\sigma^2}{\sqrt{2\pi}}\int_{-\infty}^{+\infty}t^2\mathrm{e}^{-\frac{t^2}{2}}\mathrm{d}t=\frac{\sigma^2}{\sqrt{2\pi}}\left(-t\mathrm{e}^{-\frac{t^2}{2}}\Big|_{-\infty}^{+\infty}+\int_{-\infty}^{+\infty}\mathrm{e}^{-\frac{t^2}{2}}\mathrm{d}t\right)=\frac{\sigma^2}{\sqrt{2\pi}}(0+\sqrt{2\pi})=\sigma^2$$

【例 4.11】　设随机变量 X 的概率密度为

$$f(x)=\begin{cases}1+x & (-1\leqslant x<0)\\ 1-x & (0\leqslant x<1)\\ 0 & (\text{其他})\end{cases}$$

求方差 $D(X)$.

解
$$E(X)=\int_{-1}^{0}x(1+x)\mathrm{d}x+\int_{0}^{1}x(1-x)\mathrm{d}x=0$$
$$E(X^2)=\int_{-1}^{0}x^2(1+x)\mathrm{d}x+\int_{0}^{1}x^2(1-x)\mathrm{d}x=\frac{1}{6}$$

于是
$$D(X)=E(X^2)-[E(X)]^2=\frac{1}{6}$$

4.2.2 方差的性质

(1) 设 c 是常数，则有 $D(c)=0$.

(2) 设 c 是常数，则有
$$D(cX)=c^2D(X)$$
$$D(X+c)=D(X)$$

(3) $D(X\pm Y)=D(X)+D(Y)\pm 2E\{[X-E(X)][Y-E(Y)]\}$

当 X、Y 是相互独立时，$D(X\pm Y)=D(X)+D(Y)$.

(4) 若 X_1, X_2, …, X_n 是相互独立的随机变量，则
$$D\left(\sum_{i=1}^{n}C_iX_i\right)=\sum_{i=1}^{n}C_i^2D(X_i)$$

(5) $D(X)=0$ 的充要条件是 X 以概率为 1 取常数，即
$$P(X=c)=1$$

下面给出性质(3)的证明.

由定义知：
$$\begin{aligned}D(X\pm Y)&=E\{[X-E(X)]\pm[Y-E(Y)]\}^2\\&=E\{[X-E(X)]\}^2+E\{[Y-E(Y)]\}^2\\&\quad\pm 2E\{[X-E(X)][Y-E(Y)]\}\\&=D(X)+D(Y)\pm 2E\{[X-E(X)][Y-E(Y)]\}\end{aligned}$$

由于 X 与 Y 相互独立，可知 $X-E(X)$ 与 $Y-E(Y)$ 也相互独立，根据期望的性质(4)可得
$$E\{[X-E(X)][Y-E(Y)]\}=E[X-E(X)]E[Y-E(Y)]=0$$
所以 $D(X\pm Y)=D(X)+D(Y)$.

【例 4.12】 设随机变量 X 服从二项分布 $B(n, p)$，求 $D(X)$.

解 由二项分布的定义知，X 是 n 重伯努利试验中事件 A 发生的次数，且每次试验中事件 A 发生的概率为 p，引入随机变量：
$$X_k=\begin{cases}1 & (A\text{ 在第 }k\text{ 次试验中发生})\\0 & (A\text{ 在第 }k\text{ 次试验中不发生})\end{cases}$$
式中，$k=1, 2, \cdots, n$.

易知：

$$X = X_1 + X_2 + \cdots + X_n$$

且 $X_1, X_2, \cdots, X_n$ 独立同分布，X_k 的分布律均为

$$P(X_k = 1) = p,\ P(X_k = 0) = 1 - p \quad (k = 1, 2, \cdots, n)$$

那么 $X = X_1 + X_2 + \cdots + X_n$ 服从 $B(n, p)$.

因为 $E(X_i) = 1 \cdot p + 0 \cdot (1-p) = p$，所以

$$D(X_i) = E(X_i^2) - E(X_i)^2 = 1^2 \times p + 0^2 \times (1-p) - p^2 = p(1-p) \quad (i = 1, 2, \cdots, n)$$

由于 $X_1, X_2, \cdots, X_n$ 相互独立，因此

$$D(X) = \sum_{i=1}^{n} D(X_i) = np(1-p)$$

【例 4.13】 设随机变量 X 的数学期望为 $E(X)$，方差 $D(X) = \sigma^2 (\sigma > 0)$，令 $U = \dfrac{X - E(X)}{\sigma}$，求 $E(U)$、$D(U)$.

解
$$E(U) = E\left[\frac{X - E(X)}{\sigma}\right] = \frac{1}{\sigma} E[X - E(X)] = \frac{1}{\sigma}[E(X) - E(X)] = 0$$

$$D(U) = D\left[\frac{X - E(X)}{\sigma}\right] = \frac{1}{\sigma^2} D[X - E(X)] = \frac{1}{\sigma^2} D(X) = \frac{\sigma^2}{\sigma^2} = 1$$

常称 U 为 X 的标准化随机变量.

为了以后使用方便，将某些常用分布的数学期望和方差列于表 4.16 中.

表 4.16　几种常用的概率分布及其数学期望与方差

分布名称	参数	分布律或概率密度	期望	方差
(0-1)分布	$0 < p < 1,\ q = 1 - p$	$P\{X = k\} = p^k (1-p)^{1-k} \quad (k = 0, 1)$	p	$p(1-p)$
二项分布 $B(n, p)$	$n \geqslant 1,\ 0 < p < 1$	$P\{X = k\} = C_n^k p^k (1-p)^{n-k} \quad (k = 0, 1, \cdots, n)$	np	$np(1-p)$
泊松分布 $\pi(\lambda)$	$\lambda > 0$	$P\{X = k\} = \dfrac{\lambda^k}{k!} e^{-\lambda} \quad (k = 0, 1, \cdots)$	λ	λ
均匀分布 $U(a, b)$	$b > a$	$f(x) = \begin{cases} \dfrac{1}{b-a} & (a < x < b) \\ 0 & (其他) \end{cases}$	$\dfrac{a+b}{2}$	$\dfrac{(b-a)^2}{12}$
指数分布 $E(\lambda)$	$\lambda > 0$	$f(x) = \begin{cases} \lambda e^{-\lambda x} & (x > 0) \\ 0 & (x \leqslant 0) \end{cases}$	$\dfrac{1}{\lambda}$	$\dfrac{1}{\lambda^2}$
正态分布 $N(\mu, \sigma^2)$	μ 任意，$\sigma > 0$	$f(x) = \dfrac{1}{\sqrt{2\pi}\sigma} e^{-\frac{(x-\mu)^2}{2\sigma^2}} \quad (x \in \mathbf{R})$	μ	σ^2

【例 4.14】 某人有一笔资金，可投入两个项目：房产和商业，其收益都与市场状态有关. 若把未来市场划分为好、中、差三个等级，各个等级发生的概率分别为 0.2、0.7、0.1. 通过调查，该投资者认为投资于房产的收益 X(万元)和投资于商业的收益 Y(万元)的分布

律分别如表 4.17 和表 4.18 所示。请问：该投资者如何进行投资为好？

表 4.17

X	11	3	-3
P	0.2	0.7	0.1

表 4.18

Y	6	4	-1
P	0.2	0.7	0.1

解 先考察数学期望：

$$E(X)=11\times 0.2+3\times 0.7+(-3)\times 0.1=4.0$$

$$E(Y)=6\times 0.2+4\times 0.7+(-1)\times 0.1=3.9$$

从平均收益来看，投资房产收益大，可比投资商业多收益 0.1 万元. 下面我们再来计算它们各自的方差：

$$D(X)=15.4,\ D(Y)=3.29$$

标准差：

$$\sigma(X)=\sqrt{15.4}=3.92,\ \sigma(Y)=\sqrt{3.29}=1.81$$

因为标准差(方差也一样)大，则收益的波动大，从而风险也大，所以从标准差看，投资房产的风险比投资商业的风险大一倍多. 若收益与风险综合权衡，则该投资者还是应该选择投资商业较好，虽然平均收益少 0.1 万元，但风险要小一半以上.

4.2.3 切比雪夫不等式

定理 4.3 设随机变量 X 的均值 $E(X)=\mu$ 及方差 $D(X)=\sigma^2$ 存在，则对于任意正数 ε，有不等式

$$P\{|X-E(X)|\geqslant\varepsilon\}\leqslant\frac{D(X)}{\varepsilon^2}$$

或

$$P\{|X-E(X)|<\varepsilon\}\geqslant 1-\frac{D(X)}{\varepsilon^2}$$

即

$$P\{|X-\mu|\geqslant\varepsilon\}\leqslant\frac{\sigma^2}{\varepsilon^2}$$

或

$$P\{|X-\mu|<\varepsilon\}\geqslant 1-\frac{\sigma^2}{\varepsilon^2}$$

我们称该不等式为切比雪夫不等式.

证明 (仅对连续型随机变量进行证明)设 $f(x)$ 为 X 的密度函数，记 $E(X)=\mu$，$D(X)=\sigma^2$，则如图 4.2 所示，有

$$P\{|X-E(X)|\geqslant\varepsilon\}=\int\limits_{|x-\mu|\geqslant\varepsilon}f(x)\mathrm{d}x\leqslant\int\limits_{|x-\mu|\geqslant\varepsilon}\frac{(x-\mu)^2}{\varepsilon^2}f(x)\mathrm{d}x$$
$$\leqslant\frac{1}{\varepsilon^2}\int_{-\infty}^{+\infty}(x-\mu)^2f(x)\mathrm{d}x\leqslant\frac{1}{\varepsilon^2}\times\sigma^2=\frac{D(X)}{\varepsilon^2}$$

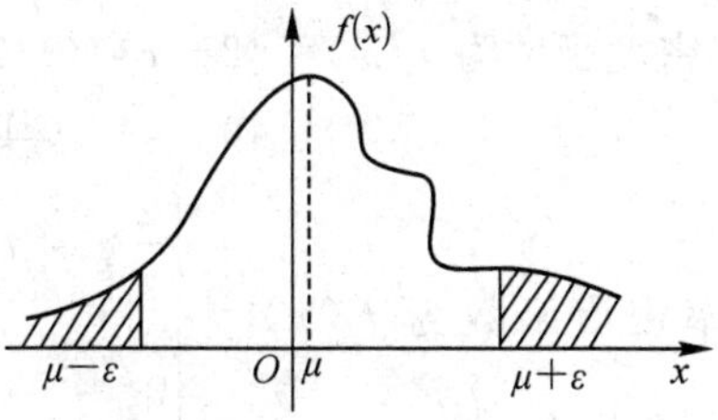

图 4.2

从定理中不难看出，如果 $D(X)$ 越小，那么随机变量 X 在 $(E(X)-\varepsilon, E(X)+\varepsilon)$ 中取值的概率就越大，这说明方差是一个反映随机变量的概率分布对其分布中心($E(X)$)的集中程度的数量指标. 利用切比雪夫不等式可以在随机变量 X 的分布未知的情况下估算事件 $\{|X-E(X)|<\varepsilon\}$ 的概率下限. 例如，分别取 $\varepsilon=3\sigma$，4σ，则可以得到

$$P\{|X-\mu|<3\sigma\}\geqslant 0.8889$$
$$P\{|X-\mu|<4\sigma\}\geqslant 0.9375$$

【例 4.15】 已知随机变量 X 的期望 $E(X)=14$，方差 $D(X)=10$，估计 $P\{10<X<18\}$ 的大小.

解
$$P\{10<X<18\}=P\{|X-14|<4\}$$

由切比雪夫不等式得

$$P\{|X-14|<4\}\geqslant 1-\frac{10}{4^2}=0.375$$

即 $P\{10<X<18\}\geqslant 0.375$.

【例 4.16】 已知某班某门课的平均成绩为 80 分，标准差为 10 分，试估计及格率.

解 设 X 表示任抽一学生的成绩，则

$$P\{60\leqslant X\leqslant 100\}=P\{|X-80|\leqslant 20\}\geqslant P\{|X-80|<20\}\geqslant 1-\frac{100}{20^2}=75\%$$

习题 4.2

1. 设随机变量 X 的概率分布如表 4.19 所示，求 $D(X)$.

表 4.19

X	0	1	2
P	1/3	1/6	1/2

2. 设随机变量 X 的概率分布如表 4.20 所示，求 $D(X)$.

表 4.20

X	−1	0	2	3
P	1/8	1/4	3/8	1/4

3. 设随机变量 X 的概率密度函数为 $f(x)=\begin{cases}2x & (0<x<1)\\ 0 & (\text{其他})\end{cases}$，求方差 $D(X)$.

4. 设随机变量 $X\sim b(n, p)$，$E(X)=2.4$，$D(X)=1.44$，求 n 和 p.

5. 设随机变量 X 的概率密度函数为 $f(x)=\begin{cases}x & (0\leqslant x<1)\\ 2-x & (1\leqslant x<2)\\ 0 & (\text{其他})\end{cases}$，求方差 $D(X)$.

6. 设随机变量 X 的概率密度函数为 $f(x)=\begin{cases}\dfrac{2}{\pi}\cos^2 x & \left(|x|<\dfrac{\pi}{2}\right)\\ 0 & \left(|x|\geqslant\dfrac{\pi}{2}\right)\end{cases}$，求数学期望 $E(X)$和方差 $D(X)$.

7. 设二维随机变量(X, Y)的概率密度为 $f(x, y)=\begin{cases}15xy^2 & (0\leqslant y\leqslant x\leqslant 1)\\ 0 & \text{其他}\end{cases}$，求 $D(X)$和 $D(Y)$.

8. 设随机变量 X_1、X_2、X_3、X_4 相互独立，且有 $E(X_i)=i$，$D(X_i)=5-i(i=1, 2, 3, 4)$，令 $Y=2X_1-X_2+3X_3-\dfrac{1}{2}X_4$，求 $E(Y)$和 $D(Y)$.

9. 在每次试验中，事件 A 发生的概率为 0.5，利用切比雪夫不等式估计在 1000 次独立重复的试验中，事件 A 发生的次数在 400～600 之间的概率.

10. 利用切比雪夫不等式确定一枚质地均匀的硬币至少需要抛多少次，才能保证正面出现的频率在 0.4～0.6 之间的概率不小于 0.9.

11. 设有甲、乙两种棉花，从中各抽取等量的样品进行检验，结果如表 4.21 和表 4.22 所示，其中，X、Y 分别表示甲、乙两种棉花的纤维的长度(单位为毫米). 求 $D(X)$与 $D(Y)$，并评定它们的质量.

表 4.21

X	28	29	30	31	32
P	0.1	0.15	0.5	0.15	0.1

表 4.22

Y	28	29	30	31	32
P	0.13	0.17	0.4	0.17	0.13

12. 若 X 和 Y 独立，证明：

$$D(XY)=D(X)D(Y)+(E(X))^2D(Y)+(E(Y))^2D(Y)+(E(Y))^2D(X)$$

13. 一台设备由三大部件构成，在设备运转过程中各部件需要调整的概率相应为 0.1、0.2、0.3，假设各部件的状态相互独立，以 X 表示同时需要调整的部件数，试求 X 的数学期望 $E(X)$和方差 $D(X)$.

14. 设随机变量 X 服从瑞利分布，其概率密度为

$$f(x)=\begin{cases}\dfrac{x}{\sigma^2}e^{-\frac{x^2}{2\sigma^2}} & (x>0)\\ 0 & (x\leqslant 0)\end{cases}$$

其中，$\sigma>0$ 是常数. 求 $E(X)$、$D(X)$.

15. 设随机变量 X 服从几何分布，其分布律为

$$P\{X=k\}=p(1-p)^{k-1}\quad (k=1, 2, \cdots)$$

其中，$0<p<1$ 是常数. 求 $E(X)$、$D(X)$.

4.3　协方差与相关系数

4.3.1　协方差

在4.2.2节的性质(3)的证明中，如果两个随机变量 X 与 Y 相互独立，则有 $E\{[X-E(X)][Y-E(Y)]\}=0$. 这说明当 $E\{[X-E(X)][Y-E(Y)]\}\neq 0$ 时，随机变量 X 与 Y 不是相互独立，而是存在一定关系的.

定义4.3　$E\{[X-E(X)][Y-E(Y)]\}$ 称为随机变量 X 与 Y 的协方差，记为 $\mathrm{cov}(X, Y)$，即

$$\mathrm{cov}(X, Y)=E\{[X-E(X)][Y-E(Y)]\}$$

对于任意的两个随机变量 X 与 Y，$D(X\pm Y)=D(X)+D(Y)\pm 2\mathrm{cov}(X, Y)$.

由协方差的定义及数学期望的性质可得下列实用计算公式：

$$\mathrm{cov}(X, Y)=E(XY)-E(X)E(Y)$$

协方差有如下性质：

(1) $\mathrm{cov}(X, X)=D(X)$.

(2) $\mathrm{cov}(X, Y)=\mathrm{cov}(Y, X)$.

(3) $\mathrm{cov}(aX, bY)=ab\,\mathrm{cov}(Y, X)$，其中 a、b 为常数.

(4) $\mathrm{cov}(X_1+X_2, Y)=\mathrm{cov}(X_1, Y)+\mathrm{cov}(X_2, Y)$.

(5) $\mathrm{cov}(C, X)=0$，C 为任意常数.

(6) 如果随机变量 X 与 Y 相互独立，则 $\mathrm{cov}(X, Y)=0$.

4.3.2　相关系数

虽然协方差 $\mathrm{cov}(X, Y)$ 可以用来表示随机变量 X 与 Y 的相关性，但它是具有量纲的量，这在实际中往往会带来诸多不便，下面引入一个无量纲的量.

定义4.4　设随机变量 X 与 Y 的方差存在且大于0，将 $\mathrm{cov}(X, Y)$ 除以 X 和 Y 的标准差所得到的结果称为相关系数，记作 ρ_{XY}，即 $\rho_{XY}=\dfrac{\mathrm{cov}(X, Y)}{\sqrt{D(x)}\sqrt{D(Y)}}$.

相关系数是一个无量纲的量，反映了随机变量 X 与 Y 的相关程度. 它具有如下性质：

(1) $|\rho_{XY}|\leqslant 1$;

(2) $|\rho_{XY}|=1$ 的充要条件是 X 与 Y 依概率1线性相关，即 $P\{Y=aX+b\}=1$，其中

a、b 为常数.

当相关系数 $\rho_{XY}\neq 0$ 时，称 X 与 Y 相关；当 $\rho_{XY}=0$ 时，称 X 与 Y 不相关；当 $\rho_{XY}=\pm 1$ 时，称 X 与 Y 完全相关.

对于方差非零的随机变量 X 与 Y，下面的命题是等价的.

(1) $\mathrm{cov}(X,Y)=0$.

(2) $\rho_{XY}=0$.

(3) X 与 Y 不相关.

(4) $E(XY)=E(X)E(Y)$.

(5) $D(X+Y)=D(X)+D(Y)$.

【例 4.17】 设 X 服从 $(-\pi,\pi)$ 上的均匀分布，$X_1=\sin X$，$X_2=\cos X$，求 $\rho_{X_1X_2}$.

解 随机变量 X 的概率密度为

$$f(x)=\begin{cases}\dfrac{1}{2\pi} & (x\in(-\pi,\pi))\\ 0 & (\text{其他})\end{cases}$$

则

$$E(X_1)=E(\sin X)=\int_{-\infty}^{+\infty}f(x)\sin x\,\mathrm{d}x=\frac{1}{2\pi}\int_{-\pi}^{\pi}\sin x\,\mathrm{d}x=0$$

$$E(X_2)=E(\cos X)=\int_{-\infty}^{+\infty}f(x)\cos x\,\mathrm{d}x=\frac{1}{2\pi}\int_{-\pi}^{\pi}\cos x\,\mathrm{d}x=0$$

$$E(X_1X_2)=E(\sin X\cos X)=\int_{-\infty}^{+\infty}f(x)\sin x\cos x\,\mathrm{d}x=\frac{1}{2\pi}\int_{-\pi}^{\pi}\sin x\cos x\,\mathrm{d}x=0$$

所以

$$\mathrm{cov}(X_1,X_2)=E(X_1X_2)-E(X_1)E(X_2)=0$$

于是 $\rho_{X_1X_2}=0$，即 X_1、X_2 不相关，但 $X_1^2+X_2^2=1$.

由此例可知，X_1、X_2 之间虽然没有线性关系，但可能有另外的函数关系.

【例 4.18】 设 (X,Y) 的联合分布律如表 4.23 所示，表中 $0<p<1$，求 $\mathrm{cov}(X,Y)$ 和 ρ_{XY}.

表 4.23

Y \ X	0	1
0	$1-p$	0
1	0	p

解

$$E(X)=p$$

$$E(Y)=p$$

$$D(X)=p(1-p)$$

$$D(Y)=p(1-p)$$

$$E(XY)=\sum_i\sum_j(x_iy_j)p_{ij}=p$$

$$\mathrm{cov}(X,Y)=E(XY)-E(X)E(Y)=p-p^2=p(1-p)$$

$$\rho_{XY}=\frac{\operatorname{cov}(X,Y)}{\sqrt{D(X)}\cdot\sqrt{D(Y)}}=\frac{p(1-p)}{\sqrt{p(1-p)}\cdot\sqrt{p(1-p)}}=1$$

【例 4.19】 (X,Y)的联合密度为

$$f(x,y)=\begin{cases}x+y & (0<x<1,0<y<1)\\ 0 & (\text{其他})\end{cases}$$

求 $\operatorname{cov}(X,Y)$.

解 $$E(XY)=\int_0^1\int_0^1 xy(x+y)\mathrm{d}x\mathrm{d}y=\int_0^1\int_0^1 x^2y\mathrm{d}x\mathrm{d}y+\int_0^1\int_0^1 xy^2\mathrm{d}x\mathrm{d}y=\frac{1}{3}$$

$$E(x)=\int_0^1\mathrm{d}x\int_0^1 x(x+y)\mathrm{d}y=\frac{7}{12}$$

$$E(y)=\int_0^1\mathrm{d}x\int_0^1 y(x+y)\mathrm{d}y=\frac{7}{12}$$

因此

$$\operatorname{cov}(X,Y)=E(XY)-E(X)E(Y)=\frac{1}{3}-\frac{7}{12}\times\frac{7}{12}=-\frac{1}{144}$$

【例 4.20】 设 X 在$[0,2\pi]$上服从均匀分布，$Y=\cos X$，$Z=\cos(X+a)$，其中 a 是常数. 求 ρ_{YZ}.

解 $$E(Y)=\int_0^{2\pi}\cos x\cdot\frac{1}{2\pi}\mathrm{d}x=0$$

$$E(Z)=\frac{1}{2\pi}\int_0^{2\pi}\cos(x+a)\mathrm{d}x=0$$

$$D(Y)=E\{[Y-E(Y)]^2\}=\frac{1}{2\pi}\int_0^{2\pi}\cos^2 x\mathrm{d}x=\frac{1}{2}$$

$$D(Z)=E\{[Z-E(Z)]^2\}=\frac{1}{2\pi}\int_0^{2\pi}\cos^2(x+a)\mathrm{d}x=\frac{1}{2}$$

$$\operatorname{cov}(Y,Z)=E\{[Y-E(Y)][Z-E(Z)]\}=\frac{1}{2\pi}\int_0^{2\pi}\cos x\cos(x+a)\mathrm{d}x=\frac{1}{2}\cos a$$

因此

$$\rho_{YZ}=\frac{\operatorname{cov}(Y,Z)}{\sqrt{D(Y)}\cdot\sqrt{D(Z)}}=\frac{\frac{1}{2}\cos a}{\sqrt{\frac{1}{2}}\cdot\sqrt{\frac{1}{2}}}=\cos a$$

(1) 当 $a=0$ 时，$\rho_{YZ}=1$，$Y=Z$，存在线性关系；

(2) 当 $a=\pi$ 时，$\rho_{YZ}=-1$，$Y=-Z$，存在线性关系；

(3) 当 $a=\frac{\pi}{2}$或$\frac{3\pi}{2}$时，$\rho_{YZ}=0$，这时 Y 与 Z 不相关，但这时有 $Y^2+Z^2=1$，说明 Y 与 Z 不独立.

例 4.20 再一次说明：当两个随机变量不相关时，它们并不一定相互独立，它们之间还可能存在其他的函数关系.

【例 4.21】 设二维随机变量(X,Y)具有概率密度：

$$f(x, y)=\begin{cases}\dfrac{1}{\pi} & (x^2+y^2\leqslant 1)\\ 0 & (\text{其他})\end{cases}$$

求 $\text{cov}(X, Y)$、ρ_{XY}.

解

$$u_1=E(X)=\int_{-\infty}^{+\infty}\int_{-\infty}^{+\infty}xf(x, y)\mathrm{d}x\mathrm{d}y=\frac{1}{\pi}\int_0^{2\pi}\int_0^1 r\cos\theta r\mathrm{d}r\mathrm{d}\theta=0$$

$$u_2=E(Y)=\int_{-\infty}^{+\infty}\int_{-\infty}^{+\infty}yf(x, y)\mathrm{d}x\mathrm{d}y=\frac{1}{\pi}\int_{-\infty}^{+\infty}\int_{-\infty}^{+\infty}r\sin\theta r\mathrm{d}r\mathrm{d}\theta=0$$

$$\text{cov}(X, Y)=\int_{-\infty}^{+\infty}\int_{-\infty}^{+\infty}(x-u_1)(y-u_2)f(x, y)\mathrm{d}x\mathrm{d}y$$

$$=\frac{1}{\pi}\int_0^{2\pi}\int_0^1 r^2\sin\theta\cos\theta r\mathrm{d}r\mathrm{d}\theta=0$$

$$\rho_{XY}=\frac{\text{cov}(X, Y)}{\sqrt{D(X)}\sqrt{D(Y)}}=0$$

【例 4.22】 设二维随机变量(X, Y)的分布律如表 4.24 所示，求 $E(X)$、$E(Y)$、$\text{cov}(X, Y)$、ρ_{XY}.

表 4.24

Y \ X	-1	0	1	$p\{Y=y_j\}$
-1	$\frac{1}{8}$	$\frac{1}{8}$	$\frac{1}{8}$	$\frac{3}{8}$
0	$\frac{1}{8}$	0	$\frac{1}{8}$	$\frac{2}{8}$
1	$\frac{1}{8}$	$\frac{1}{8}$	$\frac{1}{8}$	$\frac{3}{8}$
$p\{X=x_i\}$	$\frac{3}{8}$	$\frac{2}{8}$	$\frac{3}{8}$	1

解

$$E(X)=(-1)\times\frac{3}{8}+0\times\frac{2}{8}+1\times\frac{3}{8}=0$$

$$E(Y)=(-1)\times\frac{3}{8}+0\times\frac{2}{8}+1\times\frac{3}{8}=0$$

$$E(XY)=(-1)\times(-1)\times\frac{1}{8}+0+(-1)\times 1\times\frac{1}{8}+0+1\times(-1)\times\frac{1}{8}$$

$$+0+1\times 1\times\frac{1}{8}$$

$$=0$$

$$\text{cov}(X, Y)=E(XY)-E(X)E(Y)=0$$

$$\rho_{XY}=\frac{\text{cov}(X, Y)}{\sqrt{D(X)}\sqrt{D(Y)}}=0$$

【例 4.23】 设(X, Y)服从二维正态分布，它的概率密度为

$$f(x,y)=\frac{1}{2\pi\sigma_1\sigma_2\sqrt{1-\rho^2}}\times\exp\left\{-\frac{1}{2(1-\rho^2)}\left[\frac{(x-\mu_1)^2}{\sigma_1^2}-2\rho\frac{(x-\mu_1)(y-\mu_2)}{\sigma_1\sigma_2}+\frac{(y-\mu_2)^2}{\sigma_2^2}\right]\right\}$$

求 $\mathrm{cov}(X,Y)$、ρ_{XY}.

解　(X,Y)的边缘概率密度为

$$f_X(x)=\frac{1}{\sqrt{2\pi}\sigma_1}\mathrm{e}^{-\frac{(x-\mu_1)^2}{2\sigma_1^2}}\quad(-\infty< x<+\infty)$$

$$f_Y(y)=\frac{1}{\sqrt{2\pi}\sigma_2}\mathrm{e}^{-\frac{(x-\mu_2)^2}{2\sigma_2^2}}\quad(-\infty< y<+\infty)$$

故

$$E(X)=\mu_1,\ E(Y)=\mu_2,\ D(X)=\sigma_1^2,\ D(Y)=\sigma_2^2$$

$$\mathrm{cov}(X,Y)=\int_{-\infty}^{+\infty}\int_{-\infty}^{+\infty}(x-\mu_1)(y-\mu_2)f(x,y)\mathrm{d}x\mathrm{d}y=\frac{1}{2\pi\sigma_1\sigma_2\sqrt{1-\rho^2}}\times\int_{-\infty}^{+\infty}\int_{-\infty}^{+\infty}(x-\mu_1)(y-\mu_2)\mathrm{e}^{-\frac{(x-\mu_1)^2}{2\sigma_1^2}}\mathrm{e}^{-\frac{1}{2(1-\rho^2)}\left[\frac{y-\mu_2}{\sigma_2}-\rho\frac{x-\mu_1}{\sigma_1}\right]^2}\mathrm{d}x\mathrm{d}y$$

令 $t=\frac{1}{\sqrt{1-\rho^2}}\left(\frac{y-\mu_2}{\sigma_2}-\rho\frac{x-\mu_1}{\sigma_1}\right)$, $u=\frac{x-\mu_1}{\sigma_1}$, 则

$$\begin{aligned}\mathrm{cov}(X,Y)&=\frac{1}{2\pi}\int_{-\infty}^{+\infty}\int_{-\infty}^{+\infty}(\sigma_1\sigma_2\sqrt{1-\rho^2}\,tu+\rho\sigma_1\sigma_2u^2)\mathrm{e}^{-\frac{u^2}{2}-\frac{t^2}{2}}\mathrm{d}t\mathrm{d}u\\&=\frac{\sigma_1\sigma_2\rho}{2\pi}\left(\int_{-\infty}^{+\infty}u^2\mathrm{e}^{-\frac{u^2}{2}}\mathrm{d}u\right)\left(\int_{-\infty}^{+\infty}\mathrm{e}^{-\frac{t^2}{2}}\mathrm{d}t\right)\\&\quad+\frac{\sigma_1\sigma_2\sqrt{1-\rho^2}}{2\pi}\left(\int_{-\infty}^{+\infty}u\mathrm{e}^{-\frac{u^2}{2}}\mathrm{d}u\right)\left(\int_{-\infty}^{+\infty}t\mathrm{e}^{-\frac{t^2}{2}}\mathrm{d}t\right)\\&=\frac{\rho\sigma_1\sigma_2}{2\pi}\sqrt{2\pi}\cdot\sqrt{2\pi}=\rho\sigma_1\sigma_2\end{aligned}$$

于是 $\rho_{XY}=\frac{\mathrm{cov}(X,Y)}{\sqrt{D(X)}\sqrt{D(Y)}}=\rho$.

习题 4.3

1. 设随机变量 X 与 Y 相互独立，且 X 与 Y 有相同的概率分布，其数学期望和方差存在，令 $U=X+Y$, $V=X-Y$, 证明 $\rho_{UV}=0$.

2. 设随机变量(X,Y)服从单位圆上的均匀分布，验证：X 与 Y 不相关，并且 X 与 Y 也不相互独立.

3. 随机变量(X,Y)的概率密度为 $f(x,y)=\begin{cases}Ax^2y & (0\leqslant x\leqslant 1,\ 0\leqslant y\leqslant 1)\\0 & (\text{其他})\end{cases}$，求常数 A、$E(X)$、(X,Y)的协方差和相关系数.

4. 设随机变量(X,Y)的联合分布律如表 4.25 所示，验证：X 与 Y 不相关，但 X 与 Y 不相互独立.

表 4.25

Y \ X	−1	0	1
−1	0.125	0.125	0.125
0	0.125	0	0.125
1	0.125	0.125	0.125

5. 已知随机变量 X 与 Y 的相关系数为 ρ，求 $X_1=aX+b$ 与 $Y_1=cY+d$ 的相关系数，其中 a、b、c、d 为常数.

6. 设 $X\sim N(\mu,\sigma^2)$，$Y\sim N(\mu,\sigma^2)$，X 与 Y 相互独立，求 $Z_1=aX+bY$、$Z_2=aX-bY$ 的相关系数，其中 a、b 是不为 0 的常数.

4.4 矩与协方差矩阵

本节首先介绍矩的有关概念.

定义 4.5 设 X 和 Y 是随机变量.

若 $\mu_k=E(X^k)$ $(k=1,2,\cdots)$存在，则称它为 X 的 k 阶原点矩，简称 k 阶矩.

若 $v_k=E\{[X-E(X)]^k\}$ $(k=2,3,\cdots)$存在，则称它为 X 的 k 阶中心矩.

若 $E(X^kY^l)$ $(k,l=1,2,\cdots)$存在，则称它为 X 和 Y 的 $k+l$ 阶混合原点矩.

若 $E\{[X-E(X)]^k[Y-E(Y)]^l\}$ $(k,l=1,2,\cdots)$存在，则称它为 X 和 Y 的 $k+l$ 阶混合中心矩.

显然，X 的数学期望 $E(X)$是 X 的一阶原点矩，方差 $D(X)$是 X 的二阶中心矩，协方差 $\mathrm{cov}(X,Y)$是 X 和 Y 的二阶混合中心矩.

当 X 为离散型随机变量时，其分布律为 $P\{X=x_i\}=p_i$，则

$$E(X^k)=\sum_{i=1}^{\infty}x_i{}^k p_i$$

$$E[X-E(X)]^k=\sum_{i=1}^{\infty}[x_i-E(X)]^k p_i$$

当 X 为连续型随机变量时，其概率密度为 $f(x)$，则

$$E(X^k)=\int_{-\infty}^{+\infty}x^k f(x)\mathrm{d}x$$

$$E[X-E(X)]^k=\int_{-\infty}^{+\infty}[x-E(X)]^k f(x)\mathrm{d}x$$

定义 4.6 设随机变量 X 的三阶矩存在，则称比值：

$$\beta_1=\frac{E(X-E(X))^3}{[E(X-E(X))^2]^{3/2}}=\frac{\nu_3}{(\nu_2)^{3/2}}$$

为 X 的分布的偏度系数，简称偏度. 偏度描述分布的形状特征，刻画分布的对称性. 当 $\beta_1>0$ 时，分布为正偏或右偏；当 $\beta_1=0$ 时，分布关于其均值对称；当 $\beta_1<0$ 时，分布为负偏或左偏.

定义 4.7 设随机变量 X 的四阶矩存在，则称比值：

$$\beta_2=\frac{E(X-E(X))^4}{[E(X-E(X))^2]^2}-3=\frac{\nu_4}{(\nu_2)^2}-3$$

为 X 的分布的峰度系数，简称峰度.

峰度也描述分布的形状特征，刻画分布的峰峭性. 正态分布的峰度 $\beta_2=0$. 通常考察"标准化"后的分布的峰峭性，即 $X^*=\dfrac{X-E(X)}{\sqrt{\mathrm{Var}(X)}}$的峰值. 而标准正态分布的四阶原点矩等于 3，则得到以上的峰度系数.

当 $\beta_2<0$ 时，标准化后的分布形状比标准正态分布更平坦，称为低峰度；当 $\beta_2=0$ 时，标准化后的分布形状与标准正态分布相当；当 $\beta_2>0$ 时，标准化后的分布形状比标准正态分布更尖峭，称为高峰度.

下面介绍 n 维随机变量的协方差矩阵.

设 n 维随机变量$(X_1, X_2, \cdots, X_n)$的二阶混合中心矩：

$$\sigma_{ij}=\mathrm{cov}(X_i, Y_j)=E\{[X_i-E(X_i)[X_j-E(X_j)]\}\quad (i, j=1, 2, \cdots, n)$$

都存在，则称矩阵：

$$\boldsymbol{\Sigma}=\begin{bmatrix}\sigma_{11} & \sigma_{12} & \cdots & \sigma_{1n}\\ \sigma_{21} & \sigma_{22} & \cdots & \sigma_{2n}\\ \vdots & \vdots & & \vdots\\ \sigma_{n1} & \sigma_{n2} & \cdots & \sigma_{nn}\end{bmatrix}$$

为 n 维随机变量$(X_1, X_2, \cdots, X_n)$的协方差矩阵.

由于 $\sigma_{ij}=\sigma_{ji}(i\neq j, i, j=1, 2, \cdots, n)$，因此 $\boldsymbol{\Sigma}$ 是一个对称矩阵.

习题 4.4

1. 设随机变量 X 在区间(a, b)内服从均匀分布，求 k 阶原点矩和三阶中心矩.

2. 设随机向量(X, Y)具有概率密度函数 $f(x, y)=\begin{cases}x+y & (0\leqslant x\leqslant 1, 0\leqslant y\leqslant 1)\\ 0 & (\text{其他})\end{cases}$，求$(X, Y)$的协方差矩阵及相关系数矩阵.

总习题 4

一、填空题

1. 设随机变量 X 服从参数为 1 的指数分布，则数学期望 $E(X+\mathrm{e}^{-2X})=$__________.

2. 若随机变量 X 服从均值为 2、方差为 σ^2 的正态分布，且 $P(2<X<4)=0.3$，则 $P(X<0)=$__________.

3. 已知离散型随机变量 X 服从参数为 2 的泊松分布，即 $P(X=k)=\dfrac{2^k}{k!}\mathrm{e}^{-2}(k=1, 2, \cdots)$，则 $Z=3X-2$ 的数学期望 $E(Z)=$__________.

4. 已知连续型随机变量 X 的概率密度为 $f(x)=\dfrac{1}{\sqrt{\pi}}\mathrm{e}^{-x^2+2x-1}$，则 $E(X)=$__________，$D(X)$__________.

5. 设随机变量 X 服从参数为λ 的泊松分布，且 $P(X=1)=P(X=2)$，则 $E(X)=$__________，$D(X)=$__________.

6. 设离散型随机变量 X 的取值是在两次独立试验中事件 A 发生的次数，如果在这些试验中事件发生的概率相同，并且已知 $E(X)=0.9$，则 $D(X)=$__________.

7. 设 X 表示10次独立重复射击命中目标的次数，每次命中目标的概率为0.4，则 X^2 的数学期望 $E(X^2)=$__________.

8. 设随机变量 X 与 Y 相互独立，$D(X)=2$，$D(Y)=4$，则 $D(2X-Y)=$__________.

9. 若随机变量 X_1、X_2、X_3 相互独立，且服从相同的两点分布 $\begin{pmatrix} 0 & 1 \\ 0.8 & 0.2 \end{pmatrix}$，则 $X=\sum_{i=1}^{3} X_i$ 服从__________分布，$E(X)=$__________，$D(X)=$__________.

10. 设随机变量 X 与 Y 相互独立，其概率密度分别为 $\varphi(x)=\begin{cases} 2x & (0\leqslant x\leqslant 1) \\ 0 & (\text{其他}) \end{cases}$，$\varphi(y)=\begin{cases} e^{-(y-5)} & (y>5) \\ 0 & (\text{其他}) \end{cases}$，则 $E(XY)=$__________.

二、选择题

1. 已知随机变量 X 服从二项分布，且 $E(X)=2.4$，$D(X)=2.16$，则二项分布的参数 n、p 的值为(　　).

A. $n=4$，$p=0.6$　　B. $n=6$，$p=0.4$

C. $n=8$，$p=0.3$　　D. $n=24$，$p=0.1$

2. 已知离散型随机变量 X 的可能值为 $x_1=-1$，$x_2=0$，$x_3=1$，且 $E(X)=0.1$，$D(X)=0.89$，则 x_1、x_2、x_3 的概率 p_1、p_2、p_3 分别为(　　).

A. $p_1=0.4$，$p_2=0.1$，$p_3=0.5$　　B. $p_1=0.1$，$p_2=0.4$，$p_3=0.5$

C. $p_1=0.5$，$p_2=0.1$，$p_3=0.4$　　D. $p_1=0.4$，$p_2=0.5$，$p_3=0.1$

3. 设随机变量 $X\sim\begin{pmatrix} a & b \\ 0.6 & p \end{pmatrix}(a<b)$，又 $E(X)=1.4$，$D(X)=0.24$，则 a、b 的值为(　　).

A. $a=1$，$b=2$　　B. $a=-1$，$b=2$

C. $a=1$，$b=-2$　　D. $a=0$，$b=1$

4. 对两个仪器进行独立试验，设这两个仪器发生故障的概率分别为 p_1、p_2，则发生故障的仪器的数学期望为(　　).

A. p_1p_2　　B. p_1+p_2

C. $p_1+(1-p_2)$　　D. $p_1(1-p_2)+p_2(1-p_1)$

5. 人的体重 $X\sim N(100, 100)$，记 Y 为10个人的平均体重，则(　　).

A. $E(Y)=100$，$D(Y)=100$　　B. $E(Y)=100$，$D(Y)=10$

C. $E(Y)=10$，$D(Y)=100$　　D. $E(Y)=10$，$D(Y)=10$

6. 设 X 与 Y 为两个随机变量，则下列式子正确的是(　　).

A. $E(X+Y)=E(X)+E(Y)$

B. $D(X+Y)=D(X)+D(Y)$

C. $E(XY)=E(X)E(Y)$

D. $D(XY)=D(X)D(Y)$

7. 现有 10 张奖券，其中 8 张为 2 元，2 张为 5 元，今某人从中随机无放回地抽取 3 张，则此人得奖的金额的数学期望为(　　).

A. 6　　B. 12　　C. 7.8　　D. 9

8. 设 X 与 Y 为两个独立的随机变量，其方差分别为 6 和 3，则 $D(2X-Y)=$(　　).

A. 9　　B. 15　　C. 21　　D. 27

9. 设随机变量 X 的分布函数为 $F(x)=\begin{cases}0 & (x<0)\\ x^3 & (0\leqslant x\leqslant 1)\\ 1 & (x>1)\end{cases}$，则 $E(x)=$(　　).

A. $\int_0^{+\infty} x^4 \mathrm{d}x$　　B. $\int_0^1 3x^3 \mathrm{d}x$

C. $\int_0^1 x^4 \mathrm{d}x+\int_1^{+\infty} x \mathrm{d}x$　　D. $\int_0^{+\infty} 3x^3 \mathrm{d}x$

10. 若随机变量 X 在区间 I 上服从均匀分布，$E(X)=3$，$D(X)=\dfrac{4}{3}$，则区间 I 为(　　).

A. $[0, 6]$　　B. $[1, 5]$　　C. $[2, 4]$　　D. $[-3, 3]$

三、计算题

1. 某种按新配方试制的中成药在 500 名病人中进行临床试验，有一半人服用，另一半人未服. 一周后，有 280 人痊愈，其中 240 人服了新药. 试用概率统计方法说明新药的疗效.

2. 已知离散型随机变量 X 的可能取值为 -1、0、1，$E(X)=0.1$，$E(X^2)=0.9$，求 X 的分布律.

3. 已知离散型随机变量 X 的分布函数 $F(x)=\begin{cases}0 & (x<-2)\\ 0.4 & (-2\leqslant x<0)\\ 0.6 & (0\leqslant x<1)\\ 0.9 & (1\leqslant x<3)\\ 1 & (x\geqslant 3)\end{cases}$，求 $E(1-2X)$.

4. 设随机变量 X 的密度函数 $f(x)=\begin{cases}ax & (0<x<2)\\ bx+c & (2\leqslant x\leqslant 4)\\ 0 & (\text{其他})\end{cases}$，已知 $E(X)=2$，$P(1<X<3)=\dfrac{3}{4}$. 试求：

(1) a，b，c；

(2) 随机变量 $Y=\mathrm{e}^X$ 的数学期望和方差.

5. 一批产品中有一、二、三等品及废品 4 种，相应的概率分别为 0.8、0.15、0.04、0.01. 若其产值分别为 20 元、18 元、15 元和 0 元，求产品的平均产值.

6. 某车间完成生产线改造的天数 X 是一随机变量，其分布律 $X\sim\begin{pmatrix}26 & 27 & 28 & 29 & 30\\ 0.1 & 0.2 & 0.4 & 0.2 & 0.1\end{pmatrix}$，所得利润(单位为万元)为 $Y=5(29-X)$，求 $E(X)$、$E(Y)$.

7. (有奖销售)某商场举办购物有奖活动，每购 1000 份物品中有一等奖 1 名，奖金 500 元，二等奖 3 名，奖金 100 元，三等奖 16 名，奖金 50 元，四等奖 100 名，可得价值 5 元的奖品一份. 商场把每份价值为7.5元的物品以10元出售，则每个顾客买一份商品平均付多少钱?

8. 设二维随机变量(X, Y)的联合分布律如下：

$$\begin{pmatrix} Y\backslash X & -1 & 0 & 2 \\ -1 & 0.05 & 0.15 & 0.25 \\ 2 & 0.2 & 0.3 & 0.05 \end{pmatrix}$$

试求：

(1) $E(X)$, $E(Y)$, $D(X)$, $D(Y)$;

(2) $E(X-Y)$, $D(X-Y)$.

9. 某流水生产线上每个产品不合格的概率为$p(0<p<1)$，各产品合格与否相互独立. 当出现一个不合格产品时即停机检修，设开机后第一次停机时已生产的产品个数为X，求X的数学期望$E(X)$和$D(X)$.

10. 设随机变量X和Y的联合分布在以点$(0, 1)$、$(1, 0)$、$(1, 1)$为顶点的三角形区域上服从均匀分布，试求随机变量$U=X+Y$的方差.

11. 游客乘电梯从底层到电视塔顶层观光，电梯在每整点的第5分钟、25分钟和55分钟从底层起动，假设一游客在早八点的第X分钟到达底层候梯处，且X在$(0, 60)$内均匀分布，求该游客等候时间的数学期望.

12. 设某种商品每周的需求量X是在区间$[10, 30]$上服从均匀分布的随机变量，而经销商店进货数量为区间$[10, 30]$中的某一个整数，商店每销售一单位商品可获利500元. 若供大于求，则降价处理，每处理1单位商店亏损100元；若供不应求，则可从外部调剂供应，此时每1单位商品仅获利300元. 为使商店每周所获利润期望值不少于9280元，试确定最小进货量.

13. 设X表示10次独立重复射击命中目标的次数，每次射中目标的概率为0.4，求X^2的数学期望.

14. 设随机变量X的方差为2，根据切比雪夫不等式试估计$P\{|X-E(X)|\geqslant 2\}$.

第 5 章　大数定律与中心极限定理

本章介绍两类重要的定理：大数定律和中心极限定理. 大数定律描述了随机变量序列的前若干项的算术平均值在满足某种条件下的稳定性问题，中心极限定理研究大量随机变量在满足一定条件时相加后服从的分布.

5.1　大数定律

在第 1 章曾经讲过，在 n 次独立试验中，事件 A 发生的频率 $f_n(A)$ 随着试验次数 n 的逐渐增大而趋于稳定值，并把这个稳定值定义为事件 A 的概率，即当 $n\to\infty$ 时，$f_n(A)$ 在一定意义下收敛于 $P(A)=p$. 需要注意此处的"收敛"和通常意义上的数列的收敛不同，于是有如下依概率收敛的定义.

定义 5.1　设 $Y_1, Y_2, \cdots, Y_n, \cdots$ 是一个随机变量序列，a 是一个常数，若对任意正数 ε，有

$$\lim_{n\to\infty} P\{|Y_n-a|<\varepsilon\}=1$$

则称序列 $Y_1, Y_2, \cdots, Y_n, \cdots$ 依概率收敛于 a，记为 $Y_n \xrightarrow{P} a$.

这里的收敛性是指概率意义上的收敛性. 其直观解释是：对任意小的 $\varepsilon>0$，"Y_n 与 a 的偏差大于等于 ε"这一事件发生的概率很小，但是 $|Y_n-a|\geqslant\varepsilon$ 依然是可能的，只是当 n 很大时，这种可能性很小，或者说 $|Y_n-a|<\varepsilon$ 几乎是必然要发生的.

定理 5.1（切比雪夫大数定律）　设随机变量 $X_1, X_2, \cdots, X_n, \cdots$ 相互独立，且存在 $E(X_i)=\mu_i$，$D(X_i)=\sigma_i^2$，$D(X_i)\leqslant c\quad(i=1, 2, \cdots)$，其中 c 为与 i 无关的常数，则

$$\frac{1}{n}\sum_{i=1}^{n}X_i \xrightarrow{P} \frac{1}{n}\sum_{i=1}^{n}\mu_i$$

即对于任意 $\varepsilon>0$，恒有 $\lim\limits_{n\to\infty} P\left\{\left|\frac{1}{n}\sum_{i=1}^{n}X_i-\frac{1}{n}\sum_{i=1}^{n}\mu_i\right|<\varepsilon\right\}=1$

证明　令 $Y_n=\frac{1}{n}\sum_{i=1}^{n}X_i$，由于随机变量 $X_1, X_2, \cdots, X_n, \cdots$ 相互独立，则

$$E(Y_n)=\frac{1}{n}\sum_{i=1}^{n}E(X_i)=\frac{1}{n}\sum_{i=1}^{n}\mu_i$$

$$D(Y_n)=\frac{1}{n^2}\sum_{i=1}^{n}D(X_i)\leqslant\frac{1}{n^2}nc=\frac{c}{n}$$

由切比雪夫不等式得

$$P\left\{\left|Y_n-\frac{1}{n}\sum_{i=1}^{n}\mu_i\right|<\varepsilon\right\}\geqslant 1-\frac{D(Y_n)}{\varepsilon^2}\geqslant 1-\frac{c}{n\varepsilon^2}\to 1(n\to\infty)$$

即

$$\lim_{n\to\infty}P\left\{\left|\frac{1}{n}\sum_{i=1}^{n}X_i-\frac{1}{n}\sum_{i=1}^{n}\mu_i\right|<\varepsilon\right\}=1$$

定理 5.2 (伯努利大数定律) 设试验 E 是可重复进行的，事件 A 在每次试验中出现的概率 $P(A)=p$ $(0<p<1)$，将试验独立进行 n 次，用 n_A 表示其中事件 A 出现的次数，则对任意正数 ε，有

$$\lim_{n\to\infty}P\left\{\left|\frac{n_A}{n}-p\right|<\varepsilon\right\}=1$$

或者

$$\lim_{n\to\infty}P\left\{\left|\frac{n_A}{n}-p\right|\geqslant\varepsilon\right\}=0$$

若记

$$X_i=\begin{cases}1 & (\text{第 } i \text{ 次试验中事件 } A \text{ 出现})\\ 0 & (\text{第 } i \text{ 次试验中事件 } A \text{ 不出现})\end{cases}$$

则

$$n_A=\sum_{i=1}^{n}X_i,\ \frac{n_A}{n}=\frac{1}{n}\sum_{i=1}^{n}X_i,\ p=\frac{1}{n}\sum_{i=1}^{n}P(A)=\frac{1}{n}\sum_{i=1}^{n}E(X_i)$$

故定理 5.2 可写成

$$\lim_{n\to\infty}P\left\{\left|\frac{1}{n}\sum_{i=1}^{n}X_i-\frac{1}{n}\sum_{i=1}^{n}E(X_i)\right|<\varepsilon\right\}=1$$

伯努利大数定律以严格的数学形式表达了随机试验的频率稳定性，即当试验次数 n 很大时，事件 A 发生的频率与概率之间有较大偏差的可能性比较小，故在应用中当试验次数很大时可用事件发生的频率来代替事件发生的概率.

定理 5.3(切比雪夫大数定律的特殊情况) 设随机变量 $X_1, X_2, \cdots, X_n, \cdots$ 相互独立，且具有相同的数学期望和方差：$E(X_k)=\mu$，$D(X_k)=\sigma^2$ $(k=1, 2, \cdots)$，作前 n 个随机变量的算术平均：

$$\overline{X}=\frac{1}{n}\sum_{k=1}^{n}X_k$$

则对任意正数 ε，有

$$\lim_{n\to\infty}P\{|\overline{X}-\mu|<\varepsilon\}=\lim_{n\to\infty}P\left\{\left|\frac{1}{n}\sum_{k=1}^{n}X_k-\frac{1}{n}\sum_{k=1}^{n}E(X_k)\right|<\varepsilon\right\}=1$$

上述定理并没有要求随机变量 $X_1, X_2, \cdots, X_n, \cdots$ 同分布，只要它们相互独立且期望和方差一样. 有时也需要考虑同分布的情形，而伟大的数学家辛钦证明了：只要随机变量 $X_1, X_2, \cdots, X_n, \cdots$ 同分布并且期望存在，无论方差存在与否，它们的算术平均值都会依概率收敛于数学期望. 这就是著名的辛钦大数定律.

定理 5.4(辛钦大数定律) 设随机变量 $X_1, X_2, \cdots, X_n, \cdots$ 相互独立，服从同一分布，具有数学期望 $E(X_k)=\mu(k=1, 2, \cdots)$，则对任意正数 ε，有

$$\lim_{n\to\infty}P\left\{\left|\frac{1}{n}\sum_{k=1}^{n}X_k-\mu\right|<\varepsilon\right\}=1$$

5.2　中心极限定理

在自然现象和社会现象中，很多随机变量都是服从或者近似服从正态分布的. 可见，正态分布在随机变量的各种分布中占有重要的地位. 在某些条件下相互独立的随机变量随着个数无限增加，即使它们原来并不服从正态分布，但是它们的和也是趋于正态分布的. 而中心极限定理正是以此为背景的.

定理 5.5(林德伯格-勒维中心极限定理)　设随机变量 $X_1, X_2, \cdots, X_n, \cdots$ 相互独立，服从同一分布，且具有数学期望和方差：$E(X_i)=\mu$，$D(X_i)=\sigma^2(i=1, 2, \cdots)$，则随机变量之和 $\sum\limits_{i=1}^{n} X_i$ 的标准化变量：

$$Y_n = \frac{\sum\limits_{i=1}^{n} X_i - E\left(\sum\limits_{i=1}^{n} X_i\right)}{\sqrt{D\left(\sum\limits_{i=1}^{n} X_i\right)}} = \frac{\sum\limits_{i=1}^{n} X_i - n\mu}{\sqrt{n}\sigma}$$

的分布函数 $F_n(x)$ 对于任意 x 满足：

$$\lim_{n\to\infty} F_n(x) = \lim_{n\to\infty} P\left\{\frac{\sum\limits_{i=1}^{n} X_i - n\mu}{\sqrt{n}\sigma} \leqslant x\right\} = \frac{1}{\sqrt{2\pi}}\int_{-\infty}^{x} \mathrm{e}^{-\frac{t^2}{2}} \mathrm{d}t = \Phi(x)$$

定理 5.5 说明了，独立同分布且期望和方差都存在的情况下随机变量 $X_1, X_2, \cdots, X_n, \cdots$ 的和 $\sum\limits_{i=1}^{n} X_i$ 标准化后，当 n 充分大时近似服从标准正态分布，即

$$\frac{\sum\limits_{i=1}^{n} X_i - n\mu}{\sqrt{n}\sigma} \sim N(0, 1)$$

当 n 充分大时，$\sum\limits_{i=1}^{n} X_i$ 与 $\overline{X} = \frac{1}{n}\sum\limits_{i=1}^{n} X_i$ 近似服从如下结论：

$$\sum_{i=1}^{n} X_i \sim N(n\mu, n\sigma^2),\ \overline{X} = \frac{1}{n}\sum_{i=1}^{n} X_i \sim N\left(\mu, \frac{\sigma^2}{n}\right)$$

定理 5.6(棣莫弗-拉普拉斯中心极限定理)　设随机变量 $Y_n(n=1, 2, \cdots)$ 服从参数为 n、$p(0<p<1)$ 的二项分布，则对于任意 x，有

$$\lim_{n\to\infty} P\left\{\frac{Y_n - np}{\sqrt{np(1-p)}} \leqslant x\right\} = \int_{-\infty}^{x} \frac{1}{\sqrt{2\pi}} \mathrm{e}^{-\frac{t^2}{2}} \mathrm{d}t = \Phi(x)$$

定理 5.6 表明，当 n 充分大时，可用上式来近似二项分布的概率. 上式可写成更实用的形式：当 n 充分大时，对任意 $a<b$，有

$$\begin{aligned} P\{a \leqslant Y_n \leqslant b\} &= P\left\{\frac{a-np}{\sqrt{np(1-p)}} \leqslant \frac{Y_n - np}{\sqrt{np(1-p)}} \leqslant \frac{b-np}{\sqrt{np(1-p)}}\right\} \\ &\approx \Phi\left(\frac{b-np}{\sqrt{np(1-p)}}\right) - \Phi\left(\frac{a-np}{\sqrt{np(1-p)}}\right) \end{aligned}$$

【例 5.1】 设随机变量 X 服从二项分布 $B(100,\ 0.8)$，求 $P\{80\leqslant X\leqslant 100\}$.

解 $$P\{80\leqslant X\leqslant 100\}\approx\Phi\left(\frac{100-80}{\sqrt{100\times 0.8\times 0.2}}\right)-\Phi\left(\frac{80-80}{\sqrt{100\times 0.8\times 0.2}}\right)$$
$$=\Phi(5)-\Phi(0)=1-0.5=0.5$$

【例 5.2】 设某集成电路出厂时一级品率为 0.7，装配一台仪器需要 100 只一级品集成电路，问购置多少只才能以 99.9%的概率保证装该仪器够用(不能因一级品不够而影响工作).

解 设购置 n 只，并用随机变量 X 表示 n 只中非一级品的只数. 现要求购置的 n 只集成电路中一级数不少于 100 只，亦即非一级品数 $X\leqslant n-100$ 的概率 $P\{X\leqslant n-100\}\geqslant$ 99.9%. 由题意知，非一级品率为 0.3，则

$$P\{X\leqslant n-100\}=\sum_{k=0}^{n-100}\mathrm{C}_n^k 0.3^k 0.7^{n-k}\approx\Phi\left(\frac{n-100-0.3n}{\sqrt{n\cdot 0.3\times 0.7}}\right)$$
$$=\Phi\left(\frac{0.7n-100}{\sqrt{0.21n}}\right)\geqslant 0.999$$

查表得 $\dfrac{0.7n-100}{\sqrt{0.21n}}=3.090$，即 $0.49n^2+141.89n+1000=0$，解之得 $n=168$，即至少要购置 168 只集成电路.

【例 5.3】 一个部件由 10 部分组成，每一个部分的长度是一个随机变量并相互独立服从同一分布. 其数学期望为 2 mm，标准差为 0.05 mm，规定总长度为 19.9～20.1 时产品合格，求产品合格的概率.

解 设 $X_i(i=1,\ 2,\ \cdots,\ 10)$表示第 i 部分的长度，则部件总长度可以表示为 $\sum\limits_{i=1}^{10}X_i$，且 $E(X_i)=2$，$D(X_i)=0.05^2(i=1,\ 2,\ \cdots,\ 10)$。

由中心极限定理，$\sum\limits_{i=1}^{10}X_i$ 近似服从正态分布$(10\times 2,\ 10\times 0.05^2)$，因此有

$$P\left(19.9<\sum_{i=1}^{10}X_i<20.1\right)\approx\Phi\left(\frac{20.1-20}{0.05\sqrt{10}}\right)-\Phi\left(\frac{19.9-20}{0.05\sqrt{10}}\right)$$
$$=2\Phi\left(\frac{2}{\sqrt{10}}\right)-1=0.4714$$

【例 5.4】 某单位有 200 架电话分机，每架分机有 5%的时间要使用外线通话，假定每架分机是否使用外线是相互独立的，问该单位要安装多少条外线才能以 90%的概率保证分机使用外线时不等待?

解 以随机变量 X 表示使用外线的分机数，则 $X\sim B(200,\ 0.05)$.

设需要设置 n 条外线，满足

$$P\{X\leqslant n\}=0.9$$

由棣莫弗-拉普拉斯中心极限定理知，$\dfrac{X-np}{\sqrt{np(1-p)}}=\dfrac{X-10}{\sqrt{9.5}}$，近似地服从 $N(0,\ 1)$，所以

$$P\{X\leqslant n\}=P\left\{\frac{X-10}{\sqrt{9.5}}\leqslant\frac{n-10}{\sqrt{9.5}}\right\}=\Phi\left(\frac{n-10}{\sqrt{9.5}}\right)$$

要使

$$P\{X \leqslant n\} = 0.9$$

只需

$$\Phi\left(\frac{n-10}{\sqrt{9.5}}\right) = 0.9$$

查正态分布表得

$$\frac{n-10}{\sqrt{9.5}} \approx 1.3$$

$$n = 14$$

即设置 14 条外线就可满足要求.

由上面的例子不难看出：

(1) 若随机变量 $X_i (i=1, 2, \cdots, n)$ 独立同分布，则当 n 较大时，$X = \sum_{i=1}^{n} X_i$ 近似服从 $N\left(\sum_{i=1}^{n} E(X_i), \sum_{i=1}^{n} D(X_i)\right)$，或 $\dfrac{\sum_{i=1}^{n} X_i - \sum_{i=1}^{n} E(X_i)}{\sqrt{\sum_{i=1}^{n} D(X_i)}}$ 近似服从 $N(0, 1)$. 由此可对有关 X 的事件作近似计算.

(2) 若 $X \sim B(n, p)$，则当 n 较大时，由棣莫弗-拉普拉斯中心极限定理知，$\dfrac{X-np}{\sqrt{np(1-p)}}$ 近似地服从 $N(0, 1)$. 由此，得下列近似公式：

$$P\{X \leqslant a\} \approx \Phi\left(\frac{a-np}{\sqrt{np(1-p)}}\right)$$

$$P\{a < X \leqslant b\} \approx \Phi\left(\frac{b-np}{\sqrt{np(1-p)}}\right) - \Phi\left(\frac{a-np}{\sqrt{np(1-p)}}\right)$$

$$P\{X > b\} \approx 1 - \Phi\left(\frac{b-np}{\sqrt{np(1-p)}}\right)$$

【例 5.5】 某电教中心有 100 台彩电，各台彩电发生故障的概率都是 0.02，各台彩电的工作是相互独立的，试分别用二项分布、泊松分布、中心极限定理计算彩电出故障的台数不小于 1 的概率.

解　设彩电故障的台数为 X，则 $X \sim B(100, 0.2)$.

(1) 用二项分布直接计算：

$$\begin{aligned} P\{X \geqslant 1\} &= 1 - P\{X < 1\} = 1 - P\{X = 0\} \\ &= 1 - \mathrm{C}_{100}^{0} 0.02^{0} 0.98^{100} \\ &= 1 - 0.98^{100} = 0.8674 \end{aligned}$$

(2) 用泊松分布作近似计算：

$$n = 100, \ p = 0.02, \ \lambda = np = 2$$

$$P\{X \geqslant 1\} = 1 - P\{X = 0\} = 1 - \mathrm{e}^{-2} = 0.8674$$

(3) 用中心极限定理计算：

$$np=2$$

$$\sqrt{np(1-p)}=\sqrt{2\times 0.98}=1.4$$

$$\frac{X-np}{\sqrt{np(1-p)}}=\frac{X-2}{1.4}\text{ 近似服从 } N(0,1)$$

$$P\{X\geqslant 1\}=1-P\{X<1\}=1-\Phi\left(\frac{1-2}{1.4}\right)=\Phi(-0.7143)=0.76$$

总习题5

1. 假设种子的发芽率为0.6，则10 000粒种子中出苗数在5900至6100之间的概率是多少？

2. 假设产品的次品率为1/6，从中抽取300件，则次品件数在40至60之间的概率是多少？

3. 假设电路供电网中有10 000盏灯，每一盏灯开着的概率为0.7，各灯的开关彼此独立，计算同时开着的灯数在6800与7200之间的概率.

4. 一船舶在某海区航行，已知每遭受一次波浪的冲击，纵摇角大于3°的概率为 $p=1/3$，若船舶遭受了90 000次波浪冲击，问其中有29 500～30 500次纵摇角大于3°的概率是多少？

5. 将一颗骰子连续抛100次，点数之和大于等于500的概率是多少？

6. 当抛一枚质地均匀硬币时，需抛多少次才能保证使得正面出现的频率在0.4至0.6之间的概率不小于0.9？分别用切比雪夫不等式和中心极限定理予以估计，并比较二者的精确性.

7. 设某产品的废品率为0.005，从这批产品中任取1000件，求其中废品率不大于0.007的概率.

8. 有一批建筑房屋的木柱，其中80%的长度不小于3米，现从这批木材中随机抽取100根，问其中至少有30根短于3米的概率是多少？

9. 一加法器同时收到20个噪音电压 $V_k(1, 2, \cdots, 20)$，设它们是相互独立的随机变量，且都在区间(0, 10)上服从均匀分布，若 $V=\sum_{k=1}^{20}V_k$，求 $P\{V>105\}$.

10. 计算机进行加减法时，对每个加数取整(即取最接近它的整数). 设所有的取整误差是相互独立的，且都在(−0.5, 0.5)上服从均匀分布.

(1) 若将1500个数相加，问误差总和的绝对值超过15的概率是多少？

(2) 几个数可加在一起，使得误差总和的绝对值小于10的概率为0.90？

11. 对于一个学生而言，来参加家长会的家长人数是一个随机变量，设一个学生无家长、有1名家长、有2名家长来参加会议的概率分别为0.05，0.8，0.15. 若学校共有400名学生，设各学生参加会议的家长人数是相对独立的，且服从同一分布.

(1) 求参加会议的家长人数 X 超过450的概率.

(2) 求有1名家长来参加会议的学生数不多于340的概率.

第 6 章　样本及抽样分布

在前面几章学习了概率论的基本内容，从本章开始介绍数理统计的知识．数理统计是一个应用广泛的数学分支，它以概率论为基础，从试验或者观察得到的数据中提取信息来研究随机现象．

6.1　总体和样本

在数理统计中，将研究对象的全体称为总体(或母体)．组成总体的每个元素称为个体．例如，在研究武汉市今年 18 岁男性青年的身高和体重情况时，今年武汉市 18 岁男性青年就构成了一个总体，其中每一个男性青年就是一个个体．如果研究的是某地某一天的气温，那么该地这一天的气温就是一个总体，各个时刻的气温就是个体．一般根据总体中包含的个体数量分为有限总体和无限总体，当个体相当多时，也可以把有限总体近似看成无限总体．

诚然，要想将一个总体的性质了解得十分清楚，最理想的办法是对每个个体逐个进行观察，但实际上这样做往往是不现实的．例如，要研究某产品譬如灯泡的使用寿命，由于该试验是具有破坏性的，因此一旦获得实验的所有结果，这批灯泡也全部报废了，我们只能从整批灯泡中抽取一部分做使用寿命检测试验，并记录其结果，然后根据这部分数据来推断整批灯泡的使用寿命情况．由此可见，全面观测统计这种方法有时并不现实，所以经常通过从总体中抽出部分个体，根据所得到的数据对总体进行推断．被抽出的部分个体叫作总体的一个样本．

从总体中抽样的方法有很多种，其中比较常用的方法有简单随机抽样，简称为抽样．这种抽样方法具有随机性和独立性，即总体中每一个样本都有同等机会被抽中，并且样本的取值相互之间没有影响．

那么灯泡的使用寿命可以看成一个随机变量 X，我们对这个灯泡总体的研究就可以看作对随机变量 X 的研究．随机变量 X 的分布函数和数字特征就看作总体的分布函数和数字特征．所以，我们可以得到一个样本的另一个定义：对总体进行观察，将 n 次观察结果按试验的次序记为 $X_1, X_2, \cdots, X_n$．若 $X_1, X_2, \cdots, X_n$ 是与 X 具有同一分布 $F(X)$ 且相互独立的随机变量，则称 $X_1, X_2, \cdots, X_n$ 为从总体 X 得到的容量为 n 的简单随机样本，简称为样本．当 n 次观察结束后，将随机变量 $X_1, X_2, \cdots, X_n$ 的观察值 $x_1, x_2, \cdots, x_n$ 称为样本值．

设总体 X 具有分布函数 $F(X)$，若将样本 $X_1, X_2, \cdots, X_n$ 看成一个 n 维随机变量 $(X_1, X_2, \cdots, X_n)$，则样本的分布函数为

$$F^*(x_1, x_2, \cdots, x_n) = \prod_{i=1}^{n} F(x_i)$$

当总体为离散型随机变量且具有分布律 $P\{X=x\}=p(x)$ 时，样本的分布律为

$$P^*(x_1, x_2, \cdots, x_n)=\prod_{i=1}^{n} p(x_i)=p(x_1)p(x_2)\cdots p(x_n)$$

当总体为连续型随机变量且具有概率密度函数 $f(x)$时，样本的概率密度为

$$f^*(x_1, x_2, \cdots, x_n)=\prod_{i=1}^{n} f(x_i)=f(x_1)f(x_2)\cdots f(x_n)$$

对于无限总体，随机性和独立性很容易实现，用不放回抽样就可以获得简单随机样本，只是要注意在抽样时排除有意或无意的人为干扰. 对于有限总体，若进行放回抽样，所得样本就是简单随机样本；若进行不放回抽样，虽然不是简单随机抽样，但是若总体容量 N 很大而样本容量 n 较小($\frac{n}{N}\leqslant 10\%$)，即总体容量与要得到的样本量相比大得多，则可将不放回抽样近似看作放回抽样，因而也就可以近似地看作简单随机抽样，得到的样本可以近似地看作简单随机样本.

习题 6.1

1. 设总体 $X\sim B(1, p)$，$X_1, X_2, \cdots, X_n$ 为取自总体 X 的样本，求样本 $X_1, X_2, \cdots, X_n$ 的联合分布律.

2. 设总体 $X\sim N(\mu, \sigma^2)$，$X_1, X_2, \cdots, X_n$ 为取自总体 X 的样本，求样本 $X_1, X_2, \cdots, X_n$ 的联合密度函数.

3. 设电话交换台一小时内的呼叫次数 $X\sim\pi(\lambda)$，$\lambda>0$，求来自这一总体的简单随机样本 $X_1, X_2, \cdots, X_n$ 的联合分布律.

4. 假设某种产品的寿命 X 服从指数分布，$X_1, X_2, \cdots, X_n$ 为取自总体 X 的样本，求样本 $X_1, X_2, \cdots, X_n$ 的联合密度函数.

5. 为了研究某玻璃产品在集装箱托运过程中损坏的情况，现随机抽取 20 个集装箱检查其产品损坏的个数，记录结果为 1, 1, 1, 1, 2, 0, 0, 1, 3, 1, 0, 0, 2, 4, 0, 3, 1, 4, 0, 2. 写出样本分布函数并画出图形.

6. 设抽样得到的样本观测值为

38.2, 40.2, 42.4, 37.6 , 39.2, 41.0, 44.0, 43.2, 38.8, 40.6

计算样本均值、样本方差、样本标准差.

6.2 经验分布函数和直方图

6.2.1 经验分布函数

为了研究总体 X 的分布函数 $F(x)$，假设它有样本 $X_1, X_2, \cdots, X_n$，我们可以从样本出发，找到一个已知量来近似它，这就是经验分布函数 $F_n(x)$(也称为样本分布函数). 设总体为 X，样本 $X_1, X_2, \cdots, X_n$ 的观察值为 $x_1, x_2, \cdots, x_n$，将其从小到大排成

$$x_{(1)}\leqslant x_{(2)}\leqslant\cdots\leqslant x_{(n)}$$

定义

$$F_n(x)=\begin{cases}0 & (x<x_{(1)})\\ \dfrac{k}{n} & (x_{(k)}\leqslant x<x_{(k+1)};\ k=1,2,\cdots,n-1)\\ 1 & (x\geqslant x_{(n)})\end{cases}$$

称 $F_n(x)$为经验分布函数.

对于任意的实数 x，经验分布函数 $F_n(x)$表示事件$\{X\leqslant x\}$在 n 次试验中出现的频率，总体分布函数 $F(x)$表示事件$\{X\leqslant x\}$的概率. 根据伯努利大数定律可知，当 $n\to\infty$时，对于任意小的正数 ε，有 $\lim\limits_{n\to\infty}P\{|F_n(x)-F(x)|<\varepsilon\}=1$. 实际上，$F_n(x)$还一致地收敛于 $F(x)$，格利文科定理指出了这一更深刻的结论，即

$$P\{\lim_{n\to\infty}D_n=0\}=1$$

其中，$D_n=\sup\limits_{-\infty<x<\infty}|F_n(x)-F(x)|$.

6.2.2　直方图

通常获得的样本观测值是一组杂乱无章的数据，需要将这些数据整理和加工成频数或者频率分布表，最后绘制成频率直方图来进行研究.

整理成频数或频率分布表主要有如下步骤：

(1) 找出样本观测值中的最大值(记为 M)和最小值(记为 m)，计算极差 $R=M-m$.

(2) 确定组数和组距. 一般情况下，组数 $k\approx\sqrt{n}$，组距 $d=\dfrac{M-m}{k}$.

(3) 确定组限. 第一组的左端点略小于最小观测值，最后一组的右端点略大于最大观测值.

(4) 统计样本数据落入每个区间的个数(频数)，并列出频率分布表.

【例 6.1】 测得一组生理数据，未经整理的数据如表 6.1 所示.

表 6.1　　cm

6.3	5.3	3	3.2	2.5	3.1
5.3	3.9	4.7	4.8	2.6	4.5
5	4.7	5	2.5	4	3.8
5.4	3.2	4.9	2	3.2	2.5
5.2	4.1	4.3	3.5	3.2	2
6.6	3.6	3.3	4.6	3.9	2.8
4.6	3.4	4.5	4.15	2.8	3.2
3.6	3.1	5	4.2	3.9	3.5
4	4.7	2.1	3.2	3.1	3.3
5	1.2	3.9	4.4	3.3	3.1

对于这些观测数据，制作频数分布表的步骤如下：

(1) 确定最大值 $X_{\max}$ 和最小值 $X_{\min}$，根据表 6.1，有

$$X_{\max}=6.6,\ X_{\min}=1.2$$

(2) 分组，确定组数和组距. 在实际工作中，第一组下限一般取小于或等于 $X_{\min}$ 的数，

本例中取 1.2，最后一组上限取一个大于或等于 X_{max} 的数，如取 6.6，然后从 1.2 cm 到 6.6 cm 分成若干组，比如分为 9 组，利用(6.6−1.2)/9 可得每一组组距为 0.6.

(3) 确定组限.

(4) 整理成频率分布表.

表 6.1 中数据的频数分布表如表 6.2 所示.

表 6.2

组限	频数	累积频数	频率	累积频率
1.2～1.8	1	1	0.02	0.02
1.8～2.4	3	4	0.05	0.07
2.4～3	6	10	0.10	0.17
3～3.6	17	27	0.28	0.45
3.6～4.2	11	38	0.18	0.63
4.2～4.8	10	48	0.17	0.80
4.8～5.4	9	57	0.15	0.95
5.4～6	1	58	0.02	0.97
6～6.6	2	60	0.03	1.00

(5) 绘制频率直方图(简称直方图). 本例中绘制结果如图 6.1 所示. 直方图是频数分布的图形表示，它是垂直条形图，条与条之间无间隔，用横轴上的点表示组限，纵坐标有三种表示方法(频数、频率、频率/组距，其中最准确的是频率/组距)，它让所有小矩形面积总和等于 1.

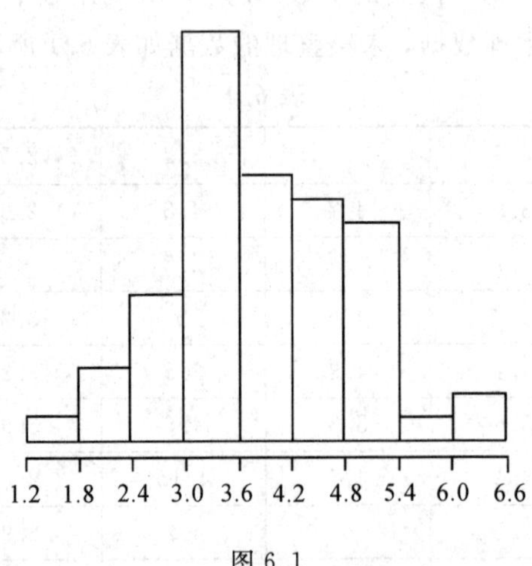

图 6.1

上述步骤中，我们对选取的数据加以整理，编制频数分布表，作直方图，这样就可以直观地看到数据的大体情况，如数据的范围，较大较小的数据各有多少个，在哪些地方分布得较为集中，分布图形是否对称等.

样本是总体的反映，但是样本所含的信息不能直接用于解决我们所要研究的问题，而需要把样本所含的信息进行数学上的加工使其浓缩起来，才能解决问题. 针对不同的问题，应构造样本的适当函数，利用这些样本的函数进行统计推断.

习题 6.2

1. 某射手进行 20 次独立，重复射击，击中靶子的环数如表 6.3 所示，求经验分布函数.

表 6.3

环数	4	5	6	7	8	9	10
频数	1	1	4	9	0	3	2

2. 某测量员测得一组长度数据(单位为 mm)，具体数据如表 6.4 所示，请列出频率分布表，并作出直方图.

表 6.4

30	27	19	23
47	9	19	20
33	30	21	56
31	36	28	46
18	20	24	45

3. 为了研究某工厂工人的收入情况，记录了该厂 30 名工人的工资收入(单位为元)，如表 6.5 所示. 请根据表 6.5 列出频率分布表，并作出直方图.

表 6.5

工人序号	工资/元	工人序号	工资/元	工人序号	工资/元
1	5350	11	5959	21	4808
2	4250	12	4356	22	5258
3	5500	13	4905	23	5360
4	4550	14	4854	24	6050
5	5410	15	5153	25	5250
6	4540	16	5305	26	4754
7	5590	17	4258	27	5300
8	5320	18	5301	28	6400
9	4940	19	5050	29	5554
10	4774	20	5255	30	5050

6.3　样本函数与统计量

样本作为唯一信息源，通常是杂乱无章、零散的信息，通过对样本观测值的加工、整理和进一步研究可对总体 X 进行统计推断，这时往往需要构造合适的样本函数 $g(X_1, X_2, \cdots, X_n)$.

定义 6.1 若样本函数 $g(X_1, X_2, \cdots, X_n)$ 中不含有任何未知参数，则称这类样本函数为统计量.

设 $x_1, x_2, \cdots, x_n$ 是相应于样本 $X_1, X_2, \cdots, X_n$ 的一组观测值，则称由计算得到的函数值 $g(x_1, x_2, \cdots x_n)$ 就是样本函数 $g(X_1, X_2, \cdots, X_n)$ 的观测值.

数理统计中最常用的统计量及其观测值有：

(1) 样本均值：

$$\overline{X} = \frac{1}{n}\sum_{i=1}^{n} X_i$$

它的观测值记为

$$\bar{x} = \frac{1}{n}\sum_{i=1}^{n} x_i$$

(2) 样本方差：

$$S^2 = \frac{1}{n-1}\sum_{i=1}^{n}(X_i - \overline{X})^2 = \frac{1}{n-1}\left(\sum_{i=1}^{n} X_i^2 - n\overline{X}^2\right)$$

它的观测值记为

$$s^2 = \frac{1}{n-1}\sum_{i=1}^{n}(x_i - \bar{x})^2 = \frac{1}{n-1}\left(\sum_{i=1}^{n} x_i^2 - n\bar{x}^2\right)$$

(3) 样本标准差：

$$S = \sqrt{S^2} = \sqrt{\frac{1}{n-1}\sum_{i=1}^{n}(X_i - \overline{X})^2}$$

它的观测值记为

$$s = \sqrt{s^2} = \sqrt{\frac{1}{n-1}\sum_{i=1}^{n}(x_i - \bar{x})^2}$$

(4) 样本 k 阶原点矩：

$$A_k = \frac{1}{n}\sum_{i=1}^{n} X_i^k \quad (k = 1, 2, \cdots)$$

它的观测值记为

$$a_k = \frac{1}{n}\sum_{i=1}^{n} x_i^k \quad (k = 1, 2, \cdots)$$

显然，样本的一阶原点矩就是样本均值.

(5) 样本 k 阶中心矩：

$$B_k = \frac{1}{n}\sum_{i=1}^{n}(X_i - \overline{X})^k \quad (k = 1, 2, \cdots)$$

它的观测值记为

$$b_k = \frac{1}{n}\sum_{i=1}^{n}(x_i - \bar{x})^k \quad (k = 1, 2, \cdots)$$

显然，样本一阶中心矩恒等于零.

统计量 $\gamma_1 = b_3/b_2^{3/2}$ 称为样本偏度. 样本偏度反映了总体分布密度曲线的对称性信息，b_3 除以 $b_2^{3/2}$ 是为了消除量纲的影响. $\gamma_1 = 0$ 表示样本对称；$\gamma_1 > 0$ 表示样本的右尾长，总体分布是正偏或右偏的；$\gamma_1 < 0$ 表示分布的左尾长，总体分布是负偏或左偏的. 统计量 $\gamma_2 =$

b_4/b_2^2-3 称为样本峰度. 样本峰度反映了总体分布密度曲线在其峰值附近的陡峭程度. $\gamma_2>0$ 时，分布密度曲线在其峰值附近比正态分布陡，称为尖顶型；$\gamma_2<0$ 时，分布密度曲线在其峰值附近比正态分布平坦，称为平顶型.

(6) 次序统计量:这也是一类常用的统计量，它在某些方面有着更好的作用.

设 X_1，X_2，…，X_n 是来自总体的一个样本，x_1，x_2，…x_n 是其一组观测值，将这组观测值按从小到大可排成 $X_{(1)}\leqslant X_{(2)}\leqslant\cdots\leqslant X_{(n)}$，则称$\{X_{(1)}, X_{(2)}, \cdots, X_{(n)}\}$为该样本的次序统计量，$X_{(k)}$称为第 k 个次序统计量. 其中，特别地，称

(1) $X_{(1)}=\min\limits_{1\leqslant i\leqslant n}X_{(i)}$ 为最小次序统计量；

(2) $X_{(n)}=\max\limits_{1\leqslant i\leqslant n}X_{(i)}$ 为最大次序统计量；

(3) $M^*=\begin{cases}X_{(\frac{n+1}{2})} & (n\text{ 为奇数})\\ \dfrac{1}{2}\{X_{(\frac{n}{2})}+X_{(\frac{n}{2}+1)}\} & (n\text{ 为偶数})\end{cases}$ 为样本中位数.

习题 6.3

1. 设随机变量 $X\sim N(\mu, \sigma^2)$，其中 μ 未知，σ^2 已知，X_1，X_2，…，X_n 是来自总体的一个样本，则(　　)是统计量.

A. $X_1+X_2+\mu$　　　　B. $X_1+X_2+X_n$

C. $\dfrac{\overline{X}-\mu}{\sigma}$　　　　D. $\sum\limits_{i=1}^{n}\left(\dfrac{X_i-\mu}{\sigma}\right)^2$

2. 从总体中随机抽取 5 个样本，其观测值为−2.5，−1.6，1.5，2.2，3.1，求样本均值和样本方差.

3. 表 6.6 是两个班(每班 50 人)的英语课程的考试成绩，试计算两个班级的平均成绩、标准差、样本偏度及样本峰度.

表 6.6

成绩	组中值	甲班人数 $f_{甲}$	乙班人数 $f_{乙}$
90～100	95	5	4
80～89	85	10	14
70～79	75	22	16
60～69	65	11	14
50～59	55	1	2
40～49	45	1	0

6.4 抽样分布

本节介绍来自正态总体的几个常用统计量分布，分别是 χ^2 分布、t 分布和 F 分布. 这三个常用的分布在后续章节或课程中有着重要的作用.

6.4.1 χ^2 分布

设 X_1，X_2，…，X_n 为相互独立的随机变量，它们都服从标准正态 $N(0, 1)$分布，则称统计量

$$Y=\sum_{i=1}^{n}X_i^2$$

为服从自由度为 n 的 χ^2 分布，记作 $Y\sim\chi^2(n)$. 自由度是指上述公式中包含的独立变量的个数.

$\chi^2(n)$分布的概率密度函数为

$$f(y)=\begin{cases}\dfrac{1}{2^{\frac{n}{2}}\Gamma\left(\dfrac{n}{2}\right)}y^{\frac{n}{2}-1}\mathrm{e}^{\frac{-y}{2}} & (y>0)\\ 0 & (\text{其他})\end{cases}$$

其中，$\Gamma(\alpha)$称为伽马函数，定义为 $\Gamma(\alpha)=\int_0^{\infty}x^{\alpha-1}\mathrm{e}^{-x}\mathrm{d}x\,(\alpha>0)$. $f(y)$ 的图形如图 6.2 所示.

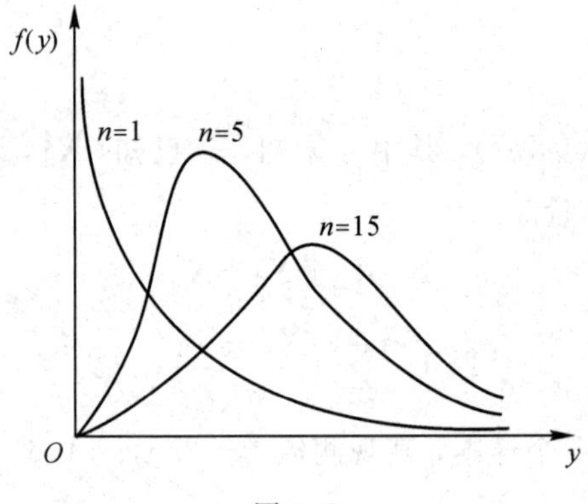

图 6.2

图 6.2 描绘了 $\chi^2(n)$分布密度函数在 $n=1$，5，15 时的图形. 由图 6.2 可以看出，随着 n 的增大，概率密度函数 $f(y)$的图形趋于“平缓”，其图形下面积的重心亦逐步往右下移动.

χ^2 分布具有以下性质：

(1) 若 $\chi_1^2\sim\chi^2(n_1)$，$\chi_2^2\sim\chi^2(n_2)$，且二者相互独立，则有

$$\chi_1^2+\chi_2^2\sim\chi^2(n_1+n_2)$$

这一性质称为 χ^2 分布的可加性. 它可以推广至如下情形：设 Y_1，Y_2，…，Y_k 是 k 个相互独立的随机变量，$Y_j\sim\chi^2(n_j)$，$j=1$，2，…，k，则

$$Y=\sum_{j=1}^{k}Y_j\sim\chi^2\left(\sum_{j=1}^{k}n_j\right)$$

(2) 若 $X\sim\chi^2(n)$，则

$$E(X)=n,\ D(X)=2n$$

证明 设 X_1，X_2，…，X_n 为独立同分布于 $N(0, 1)$的随机变量，则 X 与 $\sum\limits_{j=1}^{n}X_j^2$ 同分布，且

$$E(X)=E\left(\sum_{i=1}^{n}X_i^2\right)=\sum_{i=1}^{n}E(X_i^2)=n$$

又 X_i 相互独立，所以 $X_1^2,X_2^2,\cdots,X_n^2$ 也相互独立，$N(0,1)$的四阶矩为 3，因此可得

$$D(X)=\sum_{i=1}^{n}D(X_i^2)=\sum_{i=1}^{n}[E(X_i^4)-(E(X_i^2))^2]=\sum_{i=1}^{n}(3-1)=2n$$

下面介绍 χ^2 分布的分位点.

对于给定的正数 $\alpha(0<\alpha<1)$，称满足条件

$$P\{\chi^2>\chi_\alpha^2(n)\}=\int_{\chi_\alpha^2(n)}^{+\infty}f(y)\mathrm{d}y=\alpha$$

的点 $\chi_\alpha^2(n)$为 $\chi^2(n)$分布的上 α 分位点，如图 6.3 所示.

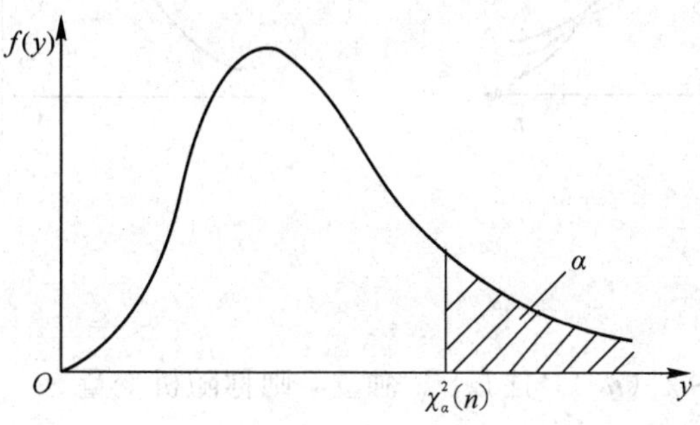

图 6.3

对于不同的 α、n，上 α 分位点的值可通过查表获得. 例如，对于 $\alpha=0.05$，$n=15$，查附录 5 得 $\chi_{0.05}^2(15)=24.996$. 但附录 5 只详列到 $n=40$ 为止. 当 n 更大时可通过 $\chi_\alpha^2(n)\approx\frac{1}{2}(u_\alpha+\sqrt{2n-1})^2$ 近似给出，其中 u_α 是标准正态分布的上 α 分位点. 例如：

$$\chi_{0.05}^2(50)\approx\frac{1}{2}\times(1.645+\sqrt{99})^2=67.221$$

6.4.2　t 分布

1908 年，戈塞特用笔名 student 发表了有关 t 分布的论文，因此 t 分布又称为学生氏分布. 设 $X\sim N(0,1)$，$Y\sim\chi^2(n)$，且 X 与 Y 相互独立，则称随机变量

$$t=\frac{X}{\sqrt{Y/n}}$$

服从自由度为 n 的 t 分布 $t\sim t(n)$.

$t(n)$分布的概率密度函数为

$$h(t)=\frac{\Gamma[(n+1)/2]}{\sqrt{n\pi}\,\Gamma(n/2)}\left(1+\frac{t^2}{n}\right)^{-(n+1)/2}\quad(-\infty<t<+\infty)$$

$t(n)$分布的概率密度函数 $h(t)$如图 6.4 所示. 它关于 $t=0$ 对称，当 n 充分大时其图形接近于标准正态分布 $N(0,1)$的密度曲线，一般 $n>30$ 时，就可认为它基本与 $N(0,1)$相差无几. 但当 n 较小时，t 分布与标准正态分布相差很大.

对于正数 $\alpha(0<\alpha<1)$，称满足条件

$$P\{t>t_\alpha(n)\}=\int_{t_\alpha(n)}^{+\infty}h(t)\mathrm{d}t=\alpha$$

的点 $t_\alpha(n)$为 $t(n)$分布的上 α 分位点(见图 6.5). 由图形的对称性不难发现

$$t_{1-\alpha}(n)=-t_{\alpha}(n)$$

同样 t 分布的上 α 分位点可由附录 4 查得. 当 $n>45$ 时，就用正态分布近似 $t_{\alpha}(n)\approx u_{\alpha}$.

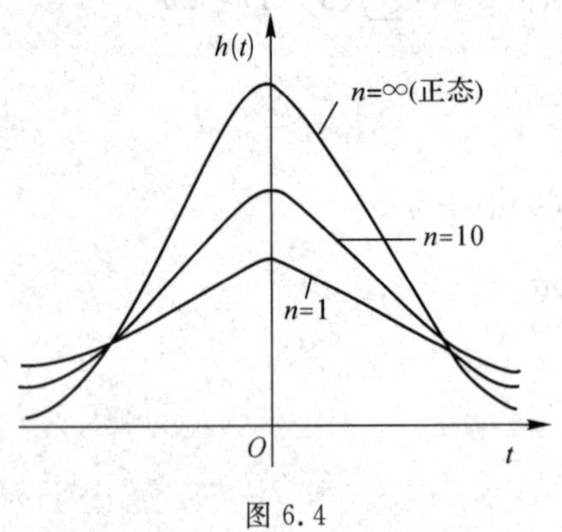

图 6.4

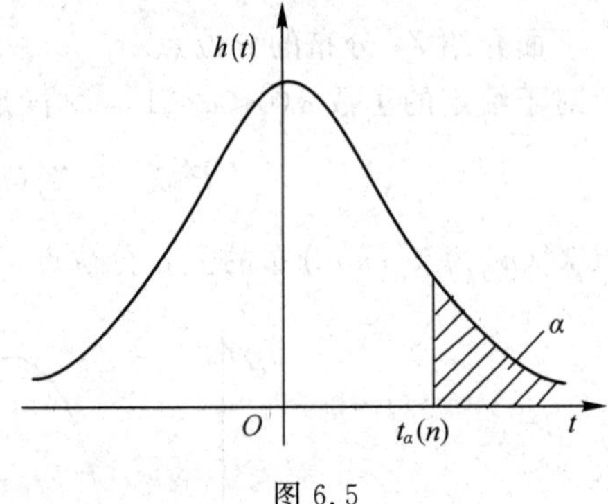

图 6.5

6.4.3 F 分布

设 $U\sim\chi^2(n_1)$，$V\sim\chi^2(n_2)$，且 U、V 独立，则称随机变量

$$F=\frac{U/n_1}{V/n_2}$$

服从自由度为(n_1, n_2)的 F 分布，记为 $F\sim F(n_1, n_2)$.

$F(n_1, n_2)$分布的概率密度为

$$\varphi(y)=\begin{cases}\dfrac{\Gamma\left(\dfrac{n_1+n_2}{2}\right)(n_1/n_2)^{n_1/2}y^{\frac{n_1}{2}-1}}{\Gamma\left(\dfrac{n_1}{2}\right)\Gamma\left(\dfrac{n_2}{2}\right)[1+(n_1y/n_2)]^{\frac{n_1+n_2}{2}}} & (y>0)\\ 0 & (y\leqslant 0)\end{cases}$$

$\varphi(y)$的图形如图 6.6 所示.

由 F 分布的定义容易看出，若 $F\sim F(n_1, n_2)$，则 $1/F\sim F(n_2, n_1)$. F 分布经常被用来对两个样本方差进行比较，它在方差分析中有着重要应用. 此外，也被用来进行回归分析中的显著性检验.

对于给定的正数 $\alpha(0<\alpha<1)$，称满足条件

$$P\{F>F_{\alpha}(n_1, n_2)\}=\int_{F_{\alpha}(n_1, n_2)}^{+\infty}\varphi(y)\mathrm{d}y=\alpha$$

的点 $F_{\alpha}(n_1, n_2)$为 $F(n_1, n_2)$分布的上 α 分位点(见图 6.7).

$F(n_1, n_2)$分布的上 α 分位点具有如下性质：

$$F_{1-\alpha}(n_1, n_2)=\frac{1}{F_{\alpha}(n_2, n_1)}$$

利用这个性质可以求 F 分布表中没有包括的数值，如当 $\alpha=0.90$, 0.95, 0.975, 0.99, 0.995 时 $F_{\alpha}(n_1, n_2)$的值. 例如，由附录 6 查得 $F_{0.05}(9, 12)=2.80$，则可利用上述性质求得

$F_{0.95}(12, 9)=\dfrac{1}{F_{0.05}(9, 12)}=\dfrac{1}{2.80}=0.357$.

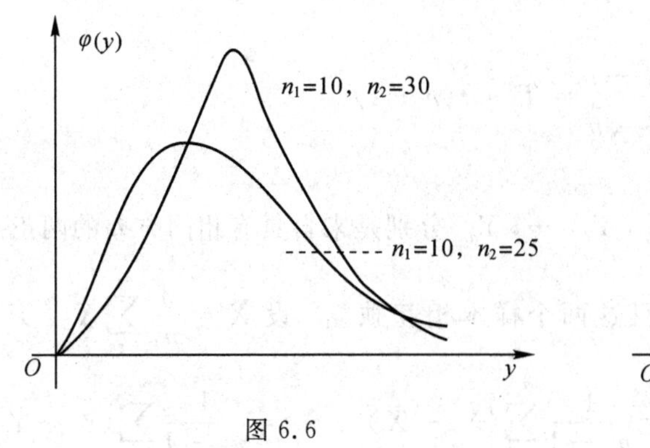

图 6.6

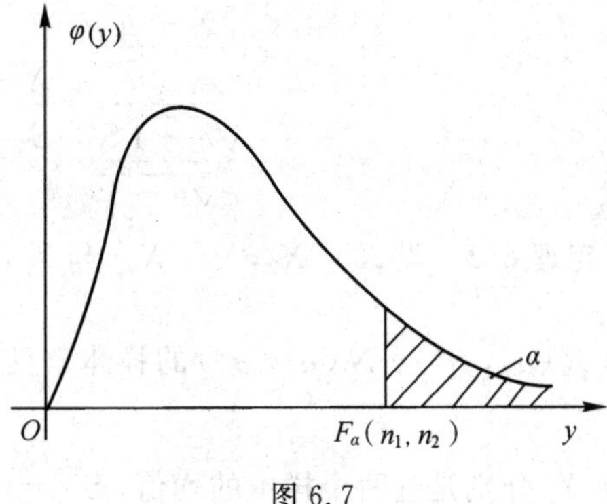

图 6.7

6.4.4　正态总体统计量的分布

研究数理统计问题时，常常需要知道统计量的分布，但要知道某个统计量的分布往往是很困难的. 前面对于服从正态分布的总体已经有了详细的研究，以下定理都是在总体为正态总体这一基本假定下得到的.

假设 X_1，X_2，…，X_n 是来自正态总体 $N(\mu, \sigma^2)$的样本，即它们是独立同分布的，皆服从 $N(\mu, \sigma^2)$分布. 样本均值与样本方差分别是

$$\overline{X}=\frac{1}{n}\sum_{i=1}^{n}X_i$$

$$S^2=\frac{1}{n-1}\sum_{i=1}^{n}(X_i-\overline{X})^2$$

定理 6.1　设总体 X 服从正态分布 $N(\mu, \sigma^2)$，则 $\overline{X}\sim N\left(\mu, \frac{\sigma^2}{n}\right)$，即

$$\frac{(\overline{X}-\mu)\sqrt{n}}{\sigma}\sim N(0, 1)$$

定理 6.2　设总体 X 服从正态分布 $N(\mu, \sigma^2)$，则

(1) 样本均值 $\overline{X}$ 与样本方差 S^2 相互独立；

(2) 统计量 $\chi^2=\frac{(n-1)S^2}{\sigma^2}$服从自由度为 $n-1$ 的 χ^2 分布，即

$$\chi^2=\frac{(n-1)S^2}{\sigma^2}\sim\chi^2(n-1)$$

证明略.

【例 6.2】　设 X_1，X_2…，X_n 为来自 $N(\mu, \sigma^2)$的样本，证明：

$$T=\frac{\overline{X}-\mu}{S/\sqrt{n}}\sim t(n-1)$$

证明　因为 $\overline{X}\sim N(\mu, \sigma^2/n)$，则$\frac{\overline{X}-\mu}{\sigma/\sqrt{n}}\sim N(0, 1)$，又$\frac{(n-1)S^2}{\sigma^2}\sim\chi^2(n-1)$，$\overline{X}$ 与 S^2 独立，因此

$$\frac{\dfrac{\overline{X}-\mu}{\sigma/\sqrt{n}}}{\dfrac{\sqrt{n-1}S}{\sigma\sqrt{n-1}}}=\frac{\overline{X}-\mu}{S/\sqrt{n}}=T\sim t(n-1)$$

定理 6.3 设 $X_1, X_2, \cdots, X_{n_1}$ 与 $Y_1, Y_2, \cdots, Y_{n_2}$ 分别是来自具有相同方差的两正态总体 $N(\mu_1, \sigma^2)$、$N(\mu_2, \sigma^2)$ 的样本，且这两个样本相互独立. 设 $\overline{X}=\frac{1}{n_1}\sum_{i=1}^{n_1}X_i$、$\overline{Y}=\frac{1}{n_2}\sum_{i=1}^{n_2}Y_i$ 分别是这两个样本的均值，${S_1}^2=\frac{1}{n_1-1}\sum_{i=1}^{n_1}(X_i-\overline{X})^2$、${S_2}^2=\frac{1}{n_2-1}\sum_{i=1}^{n_2}(Y_i-\overline{Y})^2$ 分别是这两个样本的样本方差，则有

$$\frac{(\overline{X}-\overline{Y})-(\mu_1-\mu_2)}{S_W\sqrt{1/n_1+1/n_2}}\sim t(n_1+n_2-2)$$

其中：

$$S_W^2=\frac{(n_1-1)S_1^2+(n_2-1)S_2^2}{(n_1+n_2-2)}$$

同时，记

$$S_1^2=\frac{1}{n_1-1}\sum_{i=1}^{n_1}(X_i-\overline{X})^2$$

$$S_2^2=\frac{1}{n_2-1}\sum_{j=1}^{n_2}(Y_j-\overline{Y})^2$$

则

$$F=\frac{S_1^2}{S_2^2}\sim F(n_1-1, n_2-1)$$

注 若两个正态分布的方差 σ_1^2 与 σ_2^2 不等，则统计量

$$F=\frac{S_1^2/S_2^2}{\sigma_1^2/\sigma_2^2}\sim F(n_1-1, n_2-1)$$

证明略.

【例 6.3】 设总体 X 服从正态分布 $N(62, 100)$，为使样本均值大于 60 的概率不小于 0.95，问样本容量 n 至少应取多大？

解 设需要样本容量为 n，则

$$\frac{\overline{X}-\mu}{\sigma/\sqrt{n}}=\frac{\overline{X}-\mu}{\sigma}\cdot\sqrt{n}\sim N(0, 1)$$

$$P(\overline{X}>60)=P\left\{\frac{\overline{X}-62}{10}\cdot\sqrt{n}>\frac{60-62}{10}\cdot\sqrt{n}\right\}$$

查标准正态分布表，得 $\Phi(1.64)\approx 0.95$.

所以，$0.2\sqrt{n}\geqslant 1.64$，$n\geqslant 67.24$. 故样本容量至少应取 68.

习题 6.4

1. 设随机变量 X 和 Y 都服从标准正态分布，则(　　).

A. $X+Y$ 服从正态分布

B. X^2+Y^2 服从 χ^2 分布

C. X^2 和 Y^2 服从 χ^2 分布

D. $\dfrac{X^2}{Y^2}$服从 F 分布

2. 设总体 ξ 服从正态分布 $N(N,\sigma^2)$，其中 μ 已知，σ 未知，ξ_1，ξ_2，ξ_3 是取自总体 ξ 的一个样本，则非统计量是(　　).

A. $\dfrac{1}{3}(\xi_1+\xi_2+\xi_3)$　　B. $\xi_1+\xi_2+2\mu$

C. $\max(\xi_1, \xi_2, \xi_3)$　　D. $\dfrac{1}{\sigma^2}(\xi_1^2+\xi_2^2+\xi_3^2)$

3. 查表求 $\chi^2_{0.99}(10)$、$\chi^2_{0.01}(10)$、$t_{0.99}(10)$、$t_{0.01}(10)$、$F_{0.05}(24, 28)$、$F_{0.95}(12, 9)$.

4. 在总体 $X\sim N(30, 2^2)$中随机地抽取一个容量为 16 的样本，求样本均值 $\overline{X}$ 在 29 到 31 之间取值的概率.

5. 设某厂生产的灯泡的使用寿命 $X\sim N(1000, \sigma^2)$(单位为小时)，抽取一容量为 9 的样本，其中样本标准差 $S=100$，问 $P(\overline{X}<940)$是多少?

6. 设总体 $X\sim N(0, 1)$，从此总体中取一个容量为 6 的样本 X_1，X_2，X_3，X_4，X_5，X_6，设 $Y=(X_1+X_2+X_3)^2+(X_4+X_5+X_6)^2$，试决定常数 C，使随机变量 CY 服从 χ^2 分布.

总 习 题 6

1. 若总体 $X\sim N(\mu, \sigma^2)$，其中 σ^2 已知，μ 未知，而 X_1，X_2，…，X_n 为它的一个简单随机样本，试指出下列量中哪些是统计量，哪些不是统计量.

(1) $\dfrac{1}{n}\sum\limits_{i=1}^{n}X_i$；　(2) $\dfrac{1}{n}\sum\limits_{i=1}^{n}(X_i-\mu)^2$；　(3) $\dfrac{1}{n-1}\sum\limits_{i=1}^{n}(X_i-\overline{X})^2$；

(4) $\dfrac{\overline{X}-3}{\sigma}\sqrt{n}$；　(5) $\dfrac{\overline{X}-\mu}{\sigma}\sqrt{n}$.

2. 试证如下等式：

(1) $\sum\limits_{i=1}^{n}(X_i-\overline{X})=0$；

(2) $\sum\limits_{i=1}^{n}(X_i-A)^2=\sum\limits_{i=1}^{n}(X_i-\overline{X})^2+n(\overline{X}-A)^2$；

(3) $\sum\limits_{i=1}^{n}(X_i-\overline{X})^2=\sum\limits_{i=1}^{n}X_i^2-n\overline{X}^2$.

3. 从总体 X 中抽取容量为 n 的样本 X_1，X_2，…，X_n，样本的均值记作 $\overline{X_n}$，样本方

差记作 S_n^2. 若再抽取一个样本 X_{n+1}，使样本容量增加为 $n+1$，证明：

(1) 增容后的样本均值：

$$\overline{X}_{n+1}=\frac{1}{n+1}(n\overline{X}_n+X_{n+1})$$

(2) 增容后的样本方差：

$$S_{n+1}^2=\frac{n-1}{n}S_n^2+\frac{1}{n+1}(\overline{X}_n-X_{n+1})^2$$

4. 设 $X_1, X_2, \cdots, X_n$ 是来自总体 X 的样本，试求 $E(\overline{X})$、$D(\overline{X})$、$E(S^2)$. 假设总体的分布如下：

(1) $X\sim B(N, p)$；

(2) $X\sim P(\lambda)$；

(3) $X\sim U(a, b)$；

(4) $X\sim N(\mu, 1)$.

5. 设 $X_1, X_2, \cdots, X_n$ 是来自总体 $X\sim N(\mu, 4)$的样本，样本均值为 $\overline{X}$，试问样本容量 n 应分别取多大时才能使下列各式成立：

(1) $E|\overline{X}-\mu|^2\leqslant 0.1$；

(2) $E|\overline{X}-\mu|\leqslant 0.1$；

(3) $P(|\overline{X}-\mu|\leqslant 1)\geqslant 0.95$.

6. 设 $X_1, X_2, \cdots, X_{10}$ 是来自正态分布 $X\sim N(\mu, 0.5^2)$的样本.

(1) 若已知 $\mu=0$，求 $P\left(\sum_{i=1}^{10}X_i^2\geqslant 4\right)$；

(2) 若 μ 未知，求 $P\left(\frac{1}{10}\sum_{i=1}^{10}(X_i-\overline{X})^2\geqslant 0.285\right)$.

7. 在总体 $X\sim N(\mu, \sigma^2)$中抽取容量为 16 的一个样本，求 $P\left(\frac{S^2}{\sigma^2}\leqslant 1.6664\right)$.

第7章 参数估计

在很多实际问题中，总体的分布类型已知但其中包含一个或者多个未知参数，这就需要对未知参数进行估计. 例如，在泊松分布中其概率分布由一个参数 λ 来确定，正态分布 $N(\mu, \sigma^2)$ 中有两个参数 μ、σ^2. 对于随机变量 X，分布类型已知，还需要对未知的参数进行估计的问题称为参数估计. 经过参数估计，才可以完全确定随机变量的分布. 参数估计就是利用样本对总体分布中的未知参数进行推断，分为点估计和和区间估计两种.

7.1 点 估 计

设总体 X 的分布函数 $F(x, \theta)$ 已知，θ 是待估计参数. 现从总体 X 中抽得一个样本 $(X_1, X_2, \cdots, X_n)$，对应的一个样本观察值为 $(x_1, x_2, \cdots, x_n)$. 点估计就是构造一个适当的统计量 $\hat{\theta}=\hat{\theta}(X_1, X_2, \cdots, X_n)$，用它的观察值 $\hat{\theta}(x_1, x_2, \cdots, x_n)$ 来估计未知参数 θ，通常称统计量 $\hat{\theta}(X_1, X_2, \cdots, X_n)$ 为 θ 的点估计量，称 $\hat{\theta}(x_1, x_2, \cdots, x_n)$ 为 θ 的点估计值.

下面介绍两种常用的点估计方法：矩估计法和极大似然估计法.

7.1.1 矩估计法

矩估计法是英国统计学家卡尔·皮尔逊(Karl Pearson)提出的一种参数估计方法，在统计学中有着广泛的应用. 矩估计法是利用样本矩估计总体矩，用样本矩的相应函数估计总体矩的函数.

设 $X_1, X_2, \cdots, X_n$ 是来自某总体 X 的一个样本，则样本的 k 阶原点矩为 $\frac{1}{n}\sum_{i=1}^{n}X_i^k = A_k$ ($k=1, 2, \cdots$). 如果总体 X 的 k 阶原点矩 $\mu_k=E(X^k)$ 存在，则用 A_k 去估计 μ_k，记为 $\hat{\mu}_k=A_k$. 这样我们按照“当参数等于其估计量时总体矩等于相应的样本矩”的原则建立方程，即有

$$\begin{cases} \mu_1(\hat{\theta}_1, \hat{\theta}_2, \cdots, \hat{\theta}_m)=\dfrac{1}{n}\sum\limits_{i=1}^{n}x_i \\ \mu_2(\hat{\theta}_1, \hat{\theta}_2, \cdots, \hat{\theta}_m)=\dfrac{1}{n}\sum\limits_{i=1}^{n}x_i^2 \\ \qquad\vdots \\ \mu_m(\hat{\theta}_1, \hat{\theta}_2, \cdots, \hat{\theta}_m)=\dfrac{1}{n}\sum\limits_{i=1}^{n}x_i^m \end{cases}$$

由上面的 m 个方程中解出的 m 个未知参数 $(\hat{\theta}_1, \hat{\theta}_2, \cdots, \hat{\theta}_m)$，即 $\hat{\theta}_i=\hat{\theta}_i(X_1, X_2, \cdots, X_n)$，为参数 $(\theta_1, \theta_2, \cdots, \theta_m)$ 的矩估计量.

当总体的 k 阶中心矩 v_k 存在时，用样本的 k 阶中心矩 B_k 去估计 v_k，即 $\hat{v}_k=B_k$.

【例 7.1】 设总体 X 服从参数为 p 的(0-1)分布，试根据样本 $X_1, X_2, \cdots, X_n$ 来确定参数 p 的矩估计.

解 因为只有一个未知参数 p，并且 $\mu_1=E(X)=p$，则 p 的矩估计为

$$\hat{p}=\frac{1}{n}\sum_{i=1}^{n}X_i=\overline{X}$$

【例 7.2】 设总体 X 的概率密度为 $f(x, \theta)=\begin{cases}\theta x^{\theta-1} & (0<x<1)\\ 0 & (\text{其他})\end{cases}$，其中 θ 为未知参数，且 $\theta>0$，试根据样本 $X_1, X_2, \cdots, X_n$ 来确定参数 θ 的矩估计.

解 因为

$$\mu_1=E(X)=\int_{-\infty}^{+\infty}xf(x)\mathrm{d}x=\frac{\theta}{\theta+1}$$

令 $\dfrac{\theta}{\theta+1}=A_1=\dfrac{1}{n}\sum\limits_{i=1}^{n}X_i$，解得 θ 的矩估计为

$$\hat{\theta}=\frac{\overline{X}}{1-\overline{X}}$$

【例 7.3】 设 X 为 $[\theta_1, \theta_2]$ 上的均匀分布，其中 θ_1、θ_2 未知，$X_1, X_2, \cdots, X_n$ 为样本，求 θ_1、θ_2 的矩估计量.

解

$$\mu_1=E(X)=\int_{\theta_1}^{\theta_2}\frac{x\mathrm{d}x}{\theta_2-\theta_1}=\frac{\theta_2^2-\theta_1^2}{2(\theta_2-\theta_1)}=\frac{1}{2}(\theta_1+\theta_2)$$

$$\mu_2=E(X^2)=D(X)+[E(X)]^2=\frac{1}{12}(\theta_2-\theta_1)^2+\frac{1}{4}(\theta_2+\theta_1)^2$$

令

$$\begin{cases}\dfrac{1}{2}(\theta_1+\theta_2)=A_1=\dfrac{1}{n}\sum\limits_{i=1}^{n}X_i\\[2ex] \dfrac{1}{12}(\theta_2-\theta_1)^2+\dfrac{1}{4}(\theta_2+\theta_1)^2=A_2=\dfrac{1}{n}\sum\limits_{i=1}^{n}X_i^2\end{cases}$$

解上述方程得关于 θ_1、θ_2 的矩估计量为

$$\begin{cases}\hat{\theta}_1=A_1-\sqrt{3(A_2-A_1^2)}=\overline{X}-\sqrt{\dfrac{3(n-1)}{n}}S\\[2ex] \hat{\theta}_2=A_1+\sqrt{3(A_2-A_1^2)}=\overline{X}+\sqrt{\dfrac{3(n-1)}{n}}S\end{cases}$$

【例 7.4】 已知某种白炽灯泡的使用寿命服从正态分布，在某星期所生产的该种灯泡中随机抽取 10 只，测得其寿命(单位为小时)如下：1067 919 1196 785 1126 936 918 1156 920 948.

(1) 试求 μ 和 σ^2 的矩估计值；

(2) 估计这种灯泡的寿命大于 1300 小时的概率。

解 (1)

$$\begin{cases}\mu_1=E(X)=A_1\\ \mu_2=E(X^2)=A_2\end{cases}\Rightarrow\begin{cases}\hat{\mu}_1=A_1=\bar{x}=997\\ \hat{\sigma}^2=A_2-A_1^2=\dfrac{n-1}{n}s^2=17\ 362\end{cases}$$

(2)

$$\begin{aligned}P\{X>1300\}&=1-P\{X\leqslant 1300\}=1-\Phi\left(\frac{1300-997}{\sqrt{17\ 362}}\right)\\&=1-\Phi(2.30)\\&=0.0107\end{aligned}$$

【例 7.5】 设 $X_1, X_2, \cdots, X_n$ 是来自总体 X 的样本，μ、σ^2 分别为 X 的数学期望和方差，试用矩估计法求 μ、σ^2 的估计量.

解 因为

$$\mu_1=E(X)=\mu,\ \mu_2=E(X^2)=D(X)+[E(X)]^2=\sigma^2+\mu^2$$

令

$$\begin{cases}\mu=A_1=\dfrac{1}{n}\sum\limits_{i=1}^{n}X_i\\ \sigma^2+\mu^2=A_2=\dfrac{1}{n}\sum\limits_{i=1}^{n}X_i^2\end{cases}$$

解上述方程得 μ 和 σ^2 的矩估计量分别为

$$\hat{\mu}=\overline{X}$$

$$\hat{\sigma}^2=A_2-A_1^2=\frac{n-1}{n}S^2$$

例 7.5 说明总体均值和方差的矩估计与总体分布无关.

由此可见，矩估计法的优点是非常直观和简便，尤其是对总体的期望和方差进行估计时不需要知道总体的分布，只要求总体原点矩存在. 但同时没用充分用到总体分布函数所提供的信息，损失了一部分有用的信息，因此，在很多场合下要注意矩估计法的合理性.

7.1.2 极大似然估计法

极大似然估计法最早始于高斯的误差理论，后来统计学家 R. A. Fisher 证明了极大似然估计的性质，并且使该方法得到了广泛的应用.

与矩估计法一样，设总体 X 的概率分布类型已知，但含有未知参数. 一般情况下，在随机试验中，小概率的事件在一次试验中一般不会发生，大概率的事件常常会发生. 若在一次试验中，某事件 A 发生了，就有理由认为事件 A 比其他事件发生的概率大，这就是极大似然原理. 下面我们分两种情况加以讨论.

若总体 X 是离散型随机变量，分布律为 $p(X=x_i)=p(x_i, \theta_1, \theta_2, \cdots, \theta_k)$ $(i=1, 2, \cdots)$，其中 $\theta_1, \theta_2, \cdots, \theta_k$ 为待估计参数，$(\theta_1, \theta_2, \cdots, \theta_k)$的取值范围为 Θ. 设 $X_1, X_2, \cdots, X_n$ 是来自总体 X 的样本，则其观测值为 $x_1, x_2, \cdots, x_n$. 记 $A=\{X_1=x_1, X_2=x_2, \cdots, X_n=x_n\}$，事件 A 发生的概率记为 $L(\theta_1, \theta_2, \cdots, \theta_k)=\prod\limits_{i=1}^{n}p(x_i, \theta_1, \theta_2, \cdots, \theta_k)$，$(\theta_1, \theta_2, \cdots, \theta_k)\in\Theta$，并称其为样本的似然函数.

若总体 X 是连续型随机变量，其概率密度函数为 $f(x, \theta_1, \theta_2, \cdots, \theta_k)$，$\theta_1, \theta_2, \cdots, \theta_k$

为待估计参数，则样本的似然函数定义为$L(\theta_1, \theta_2, \cdots, \theta_k)=\prod_{i=1}^{n} f(x_i, \theta_1, \theta_2, \cdots, \theta_k)$.

根据极大似然原理，在$\theta_1, \theta_2, \cdots, \theta_k$取值的可能范围内，应挑选使概率$L(\theta_1, \theta_2, \cdots, \theta_k)$达到最大的$\hat{\theta}_1, \hat{\theta}_2, \cdots, \hat{\theta}_k$作为$\theta_1, \theta_2, \cdots, \theta_k$的估计，得到的$\hat{\theta}_1, \hat{\theta}_2, \cdots, \hat{\theta}_k$与样本值$x_1, x_2, \cdots, x_n$有关，记为$\hat{\theta}_i(x_1, x_2, \cdots, x_n)$ $(i=1, 2, \cdots, k)$，它是参数$\hat{\theta}_i$的极大似然估计值，而相应的统计量$\hat{\theta}_i(X_1, X_2, \cdots, X_n)(i=1, 2, \cdots, k)$为参数$\hat{\theta}_i$的极大似然估计量.

求解极大似然估计问题时通常采取两步：① 写出似然函数；② 求出似然函数的极大值点. 为了计算方便，通常对似然函数$L(\theta)$取对数. 易知，$L(\theta)$与$\ln L(\theta)$在同一$\hat{\theta}$处达到极大，但是求解较为方便. 一般只需采用求极值的办法，即对对数似然函数关于θ_i求导，再令其为0，即

$$\frac{\partial \ln L(\theta)}{\partial \theta_i}=0 \quad (i=1, 2, \cdots, n)$$

便可以得到参数θ_i的极大似然估计.

【例 7.6】 设$x_1, x_2, \cdots, x_n$是来自总体$N(\mu, \sigma^2)$的样本取值，求μ与σ^2的极大似然估计.

解 建立似然函数为

$$L(\mu, \sigma^2)=\frac{1}{(2\pi)^{\frac{n}{2}}(\sigma^2)^{\frac{n}{2}}}\exp\left\{-\frac{\sum_{i=1}^{n}(x_i-\mu)^2}{2\sigma^2}\right\}$$

$$\ln L(\mu, \sigma^2)=-\frac{n}{2}\ln(2\pi)-\frac{n}{2}\ln\sigma^2-\frac{\sum_{i=1}^{n}(x_i-\mu)^2}{2\sigma^2}$$

似然方程组为

$$\begin{cases}\dfrac{\partial \ln L(\mu, \sigma^2)}{\partial \mu}=\dfrac{1}{\sigma^2}\sum_{i=1}^{n}(x_i-\mu)=0\\[2ex] \dfrac{\partial \ln L(\mu, \sigma^2)}{\partial \sigma^2}=-\dfrac{n}{2\sigma^2}+\dfrac{1}{2\sigma^4}\sum_{i=1}^{n}(x_i-\mu)^2=0\end{cases}$$

解似然方程组，得μ与σ^2的极大似然估计值为

$$\hat{\mu}=\frac{1}{n}\sum_{i=1}^{n}x_i=\bar{x}$$

$$\hat{\sigma}^2=\frac{1}{n}\sum_{i=1}^{n}(x_i-\bar{x})^2=\frac{n-1}{n}s^2$$

μ与σ^2的极大似然估计量为

$$\hat{\mu}=\overline{X}, \quad \hat{\sigma}^2=\frac{n-1}{n}S^2$$

由此可见，对于正态分布总体来说，μ、σ^2的矩估计与极大似然估计是相同的.

【例 7.7】 设总体X服从参数为λ的泊松分布$P(\lambda)$，$x_1, x_2, \cdots, x_n$是来自总体的

样本，求 λ 的极大似然估计.

解　因 $X \sim P(X=x_i)=\frac{\lambda^{x_i}}{x_i!}e^{-\lambda}$，故似然函数为

$$L(\lambda)=\prod_{i=1}^{n}P(X_i=x_i)=\prod_{i=1}^{n}\left(\frac{\lambda^{x_i}}{x_i!}e^{-\lambda}\right)=e^{-n\lambda}\prod_{i=1}^{n}\frac{\lambda^{x_i}}{x_i!}$$

取对数得

$$\ln L(\lambda)=-n\lambda+\sum_{i=1}^{n}(x_i\ln\lambda-\ln x_i!)$$

令

$$\frac{d\{\ln L(\lambda)\}}{d\lambda}=-n+\sum_{i=1}^{n}\frac{x_i}{\lambda}=0$$

解之得

$$\hat{\lambda}=\frac{1}{n}\sum_{i=1}^{n}x_i=\bar{x}$$

所以 λ 的极大似然估计值为 $\bar{x}$.

【例7.8】　求均匀分布 $U[\theta_1, \theta_2]$ 中参数 θ_1、θ_2 的极大似然估计.

解　似然函数为

$$L(\theta_1, \theta_2)=\begin{cases}\left[\dfrac{1}{\theta_2-\theta_1}\right]^n & (\theta_1 \leqslant X_{(1)} \leqslant X_{(n)} \leqslant \theta_2) \\ 0 & (\text{其他})\end{cases}$$

似然函数不连续，不能用上面所讲的求解似然方程的方法，按照极大似然估计的定义，在 $\theta_1 \leqslant X_{(1)} \leqslant X_{(n)} \leqslant \theta_2$ 情况下，欲使得 $L(\theta_1, \theta_2)$ 最大，只有使 $\theta_2-\theta_1$ 最小，即使 $\hat{\theta}_2$ 尽可能小，$\hat{\theta}_1$ 尽可能大，所以在 $\theta_1 \leqslant X_{(1)} \leqslant X_{(n)} \leqslant \theta_2$ 约束下只能取 $\hat{\theta}_1=X_{(1)}$，$\hat{\theta}_2=X_{(n)}$.

【例7.9】　设 $X_1, X_2, \cdots, X_n$ 为总体的一个样本，$x_1, x_2, \cdots, x_n$ 为相应的观测值，概率密度函数为 $f(x)=\begin{cases}\theta x^{\theta-1} & (0<x<1) \\ 0 & (\text{其他})\end{cases}$，其中 $\theta>0$，θ 为未知参数. 求 θ 的极大似然估计量.

解

$$L(\theta)=\prod_{i=1}^{n}f(x_i)=\theta^n\left(\prod_{i=1}^{n}x_i\right)^{\theta-1}$$

$$\ln L(\theta)=n\ln(\theta)+(\theta-1)\ln\left(\prod_{i=1}^{n}x_i\right)$$

$$\frac{\partial \ln L(\theta)}{\partial\theta}=\frac{n}{\theta}+\ln\left(\prod_{i=1}^{n}x_i\right)=0 \Rightarrow \hat{\theta}=-\frac{n}{\ln\left(\prod_{i=1}^{n}x_i\right)}$$

所以

$$\hat{\theta}=-\frac{n}{\sum_{i=1}^{n}\ln X_i}$$

习题7.1

1. 设总体 $X \sim B(1, p)$，其中未知参数 $0<p<1$，$X_1, X_2\cdots, X_n$ 是 X 的样本，则参

数 p 的矩估计量为________，样本的似然函数为________.

2. 设 X_1，X_2⋯，X_n 是来自总体 $X \sim N(\mu, \sigma^2)$的样本，则有关于 μ 和 $\overline{X}$ 的似然函数为________.

3. 设 X_1，X_2，⋯，X_n 为总体的一个样本，x_1，x_2，⋯，x_n 为相应的观测值，求下列总体的密度函数中未知参数的矩估计量和极大似然估计量.

(1) $f(x)=\begin{cases} \dfrac{x}{\theta^2}e^{-\frac{x^2}{2\theta^2}} & (x>0) \\ 0 & (\text{其他}) \end{cases}$，其中 $\theta>0$，θ 为未知参数；

(2) $f(x)=\begin{cases} (\theta+1)(x-5)^{\theta} & (5<x<6) \\ 0 & (\text{其他}) \end{cases}$，其中 $\theta>0$，θ 为未知参数.

4. 设 X_1，X_2，⋯，X_n 为总体的一个样本，并且 $X\sim P(\lambda)$，求 $P\{X=0\}$的极大似然估计.

5. 设总体 X 服从指数分布 $f(x)=\begin{cases} \lambda e^{-\lambda x} & (x>0) \\ 0 & (\text{其他}) \end{cases}$，$X_1$，$X_2$，⋯，$X_n$ 是来自 X 的样本.

(1) 求未知参数 λ 的矩估计量；

(2) 求 λ 的极大似然估计.

6. 设总体 X 具有分布密度 $f(x, \alpha)=(\alpha+1)x^{\alpha}$，$0<x<1$，其中 $\alpha>-1$ 是未知参数，X_1，X_2，⋯X_n 为一个样本，试求参数 α 的矩估计和极大似然估计.

7. 设总体 X 具有分布律如表 7.1 所示. 表中，$\theta(0<\theta<1)$为未知参数. 已知取得了样本值 $x_1=1$，$x_2=2$，$x_3=1$，试求 θ 的矩估计值和最大似然估计值.

表 7.1

X	1	2	3
P	θ^2	$2\theta(1-\theta)$	$(1-\theta)^2$

7.2 估计量的评选标准

由例 7.2 和例 7.9 可以看出，对于同一参数，用不同方法来估计，结果是不一样的. 甚至用同一方法也可能得到不同的统计量.

例如，设总体 X 服从参数为 λ 的泊松分布，即

$$P\{X=k\}=e^{-\lambda}\frac{\lambda^k}{k!} \quad (k=0, 1, 2, \cdots)$$

则 $E(X)=\lambda$，$D(X)=\lambda$，分别用样本均值和样本方差取代 $E(X)$和 $D(X)$，于是得到 λ 的两个矩估计量 $\hat{\lambda}_1=\overline{X}$，$\hat{\lambda}_2=S^2$.

由此可见，估计的结果往往不是唯一的. 那么究竟孰优孰劣呢？在应用中到底应采用哪一种方法呢？这就需要给出估计量的评选标准，比较常见的有三种：无偏性、有效性和一致性. 其中，无偏性比较直观，一致性一般要求样本容量大一些.

7.2.1 无偏性

设 $\hat{\theta}$ 是参数 θ 的一个估计量，对于不同的抽样结果，$\hat{\theta}$ 的值不一定相同，但是希望在多次试验中，用 $\hat{\theta}$ 作为 θ 的估计没有系统误差，这就是无偏性的概念.

定义 7.1 设 $X_1, X_2, \cdots, X_n$ 是来自总体 X 的样本，未知参数为 θ，Θ 是 θ 的取值范围，若估计量 $\hat{\theta}(X_1, X_2, \cdots, X_n)$ 的数学期望存在，且对任意的 $\theta \in \Theta$，有

$$E(\hat{\theta})=\theta$$

则称 $\hat{\theta}$ 是 θ 的无偏估计，否则称为有偏估计.

【例 7.10】 设 $X_1, X_2, \cdots, X_n$ 是来自总体 X 的一个样本，证明：

(1) $\overline{X}$ 是总体期望值 $E(X)=\mu$ 的无偏估计；

(2) 如果定义 $S^2=\dfrac{1}{n}\sum_{i=1}^{n}(X_i-\overline{X})^2$，则它并不是总体方差 $D(X)=\sigma^2$ 的无偏估计.

证明 (1) $$E(X)=E\left(\frac{1}{n}\sum_{i=1}^{n}X_i\right)=\frac{1}{n}\sum_{i=1}^{n}E(X_i)=\frac{1}{n}n\mu=\mu$$

(2) 由前面的章节知：

$$D(\overline{X})=D\left(\frac{1}{n}\sum_{i=1}^{n}X_i\right)=\frac{1}{n^2}\sum_{i=1}^{n}D(X_i)=\frac{1}{n^2}n\sigma^2=\frac{\sigma^2}{n}$$

$$E(S^2)=E\left[\frac{1}{n}\sum_{i=1}^{n}(X_i-\overline{X})^2\right]=E\left[\frac{1}{n}\sum_{i=1}^{n}(X_i-\mu)^2-(\overline{X}-\mu)^2\right]$$

$$=\frac{1}{n}\sum_{i=1}^{n}D(X_i)-D(\overline{X})=\frac{1}{n}\cdot n\sigma^2-\frac{\sigma^2}{n}=\frac{n-1}{n}\sigma^2$$

由此可见，$S^2=\dfrac{1}{n}\sum_{i=1}^{n}(X_i-\overline{X})^2$ 不是总体方差 $D(X)=\sigma^2$ 的无偏估计，但样本方差 $S^2=\dfrac{1}{n-1}\sum_{i=1}^{n}(X_i-\overline{X})^2$ 是总体方差 $D(X)=\sigma^2$ 的无偏估计，请读者自行证明.

【例 7.11】 从均值为 μ、方差为 σ^2 的总体 X 中取容量为 3 的样本 x_1, x_2, x_3，则

$$\hat{\mu}_1=\bar{x}$$

$$\hat{\mu}_2=\frac{1}{2}x_1+\frac{1}{3}x_2+\frac{1}{6}x_3$$

$$\hat{\mu}_3=x_2$$

都是 μ 的无偏估计.

证明 因为

$$E(\hat{\mu}_1)=E(\bar{x})=\mu$$

$$E(\hat{\mu}_2)=\frac{1}{2}E(x_1)+\frac{1}{3}E(x_2)+\frac{1}{6}E(x_3)=\mu$$

$$E(\hat{\mu}_3)=E(x_2)=\mu$$

所以它们都是 μ 的无偏估计.

7.2.2 有效性

满足无偏性的估计可能不止一个，如对于数学期望 μ，样本均值 $\overline{X}$ 和样本的第一个观测值 X_1 都是它的无偏估计，但是哪个更好呢？自然想到方差较小的那个更好，因为方差越小表示 $\hat{\theta}$ 越密集于真值 θ 附近. 这就是有效性准则.

定义 7.2 设 $\hat{\theta}_1$ 和 $\hat{\theta}_2$ 是参数 θ 的两个无偏估计量，若

$$D(\hat{\theta}_1) \leqslant D(\hat{\theta}_2) \quad (\text{对任意 } \theta \in \Theta)$$

且至少存在某一个 $\theta \in \Theta$，使得上式成为严格的不等式，则称 $\hat{\theta}_1$ 比 $\hat{\theta}_2$ 有效.

【例 7.12】 继续比较例 7.11 中三个样本的有效性.

解 因为 $D(\hat{\theta}_1)=\dfrac{1}{3}\sigma^2$，$D(\hat{\theta}_2)=\dfrac{14}{36}\sigma^2$，$D(\hat{\theta}_3)=\sigma^2$，所以 $\hat{\mu}_1=\bar{x}$ 是 μ 的有效估计，即使用样本的全部数据比只使用部分数据来估计总体均值更加有效.

7.2.3 一致性(相合性)

无偏性和有效性都是在样本容量 n 固定的前提下考虑的. 然而有时希望随着样本容量 n 的增大，估计量的值能够越来越接近待估参数的真值，这就是一致性(也称相合性)的原则.

定义 7.3 设 $\hat{\theta}$ 是参数 θ 的一个估计量，n 是样本容量，若对于任意 $\theta \in \Theta$ 都满足，对于任意的 $\varepsilon>0$，有 $\lim\limits_{n\to\infty}P\{|\hat{\theta}-\theta|<\varepsilon\}=1$，则称 $\hat{\theta}$ 是 θ 的一致估计量.

由大数定律可知，样本矩是总体矩的一致估计量，如样本平均数 $\overline{X}$ 是总体均值 μ 的一致估计量，样本方差 S^2 及二阶样本中心矩 A_2 都是总体方差 σ^2 的一致估计量，经验分布函数 $F_n(x)$ 是总体分布函数 $F(x)$ 的一致估计.

习题 7.2

1. 设 $X_1, X_2, \cdots, X_n$ 为来自总体 X 的一个样本，$\overline{X}$、$X_i (i=1, \cdots, n)$ 均为总体均值 μ 的无偏估计量，哪一个估计量更有效？

2. 设总体 $X \sim N(\mu, 1)$，(X_1, X_2) 是 X 的一个样本容量 2 的样本，试证明：$\hat{\mu}_1=\dfrac{2}{3}X_1+\dfrac{1}{3}X_2$、$\hat{\mu}_2=\dfrac{1}{2}X_1+\dfrac{1}{2}X_2$ 都是 μ 的无偏估计量，并比较哪一个估计量更有效.

3. 设总体 $X \sim N(\mu, \sigma^2)$，$X_1, X_2, \cdots, X_n$ 是 X 的一个样本，证明：S^2 是 σ^2 的一致估计量.

4. 设 $\hat{\theta}$ 是参数 θ 的无偏估计，且有 $D(\hat{\theta})>0$. 试证：$\hat{\theta}^2$ 不是 θ^2 的无偏估计.

5. 设 $X_1, X_2, \cdots, X_n$ 是来自总体 $N(\mu, \sigma^2)$ 的一个样本，若使 $C \cdot \sum\limits_{i=1}^{n-1}(X_{i+1}-X_i)^2$

为 σ^2 的无偏估计，求常数 C 的值.

6. 设 X_1，…，X_4 是来自均值为 θ 的指数分布总体的样本，其中 θ 为未知参数，则下列估计量中不是均值 μ 的无偏估计量的是(　　).

A. $T_1=\frac{1}{6}(X_1+X_2)+\frac{1}{3}(X_3+X_4)$

B. $T_2=\frac{1}{5}(X_1+2X_2+3X_3+4X_4)$

C. $T_3=\frac{1}{4}(X_1+X_2+X_3+X_4)$

D. $T_4=\frac{1}{2}X_1+\frac{1}{4}X_2+\frac{1}{8}X_3+\frac{1}{8}X_4$

7. 设总体 X 的数学期望为 0，σ 是总体 X 的标准差，X_1，X_2，…，X_n 是来自总体 X 的简单随机样本，则总体方差 σ^2 的无偏估计是(　　).

A. $\frac{1}{n}\sum_{i=1}^{n}(X_i-\overline{X})^2$　　B. $\frac{1}{n-1}\sum_{i=1}^{n}X_i^{\ 2}$

C. $\frac{1}{n-1}\sum_{i=1}^{n}(X_i-\overline{X})^2$　　D. $\frac{1}{n}\sum_{i=1}^{n}X_i^{\ 2}$

7.3　区间估计

前面讨论的点估计是用一个数去估计未知参数，并且通过几种评价标准来评价估计量 $\hat{\theta}$ 是否能“接近”真正的参数 θ，然而不管 $\hat{\theta}$ 是多么合适的估计量，对于估值的可靠度与精度，点估计都没有回答. 所以需要寻求另外一种方法，希望由样本给出参数值的一个估计范围，并希望知道这个范围包含参数 θ 真值的可信程度，通常以区间的形式给出，这种形式的估计就称为区间估计.

7.3.1　区间估计的含义

定义 7.4　设 θ 是总体的一个参数，如果有两个统计量：

$$\hat{\theta}_1=\hat{\theta}_1(X_1, X_2, \cdots, X_n)$$

$$\hat{\theta}_2=\hat{\theta}_2(X_1, X_2, \cdots, X_n)$$

满足对于给定的 $\alpha\in(0, 1)$，有 $P\{\hat{\theta}_1\leqslant\theta\leqslant\hat{\theta}_2\}=1-\alpha$，则称区间$[\hat{\theta}_1, \hat{\theta}_2]$是 θ 的一个区间估计或置信区间，$\hat{\theta}_1$、$\hat{\theta}_2$ 分别称作置信下限、置信上限，$1-\alpha$ 称为置信水平或置信度.

置信水平就是对可信程度的度量. 置信水平为 $1-\alpha$ 可以这样来理解：如取 $\alpha=0.05$，则 $1-\alpha=95\%$，反复抽样多次获得 100 个容量为 n 的样本，用相同方法做 100 个置信区间，那么其中大约有 95 个区间包含了参数 θ 的真值，不包含参数 θ 的真值的区间大约有 5 个. 当只做一次区间估计时，就有理由认为它包含了参数 θ 的真值. 当然，也可能犯错误，但概率只有 5%.

通常对参数 θ 进行区间估计时要求：

(1) 可信度高，即要求尽可能以很大的概率包含参数 θ 的真值.

(2) 估计精度高，即要求区间的长度尽可能小.

但二者是相互矛盾的，奈曼提出的一个原则是先保证可信度，在此前提下使精度尽可能提高.

区间估计的一般步骤如下：

(1) 设待估参数为 θ，选取一个样本和 θ 的函数 $G(X_1, X_2, \cdots, X_n, \theta)$，该函数的分布形式已知，只依赖未知参数 θ.

(2) 对于给定的置信水平 $1-\alpha$，适当地选择两个常数 c 和 d，使

$$P(c < G(X_1, X_2, \cdots, X_n, \theta) < d) = 1-\alpha$$

(3) 由 $c<G(X_1, X_2, \cdots, X_n, \theta)<d$ 得到等价的不等式 $\hat{\theta}_1<\theta<\hat{\theta}_2$，即可得到 θ 的置信水平为 $1-\alpha$ 的置信区间.

区间估计涉及抽样分布，但对于一般分布的总体，其抽样分布的计算通常有些困难，因此，我们将主要研究正态总体参数的区间估计问题.

7.3.2 一个正态总体均值的区间估计

设 $X_1, X_2, \cdots, X_n$ 为 $N(\mu, \sigma^2)$的样本，本节对给定的置信水平 $1-\alpha$，$0<\alpha<1$，研究参数 μ 的区间估计.

1. σ^2 已知

由于 $U=\dfrac{\overline{X}-\mu}{\sigma/\sqrt{n}}\sim N(0, 1)$，对于给定的 α，由上$\dfrac{\alpha}{2}$分位点 $u_{\frac{\alpha}{2}}$ 可得(如图 7.1 所示)

$$P\left\{\left|\frac{\overline{X}-\mu}{\sigma/\sqrt{n}}\right| < u_{\frac{\alpha}{2}}\right\} = 1-\alpha$$

$$P\left\{\overline{X}-u_{\frac{\alpha}{2}}\frac{\sigma}{\sqrt{n}} < \mu < \overline{X}+u_{\frac{\alpha}{2}}\frac{\sigma}{\sqrt{n}}\right\} = 1-\alpha$$

即可得到 μ 的置信水平为 $1-\alpha$ 的置信区间$\left(\overline{X}-u_{\frac{\alpha}{2}}\dfrac{\sigma}{\sqrt{n}}, \overline{X}+u_{\frac{\alpha}{2}}\dfrac{\sigma}{\sqrt{n}}\right)$. 例如，取 $\alpha=0.05$，则 μ 的置信水平为 95%的置信区间为$\left(\overline{X}-1.96\dfrac{\sigma}{\sqrt{n}}, \overline{X}+1.96\dfrac{\sigma}{\sqrt{n}}\right)$.

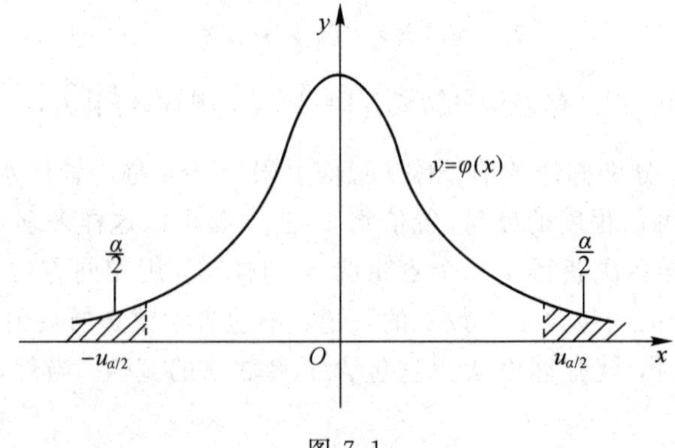

图 7.1

2. σ^2 未知

此时含有未知参数 σ^2，利用 S^2 来估计 σ^2，取 $T=\dfrac{\overline{X}-\mu}{S/\sqrt{n}}$，服从 $t(n-1)$分布. 因为 t 分布的概率密度曲线也是对称的，当置信水平为 $1-\alpha$ 时，可以选择 t 分布上$\dfrac{\alpha}{2}$分位点 $t_{\frac{\alpha}{2}}(n-1)$，如图 7.2 所示，使得

$$P\{|T|<t_{\frac{\alpha}{2}}(n-1)\}=1-\alpha$$

成立. 上式经过变形可得到$\left(\overline{X}-t_{\frac{\alpha}{2}}(n-1)\dfrac{S}{\sqrt{n}},\ \overline{X}+t_{\frac{\alpha}{2}}(n-1)\dfrac{S}{\sqrt{n}}\right)$.

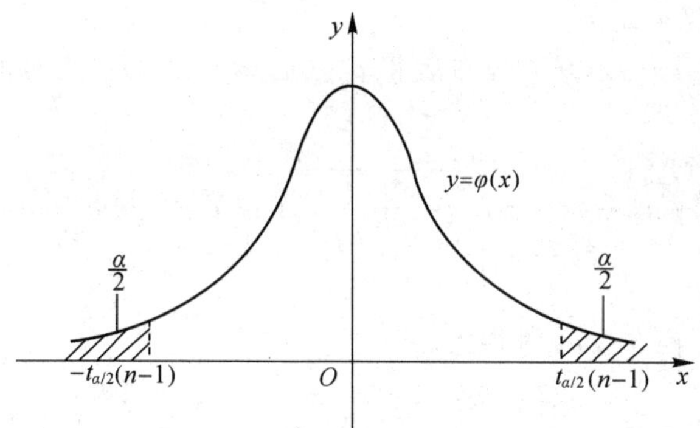

图 7.2

【例 7.13】 测得某批 25 个小麦样本的平均蛋白质含量 $\bar{x}=14.5\%$，已知 $\sigma=2.5\%$，试进行 0.95 置信水平下蛋白质含量的区间估计.

解　因为 σ 为已知，置信水平为 $P=1-\alpha=0.95$，即 $\alpha=0.05$，由

$$\left(\bar{x}-u_{\frac{\alpha}{2}}\frac{\sigma}{\sqrt{n}},\ \bar{x}+u_{\frac{\alpha}{2}}\frac{\sigma}{\sqrt{n}}\right)$$

可得到蛋白质含量的置信区间为(13.52%，15.48%).

【例 7.14】 从某渔场收虾的总体中随机抽取 20 尾对虾，测得平均体长 $\bar{x}=120$ mm，标准差为 $s=15$ mm，试估计置信水平为 0.99 的对虾总体平均数.

解　由于总体方差 σ^2 未知，需用 s^2 估计 σ^2. 置信水平为 $P=1-\alpha=0.99$，即 $\alpha=0.01$，由

$$\left(\bar{x}-t_{\frac{\alpha}{2}}(n-1)\frac{s}{\sqrt{n}},\ \bar{x}+t_{\frac{\alpha}{2}}(n-1)\frac{s}{\sqrt{n}}\right)$$

可得到虾体长的置信区间为(110.4，129.6).

7.3.3　两个正态总体均值之差的区间估计

在实际情况中，经常要对两个对象的同一特征进行比较. 下面求两个正态总体均值之差 $\mu_1-\mu_2$ 的置信水平为 $1-\alpha$ 的置信区间.

设 $X\sim N(\mu_1,\sigma_1^2)$，$Y\sim N(\mu_2,\sigma_2^2)$，$\overline{X}$、$\overline{Y}$、$S_1^2$、$S_2^2$ 分别是两个样本的均值与方差.

(1) σ_1^2、σ_2^2 已知.

由 $U=\dfrac{(\bar{X}-\bar{Y})-(\mu_1-\mu_2)}{\sqrt{\dfrac{\sigma_1^2}{n_1}+\dfrac{\sigma_2^2}{n_2}}}\sim N(0,1)$，对于给定的置信水平 $1-\alpha$，查标准正态分布表得 $U_{\frac{\alpha}{2}}$，从而得到 $\mu_1-\mu_2$ 的置信区间为

$$\left(\bar{X}-\bar{Y}-u_{\frac{\alpha}{2}}\sqrt{\frac{\sigma_1^2}{n_1}+\frac{\sigma_2^2}{n_2}},\ \bar{X}-\bar{Y}+u_{\frac{\alpha}{2}}\sqrt{\frac{\sigma_1^2}{n_1}+\frac{\sigma_2^2}{n_2}}\right)$$

(2) σ_1^2、σ_2^2 未知，但 $\sigma_1^2=\sigma_2^2=\sigma^2$.

由于 $T=\dfrac{(\bar{X}-\bar{Y})-(\mu_1-\mu_2)}{S_W\sqrt{\dfrac{1}{n_1}+\dfrac{1}{n_2}}}\sim t(n_1+n_2-2)$，其中 $S_W=\dfrac{(n_1-1)S_1^2-(n_2-1)S_2^2}{n_1+n_2-2}$，对于给定的置信水平 $1-\alpha$，查 t 分布表得 $t_{\alpha/2}(n_1+n_2-2)$，从而得到 $\mu_1-\mu_2$ 的置信区间为

$$\left(\bar{X}-\bar{Y}-t_{\frac{\alpha}{2}}(n_1+n_2-2)\cdot S_W\sqrt{\frac{1}{n_1}+\frac{1}{n_2}},\ \bar{X}-\bar{Y}+t_{\frac{\alpha}{2}}(n_1+n_2-2)\cdot S_W\sqrt{\frac{1}{n_1}+\frac{1}{n_2}}\right)$$

(3) σ_1^2、σ_2^2 未知，但 n_1、n_2 都很大。

此时使用 $\left(\bar{X}-\bar{Y}-u_{\frac{\alpha}{2}}\sqrt{\dfrac{S_1^2}{n_1}+\dfrac{S_2^2}{n_2}},\ \bar{X}-\bar{Y}+u_{\frac{\alpha}{2}}\sqrt{\dfrac{S_1^2}{n_1}+\dfrac{S_2^2}{n_2}}\right)$ 作为 $\mu_1-\mu_2$ 的置信水平为 $1-\alpha$ 的置信区间.

【例 7.15】 从两个正态总体 $X\sim N(\mu_1,3^2)$、$Y\sim N(\mu_2,4^2)$ 中分别抽取容量为 25 和 30 的样本，测得 $\bar{x}=85$，$\bar{y}=80$，求 $\mu_1-\mu_2$ 的置信区间(置信水平 $1-\alpha=0.90$).

解 置信水平 $1-\alpha=0.90$，故 $\alpha=0.10$，方差已知，查表得到 $u_{\frac{\alpha}{2}}=1.65$.

置信区间下限为

$$\bar{x}-\bar{y}-u_{\frac{\alpha}{2}}\sqrt{\frac{\sigma_1^2}{n_1}+\frac{\sigma_2^2}{n_2}}=85-80-1.65\times\sqrt{\frac{9}{25}+\frac{16}{30}}\approx 3.44$$

置信区间上限为

$$\bar{x}-\bar{y}+u_{\frac{\alpha}{2}}\sqrt{\frac{\sigma_1^2}{n_1}+\frac{\sigma_2^2}{n_2}}=85-80+1.65\times\sqrt{\frac{9}{25}+\frac{16}{30}}\approx 6.56$$

由此得出，$\mu_1-\mu_2$ 在置信水平为 0.90 的置信区间为(3.44，6.56).

【例 7.16】 用高蛋白和低蛋白两种饲料饲养一月龄大白鼠，在三个月时，测定两组大白鼠的增重量(g)，两组的数据分别如下：

高蛋白组：134，146，106，119，124，161，107，83，113，129，97，123；

低蛋白组：70，118，101，85，107，132，94.

假设高蛋白和低蛋白两种饲料饲养一月龄大白鼠增重量独立且都服从正态分布，并且方差相同. 试对两种蛋白饲料饲养的大白鼠增重之差作区间估计(置信水平 $1-\alpha=0.95$).

解 由题意得

$$\overline{x_1}=120.17,\ s_1^2=451.97,\ n_1=12$$

$$\overline{x_2}=101.00,\ s_2^2=425.33,\ n_2=7$$

$$S_W=\frac{(n_1-1)s_1^2-(n_2-1)s_2^2}{n_1+n_2-2}=442.568$$

置信水平 $1-\alpha=0.95$，查 t 分布表得 $t_{\alpha/2}(n_1+n_2-2)=2.110$，从而得到 $\mu_1-\mu_2$ 的置信区间下限为

$$\bar{x}-\bar{y}-t_{\frac{\alpha}{2}}(n_1+n_2-2)\cdot S_W\sqrt{\frac{1}{n_1}+\frac{1}{n_2}}=(120.17-101.00)-2.110\times 10.005=1.94$$

置信区间上限为

$$\bar{x}-\bar{y}+t_{\frac{\alpha}{2}}(n_1+n_2-2)\cdot S_W\sqrt{\frac{1}{n_1}+\frac{1}{n_2}}=(120.17-101.00)+2.110\times 10.005=40.281$$

由此得出，置信水平 $1-\alpha=0.95$ 下两种蛋白饲料饲养的大白鼠增重之差 $\mu_1-\mu_2$ 的置信区间为(−1.94，40.281).

设 X_1，X_2，…，X_n 为 $N(\mu,\sigma^2)$的样本，对给定的置信水平 $1-\alpha$，$0<\alpha<1$，现在研究参数 σ^2 的置信区间.

不妨假设 μ 为未知，因为 σ^2 的无偏估计量为 S^2，且$\frac{(n-1)S^2}{\sigma^2}\sim\chi^2(n-1)$，所以有

$$P\left\{\chi^2_{1-\frac{\alpha}{2}}(n-1)<\frac{(n-1)S^2}{\sigma^2}<\chi^2_{\frac{\alpha}{2}}(n-1)\right\}=1-\alpha$$

即

$$P\left\{\frac{(n-1)S^2}{\chi^2_{\frac{\alpha}{2}}(n-1)}<\sigma^2<\frac{(n-1)S^2}{\chi^2_{1-\frac{\alpha}{2}}(n-1)}\right\}=1-\alpha$$

于是可得方差 σ^2 的置信水平 $1-\alpha$ 的置信区间为$\left(\frac{(n-1)S^2}{\chi^2_{\frac{\alpha}{2}}(n-1)},\frac{(n-1)S^2}{\chi^2_{1-\frac{\alpha}{2}}(n-1)}\right)$，标准差 σ 的置信水平 $1-\alpha$ 的置信区间为$\left(\sqrt{\frac{(n-1)S^2}{\chi^2_{\frac{\alpha}{2}}(n-1)}},\sqrt{\frac{(n-1)S^2}{\chi^2_{1-\frac{\alpha}{2}}(n-1)}}\right)$. 当密度函数不对称时，习惯上仍取对称的分位点. 例如，图 7.3 中取上分位点 $\chi^2_{1-\frac{\alpha}{2}}(n-1)$与 $\chi^2_{\frac{\alpha}{2}}(n-1)$来确定置信区间.

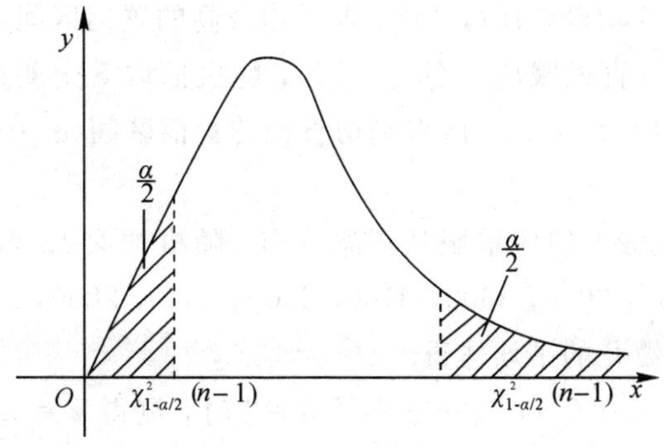

图 7.3

【例 7.17】 现有一大批糖果，随机取 16 袋，称得重量(单位为 g)如下：

506 508 499 503 504 510 497 512

514 505 493 496 506 502 509 496

假设该批糖果的重量近似地服从正态分布，求总体方差 σ^2 的置信水平 0.95 的置信区间.

解 置信水平 $1-\alpha=0.95$，故 $\alpha=0.05$，$n-1=15$，查表得到 $\chi^2_{0.025}(15)=27.488$，$\chi^2_{0.975}(15)=6.262$，计算得出 $s^2=6.2022^2$，由 $\left(\dfrac{(n-1)s^2}{\chi^2_{\frac{\alpha}{2}}(n-1)}, \dfrac{(n-1)s^2}{\chi^2_{1-\frac{\alpha}{2}}(n-1)}\right)$ 得出置信区间为(20.99，92.14).

【例 7.18】 从某厂生产的滚珠中随机抽取 10 个，测得滚珠的直径(单位为 mm)如下：14.6，15.0，14.7，15.1，14.9，14.8，15.0，15.1，15.2，14.8. 若滚珠的直径服从正态分布 $N(\mu, \sigma^2)$，且总体均值未知，求滚珠直径方差 σ^2 的置信度为 95%的置信区间。

解 计算样本方差 $s^2=0.0373$，$1-\alpha=0.95 \Rightarrow \alpha=0.05$，查 χ^2 分布表得 $\chi^2_{1-\frac{\alpha}{2}}(n-1)=\chi^2_{0.975}(9)=2.70$，$\chi^2_{\frac{\alpha}{2}}(n-1)=\chi^2_{0.025}(9)=19.0$，因此

$$\frac{(n-1)s^2}{\chi^2_{\frac{\alpha}{2}}(n-1)}=\frac{9\times 0.0373}{19.0}=0.0177$$

$$\frac{(n-1)s^2}{\chi^2_{1-\alpha/2}(n-1)}=\frac{9\times 0.0373}{2.70}=0.1243$$

所以所求置信区间为(0.0177，0.1243).

接下来研究两个正态总体方差之比的区间估计(仅讨论总体均值 μ_1、μ_2 未知的情况).

设两个独立正态总体 $X\sim N(\mu_1, \sigma_1^2)$，$Y\sim N(\mu_2, \sigma_2^2)$，其中 μ_1、μ_2、σ_1^2、σ_2^2 都是未知的. 由于 $F=\dfrac{S_1^2/S_2^2}{\sigma_1^2/\sigma_2^2}\sim F(n_1-1, n_2-1)$，对于给定的置信水平 $1-\alpha$，查 F 分布的 α 分位点可以得到方差比 σ_1^2/σ_2^2 的置信水平 $1-\alpha$ 的置信区间为

$$\left(\frac{S_1^2}{S_2^2}\cdot\frac{1}{F_{\frac{\alpha}{2}}(n_1-1, n_2-1)}, \frac{S_1^2}{S_2^2}\cdot\frac{1}{F_{1-\frac{\alpha}{2}}(n_1-1, n_2-1)}\right)$$

习题 7.3

1. 人的身高服从正态分布，假设从某中学随机抽取 6 名同学，测得身高(单位为 cm)如下：149，158.5，152.5，165，157，142. 求平均身高的置信区间($\alpha=0.05$).

2. 一车间生产滚珠，直径服从 $N(\mu, 0.05)$，随机抽取 5 个测得直径(单位为 mm)如下：14.6，15.1，14.9，15.2，15.1. 试求平均直径的置信区间($\alpha=0.05$). 若 σ^2 未知，求 μ 的置信区间($\alpha=0.05$).

3. 假定初生婴儿(男孩)的体重服从正态分布，随机抽取 12 名婴儿，测其体重为(单位为 g)3100，2520，3000，3000，3600，3160，2560，3320，2800，2600，3400，2540. 试以 0.95 的置信度估计新生婴儿的平均体重.

4. 设总体 $\overline{X}\sim N(\mu, 0.9^2)$，当样本容量 $n=9$ 时，测得 $\bar{x}=5$. 求未知参数 μ 的置信度为 0.95 的置信区间.

5. 从一批钢索中抽取 10 个样本测试其抗剪强度(单位为 MPa)，结果如下：578，

572，570，568，572，570，596，584，572．已知钢索的折断力 X 服从正态分布 $N(\mu, \sigma^2)$．

(1) 已知方差 $\sigma^2=25$，求 μ 的置信区间 $\alpha=0.05$．

(2) 若方差 σ^2 未知，求 μ 的置信区间 $\alpha=0.05$．

6．设从正态总体 X 中采用了 $n=31$ 个相互独立的观察值，算得样本均值 $\bar{x}=58.61$，样本方差 $s^2=(5.8)^2$，求总体 X 的均值和方差的 90%的置信区间．

总习题 7

1．已知某种白炽灯泡的使用寿命服从正态分布，在某星期所生产的该种灯泡中随机抽取 10 只，测得其寿命(单位为小时)如下：

1067　919　1196　785　1126　936　918　1156　920　948

(1) 试求 μ 和 σ^2 的矩估计值；

(2) 估计这种灯泡的寿命大于 1300 小时的概率．

2．设总体 X 的分布为

$$p(x)=\begin{cases}(\theta+1)x^{\theta} & (0<x<1)\\ 0 & (\text{其他})\end{cases}$$

其中，$\theta>-1$ 是未知参数，$x_1, x_2, \cdots, x_n$ 为来自总体 X 的一个容量为 n 的简单随机样本．分别用矩估计法和最大似然法估计 θ．

3．从一批股民一年收益率的数据中随机抽取 10 人的收益率数据，结果如表 7.2 所示，求这批股民的平均收益率及标准差的矩估计值．

表 7.2

序号	1	2	3	4	5	6	7	8	9	10
收益率	0.01	−0.11	−0.12	−0.09	−0.13	−0.3	0.1	−0.09	−0.1	−0.11

4．从一批火箭推力装置中抽取 10 个进行试验，测得燃烧时间(s)如下：

50.7，54.9，54.3，44.8，42.3，69.8，53.4，66.1，48.1，34.5

设燃烧时间服从正态分布 $N(\mu, \sigma^2)$，求燃烧时间标准差 σ 的置信度为 0.9 的置信区间．

5．从一批钉子中随机抽取 16 枚，测得其长度(单位为 cm)为

2.14，2.10，2.13，2.15，2.13，2.12，2.13，2.10

2.15，2.12，2.14，2.10，2.13，2.11，2.14，2.11

假设钉子的长度 X 服从正态分布 $N(\mu, \sigma^2)$，在下列两种情况下分别求总体均值 μ 的置信度为 90%的置信区间．

(1) 已知 $\sigma=0.01$；

(2) σ 未知．

6．假设某种砖头的抗压强度 $X\sim N(\mu, \sigma^2)$，今随机抽取 20 块砖头，测得数据(单位为 $\text{kg}\cdot\text{cm}^{-2}$)如下：

64，69，49，92，55，97，41，84，88，99，

84，66，100，98，72，74，87，84，48，81

试求：

(1) μ 的置信度为 0.95 的置信区间；

(2) σ^2 的置信度为 0.95 的置信区间.

7. 已知某种灯泡的寿命 X（单位为小时）服从正态分布 $N(\mu, 8)$. 现从这批灯泡中抽取 10 个，测得其寿命分别为

1050　1100　1080　1120　1200　1250　1040　1130　1300　1200

若 $\alpha=0.05$，试求期望 μ 的置信度为 0.95 的置信区间.

8. 为确定某种溶液中的甲醛浓度，取得 4 个独立测量值的样本，并算得样本均值 $\bar{x}=8.34\%$，样本标准差 $s=0.03\%$. 取 $\alpha=0.05$，试求出 μ 的置信水平为 0.95 的置信区间.

9. 为比较两个小麦品种的产量，选择 18 块条件相似的试验田，采用相同的耕作方法做试验，结果播种甲品种的 8 块田的单位面积产量和播种乙品种的 10 块田的单位面积产量(kg)分别如下：

甲：628　583　510　554　612　523　530　615

乙：535　433　398　470　567　480　498　560　503　426

假定每个品种的单位面积产量均服从正态分布，两个品种的单位面积产量的标准差相同. 试求这两个品种平均单位面积产量差的置信区间($\alpha=0.05$).

10. 某车间有两台自动机床加工一种零件，假设零件直径服从正态分布，现从两个班次的产品中分别检查了 5 个和 6 个零件，得其直径数据(单位为 cm)如下：

甲：5.06　5.08　5.03　5　5.07

乙：4.98　5.03　4.97　4.99　5.02　4.95

试求两班加工零件直径的方差比 $\sigma_{甲}^2/\sigma_{乙}^2$ 的 95%的置信区间.

11. 已知某校 18 岁男生的 100 m 跑成绩近似服从正态分布 $N(\mu, 0.8^2)$，μ 未知，今抽测 50 人，得 $\bar{x}=12.6$ s，求该校男生(18 岁)百米跑成绩平均值的 95%的置位区间。

12. 从某食品公司所生产的牛肉干中随机抽 7 盒，称得各盒重量如下：9.6、10.2、9.8、10.0、10.4、9.8、10.2. 如牛肉干盒重量近似服从正态分布，求置信水平为 95%的情况下，牛肉干盒平均重量的置信区间.

13. 从某校随机地抽取 81 名女学生，测得平均身高为 163 厘米，标准差为 6.0 厘米，试求该校女生平均身高的 95%的置信区间。

第 8 章　假设检验

假设检验与统计估计都是统计推断的重要内容. 统计假设检验问题是指：当总体的分布函数已知，而其中部分参数未知时，或是当总体的分布函数完全未知时，对总体参数、总体某些分布特性或总体分布作出统计假设，并验证这些统计假设的合理性问题. 本章主要介绍正态总体参数的假设检验方法与大样本检验法.

8.1　假设检验的基本问题

8.1.1　假设检验的基本思想

一般地，关于总体参数或总体分布的论断与推测、假定与设想统称为统计假设，简称为假设. 按一定统计规律推断所作假设是否成立的过程，记为统计假设的检验，称为假设检验. 例如，提出总体服从泊松分布的假设，对于正态总体提出数学期望等于 μ_0 的假设等. 这里我们先结合例子来说明假设检验的基本思想.

【例 8.1】　味精厂用一台包装机自动包装味精，已知袋装味精的重量是一个随机变量，它服从正态分布. 机器正常时，其均值为 0.5 kg. 某日开工后随机抽取 9 袋袋装味精，其净重(kg)为

$$0.497,\ 0.506,\ 0.518,\ 0.524,\ 0.498,\ 0.511,\ 0.520,\ 0.515,\ 0.512$$

问这台包装机是否正常?

此例随机抽取得到的 9 袋味精的重量都不正好是 0.5 kg，这种实际重量和标准重量不完全一致的现象在实际中是经常出现的. 造成这种差异不外乎有两种原因：一是偶然因素的影响，二是条件因素的影响. 由于偶然因素(如电网电压的波动、金属部件的不时伸缩、衡量仪器的误差等)而产生的差异称为随机误差；由于条件因素(如生产设备的缺陷、机器部件的过度损耗)而产生的差异称为条件误差. 若只存在随机误差，我们就没有理由怀疑标准重量不是 0.5 kg；如果我们有十足的理由判断标准重量已不是 0.5 kg，则造成这种现象的主要原因是条件误差，即包装机工作不正常. 那么我们怎样判断包装机工作是否正常呢?

以 μ、σ 分别表示这一天袋装味精的重量 X 的均值和标准差. 由于长期实践表明标准差比较稳定，因此设 $\sigma=0.015$，于是 $X\sim N(\mu,\ 0.015^2)$，这里 μ 未知. 此时问题就变成根据样本值来判断 $\mu=0.5$ 还是 $\mu\neq 0.5$. 为此，我们提出两个相互对立的假设：

$$H_0:\mu=\mu_0=0.5$$

和

$$H_1:\mu\neq\mu_0$$

然后我们给出一个合理的法则，根据这一法则，利用已知样本作出决策是接受假设 H_0(即拒绝假设 H_1)还是拒绝假设 H_0(即接受假设 H_1). 如果作出的决策是接受 H_0，则认为

$\mu=\mu_0$，即认为机器工作是正常的，否则认为机器工作是不正常的.

由于要检验的假设涉及总体均值 μ，因此首先想到是否可借助样本均值 $\overline{X}$ 这一统计量来进行判断. 我们知道，$\overline{X}$ 是 μ 的无偏估计，$\overline{X}$ 的观察值 $\bar{x}$ 的大小在一定程度上反映 μ 的大小. 因此，如果假设 H_0 为真，则观察值 $\bar{x}$ 与 μ_0 的偏差 $|\bar{x}-\mu_0|$ 一般不应太大. 若 $|\bar{x}-\mu_0|$ 过分大，我们就怀疑假设 H_0 的正确性而拒绝 H_0，并考虑到当 H_0 为真时 $\dfrac{\bar{x}-\mu_0}{\sigma/\sqrt{n}}\sim N(0,1)$. 而衡量 $|\bar{x}-\mu_0|$ 的大小可归结为衡量 $\dfrac{|\bar{x}-\mu_0|}{\sigma/\sqrt{n}}$ 的大小. 基于上面的想法，我们可适当选定一正数 d，若观察值 $\bar{x}$ 满足 $\dfrac{|\bar{x}-\mu_0|}{\sigma/\sqrt{n}}\geqslant d$，则拒绝假设 H_0；反之，若 $\dfrac{|\bar{x}-\mu_0|}{\sigma/\sqrt{n}}<d$，则接受假设 H_0.

然而，由于作出决策的依据是一个样本，因此当实际上 H_0 为真时仍可能作出拒绝 H_0 的决策(这种可能性是无法消除的). 这是一种错误，犯这种错误的概率记为

$$P\{\text{拒绝 } H_0 \mid H_0 \text{ 为真}\}$$

我们无法排除犯这种错误的可能性，因此自然希望将犯这类错误的概率控制在一定限度之内，即给出一个较小的数 $\alpha\,(0<\alpha<1)$，使犯这类错误的概率不超过 α，即使得

$$P\{\text{拒绝 } H_0 \mid H_0 \text{ 为真}\}\leqslant\alpha \tag{8.1}$$

为了确定常数 d，我们考虑统计量 $\dfrac{\overline{X}-\mu_0}{\sigma/\sqrt{n}}$. 由于只允许犯这类错误的概率最大为 α，令式(8.1)右端取等号，即令

$$P\{\text{拒绝 } H_0 \mid H_0 \text{ 为真}\}=P\left\{\left|\frac{\overline{X}-\mu_0}{\sigma/\sqrt{n}}\right|\geqslant d\right\}=\alpha$$

且该式子可化为

$$P\left\{\left(\frac{\overline{X}-\mu_0}{\sigma/\sqrt{n}}\geqslant d\right)\cup\left(\frac{\overline{X}-\mu_0}{\sigma/\sqrt{n}}<-d\right)\right\}=2P\left\{\frac{\overline{X}-\mu_0}{\sigma/\sqrt{n}}\geqslant d\right\}=\alpha$$

即

$$P\left\{\frac{\overline{X}-\mu_0}{\sigma/\sqrt{n}}\geqslant d\right\}=\frac{\alpha}{2}$$

由于当 H_0 为真时，$U=\dfrac{\overline{X}-\mu_0}{\sigma/\sqrt{n}}\sim N(0,1)$，由标准正态分布分位点的定义得(见图 8.1)

$$d=u_{\frac{\alpha}{2}}$$

因而，若 U 的观察值满足

$$|u|=\left|\frac{\bar{x}-\mu_0}{\sigma/\sqrt{n}}\right|\geqslant d=u_{\frac{\alpha}{2}}$$

则拒绝 H_0；而若

$$|u|=\left|\frac{\bar{x}-\mu_0}{\sigma/\sqrt{n}}\right|<d=u_{\frac{\alpha}{2}}$$

则接受 H_0.

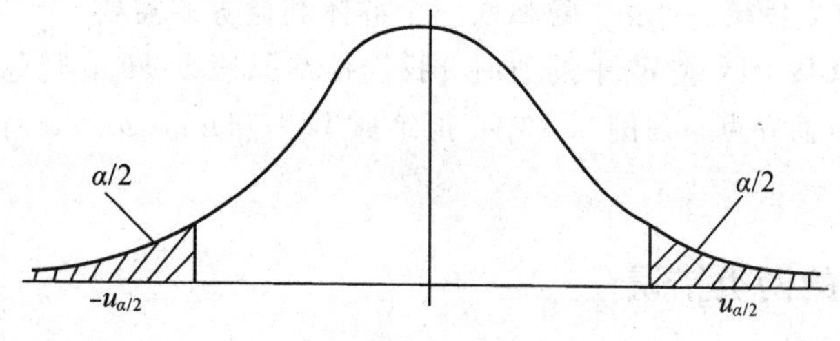

图 8.1

例如，在例 8.1 中取 $\alpha=0.05$，则 $d=u_{\frac{0.05}{2}}=u_{0.025}=1.96$，又已知 $n=9$，$\sigma=0.015$，再由样本计算得 $\bar{x}=0.511$，即有

$$\left|\frac{\bar{x}-\mu_0}{\sigma/\sqrt{n}}\right|=2.2>1.96$$

于是拒绝 H_0，即认为这台包装机工作不正常.

例 8.1 中所采用的检验法则是符合实际推断原理的. 由于通常 α 总是取得较小，一般取 $\alpha=0.01$，0.05，因而当 H_0 为真，即 $\mu=\mu_0$ 时，$\left\{\left|\frac{\bar{x}-\mu_0}{\sigma/\sqrt{n}}\right|\geqslant u_{\frac{\alpha}{2}}\right\}$ 是一个小概率事件. 根据实际推断原理，就可以认为：如果 H_0 为真，则由一次试验得到观察值 $\bar{x}$，满足不等式 $\left|\frac{\bar{x}-\mu_0}{\sigma/\sqrt{n}}\right|\geqslant u_{\frac{\alpha}{2}}$ 几乎是不会发生的. 现在在一次观察中竟然发生了满足 $\left|\frac{\bar{x}-\mu_0}{\sigma/\sqrt{n}}\right|\geqslant u_{\frac{\alpha}{2}}$ 的 $\bar{x}$，则我们有理由怀疑原来的假设 H_0 的正确性，因而拒绝 H_0. 若出现的观察值 $\bar{x}$ 满足不等式 $\left|\frac{\bar{x}-\mu_0}{\sigma/\sqrt{n}}\right|<u_{\frac{\alpha}{2}}$，则我们没有理由拒绝假设 H_0，因此只能接受 H_0.

在例 8.1 的做法中，我们看到当样本容量固定时，选定 α 后，数 d 就可以确定，然后按照统计量 $U=\frac{\overline{X}-\mu_0}{\sigma/\sqrt{n}}$ 的观察值的绝对值 $|u|$ 大于等于 d 还是小于 d 来作出决策. 数 d 是检验上述假设的一个门槛值. 如果 $|u|=\left|\frac{\bar{x}-\mu_0}{\sigma/\sqrt{n}}\right|\geqslant d$，则称 $\bar{x}$ 与 μ_0 的差异是显著的，这时拒绝 H_0；反之，如果 $|u|=\left|\frac{\bar{x}-\mu_0}{\sigma/\sqrt{n}}\right|<d$，则称 $\bar{x}$ 与 μ_0 的差异是不显著的，这时接受 H_0，数 α 称为显著性水平. 上面关于 $\bar{x}$ 与 μ_0 有无显著差异的判断是在显著性水平 α 之下作出的.

统计量 $U=\frac{\overline{X}-\mu_0}{\sigma/\sqrt{n}}$ 称为检验统计量.

前面的检验问题通常叙述成：在显著性水平 α 下，检验假设

$$H_0: \mu=\mu_0,\ H_1: \mu\neq\mu_0 \tag{8.2}$$

也常说成“在显著性水平 α 下，针对 H_1 检验 H_0”. H_0 称为原假设或零假设，H_1 称为备择假设(是指在原假设被拒绝后可供选择的假设). 我们要进行的工作是：根据样本，按上述检验方法作出决策在 H_0 与 H_1 两者之间接受其一. 一般将想要从样本找证据去否定某个受保护的命题取为零假设. 在假设检验中，零假设与其对立假设的地位不是平等的. 零

假设受到保护，是由于传统、公正、隐私或一个群体利益等的需要.

当检验统计量取某个区域 W 中的值时，我们拒绝原假设 H_0，则称区域 W 为拒绝域，拒绝域的边界点称为临界点. 在例 8.1 中，拒绝域 $W=\{|u|\geqslant u_{\frac{\alpha}{2}}\}$，而 $u=-u_{\frac{\alpha}{2}}$、$u=u_{\frac{\alpha}{2}}$ 为临界点.

8.1.2 假设检验的两类错误

由于检验法则是根据样本作出的，因此总有可能作出错误的决策. 如 8.1.1 节所说的那样，在假设 H_0 为真时，我们可能犯拒绝 H_0 的错误，通常称这类“弃真”的错误为第Ⅰ类错误. 又当 H_0 实际上不真时，我们也有可能接受 H_0，通常称这类“取伪”的错误为第Ⅱ类错误. 犯第Ⅱ类错误的概率记为

$$P\{\text{接受 } H_0 \mid H_0 \text{ 不真}\}=\beta$$

为此，在确定检验法则时，我们尽可能使犯两类错误的概率都较小. 但是，进一步讨论可知，一般来说，当样本容量固定时，若减小犯一类错误的概率，则犯另一类错误的概率往往增大. 若要使两类错误的概率都减小，则除非增加样本容量. 在此背景下，只能采取折中方案. 英国统计学家 Neyman 和 Pearson 提出了假设检验理论的基本思想：先控制住第Ⅰ类错误 α 的值(事先给定 α 的值)，再尽可能减少第Ⅱ类错误 β 的值，并把这一假设检验方法称为显著性水平为 α 的显著性检验，简称水平为 α 的检验. α 的大小视具体情况而定，通常 α 取 0.1、0.05、0.01、0.005 等值.

现在列表说明两类错误，见表 8.1.

表 8.1

判断 / 真实情况	接受 H_0	拒绝 H_0
H_0 成立	正确	第Ⅰ类错误
H_1 成立	第Ⅱ类错误	正确

形如式(8.2)的备择假设 H_1，表示 μ 可能大于 μ_0，也可能小于 μ_0，称为双边备择假设，而形如式(8.2)的假设检验称为双边假设检验.

有时，我们只关心总体均值是否增大. 例如，试验新工艺以提高材料的强度，这时所考虑的总体的均值应该越大越好. 如果我们能判断在新工艺下总体均值较以往正常生产的大，则可考虑采用新工艺. 此时我们需要检验假设

$$H_0:\mu\leqslant\mu_0,\ H_1:\mu>\mu_0 \tag{8.3}$$

形如(8.3)的假设检验，称为右边检验. 类似地，有时我们需要检验假设

$$H_0:\mu\geqslant\mu_0,\ H_1:\mu<\mu_0 \tag{8.4}$$

形如(8.4)的假设检验，称为左边检验. 右边检验和左边检验统称为单边检验.

下面来讨论单边检验的拒绝域.

设总体 $X\sim N(\mu,\sigma^2)$，μ 未知，σ 已知，$X_1, X_2, \cdots, X_n$ 是来自总体 X 的样本. 给定显著性水平 α，我们来检验式(8.3)：

$$H_0:\mu\leqslant\mu_0,\ H_1:\mu>\mu_0$$

的拒绝域.

固定 H_0 中的全部 μ 都比 H_1 中的 μ 要小，当 H_1 为真时，观察值 $\bar{x}$ 往往偏大，因此，拒绝域的形式为

$$\bar{x} \geqslant d \quad (d \text{ 是一正常数})$$

下面来确定常数 d，其做法与例 8.1 中的做法类似.

$$P\{\text{拒绝 } H_0 \mid H_0 \text{ 为真}\} = P\{\overline{X} \geqslant d\} = P\left\{\frac{\overline{X}-\mu_0}{\sigma/\sqrt{n}} \geqslant \frac{d-\mu_0}{\sigma/\sqrt{n}}\right\}$$

$$\leqslant P\left\{\frac{\overline{X}-\mu}{\sigma/\sqrt{n}} \geqslant \frac{d-\mu_0}{\sigma/\sqrt{n}}\right\}$$

上式不等号成立是由于 $\mu \leqslant \mu_0$，$\frac{\overline{X}-\mu}{\sigma/\sqrt{n}} \geqslant \frac{d-\mu_0}{\sigma/\sqrt{n}}$，事件 $\left\{\frac{\overline{X}-\mu_0}{\sigma/\sqrt{n}} \geqslant \frac{d-\mu_0}{\sigma/\sqrt{n}}\right\} \subset \left\{\frac{\overline{X}-\mu}{\sigma/\sqrt{n}} \geqslant \frac{d-\mu_0}{\sigma/\sqrt{n}}\right\}$.

要控制 $P\{\text{拒绝 } H_0 \mid H_0 \text{ 为真}\} \leqslant \alpha$，只需令

$$P\left\{\frac{\overline{X}-\mu}{\sigma/\sqrt{n}} \geqslant \frac{d-\mu_0}{\sigma/\sqrt{n}}\right\} = \alpha \tag{8.5}$$

由于 $\frac{\overline{X}-\mu}{\sigma/\sqrt{n}} \sim N(0, 1)$，因此由式(8.5)得到 $\frac{d-\mu_0}{\sigma/\sqrt{n}} = u_\alpha$，如图 8.2 所示，$d = \mu_0 + \frac{\sigma}{\sqrt{n}} u_\alpha$，即得式(8.3)的拒绝域为

$$\bar{x} \geqslant \mu_0 + \frac{\sigma}{\sqrt{n}} u_\alpha$$

即

$$u = \frac{\bar{x}-\mu_0}{\sigma/\sqrt{n}} \geqslant u_\alpha \tag{8.6}$$

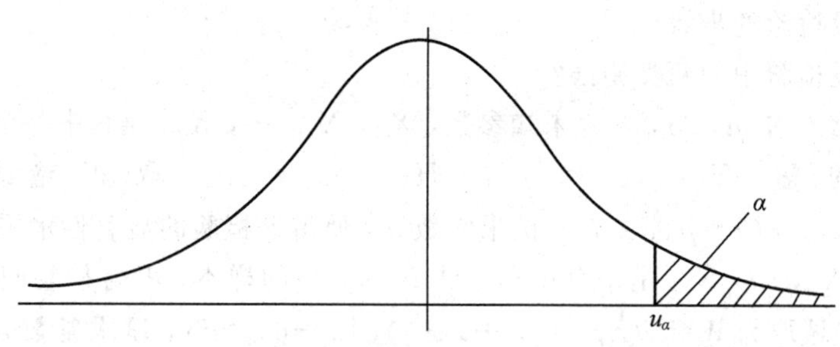

图 8.2

类似地，可得左边检验问题：

$$H_0: \mu \geqslant \mu_0, \ H_1: \mu < \mu_0$$

的拒绝域为

$$u = \frac{\bar{x}-\mu_0}{\sigma/\sqrt{n}} \leqslant -u_\alpha \tag{8.7}$$

【例 8.2】　某种电子元件的寿命 X(以小时计)服从正态分布 $N(\mu, \sigma^2)$，$\sigma^2 = 96^2$ 为已知，现测得 16 只这种元件的寿命如下：

159，280，101，212，224，379，179，264，222，362，168，250，149，260，485，170

问是否有理由认为元件的寿命大于 225 小时？(取 $\alpha = 0.05$)

解 按题意需检验

$$H_0: \mu \leqslant 225, H_1: \mu > 225$$

这是右边检验问题，且 $\sigma^2=96^2$，故其拒绝域如式(8.6)所示，即为

$$u=\frac{\bar{x}-\mu_0}{\sigma/\sqrt{n}} \geqslant u_{0.05}=1.645$$

现在 $n=16$，$u_{0.05}=1.645$，根据样本观测值算得 $\bar{x}=241.5$，且 $u=\frac{241.5-225}{96/\sqrt{16}}=0.6875<1.645$，$u$ 不落在拒绝域中，故接受 H_0，即认为元件的平均寿命不大于 225 小时.

上述检验中，我们是利用在 H_0 为真时服从 $N(0, 1)$分布的统计量 $U=\frac{\overline{X}-\mu_0}{\sigma/\sqrt{n}}$来确定拒绝域的，这种检验法称为 U 检验法.

8.1.3 假设检验的基本步骤

根据实际问题，提出原假设 H_0 及备择假设 H_1 的基本步骤如下：

(1) 构造一个适当的统计量，当 H_0 为真时其分布已知.

(2) 给定显著水平 α 以及样本容量 n，由 $P\{$拒绝 $H_0 | H_0$ 为真$\} \leqslant \alpha$，求出拒绝域.

(3) 根据样本观察值作出决策，确定是接受还是拒绝 H_0.

下面我们只讨论正态总体参数的假设检验问题.

习题 8.1

1. 简述假设检验的思想方法.

2. 试述假设检验的步骤.

3. 何谓假设检验中的两类错误?

4. 设总体 $X \sim N(\mu, 9)$，μ 为未知参数，$X_1, X_2, \cdots, X_{25}$ 为其中一个样本，对下述假设检验问题 H_0: $\mu=\mu_0$, H_1: $\mu \neq \mu_0$ 取拒绝域为 $W=\{(x_1, x_2, \cdots, x_{25}) \mid |\bar{x}-\mu_0| \geqslant d\}$. 试求常数 d，使得该检验的显著性水平为 0.05.

5. 设 $X_1, X_2, \cdots, X_{16}$ 是来自正态总体 $N(\mu, 4)$的样本，考虑检验问题 $H_0: \mu=6$，$H_1: \mu \neq 6$，拒绝域取为 $W=\{(x_1, x_2, \cdots, x_{16}) \mid |\bar{x}-6| \geqslant d\}$，试求常数 d，使得该检验的显著性水平为 0.05，并求该检验在 $\mu=6.5$ 处犯第Ⅱ类错误的概率.

6. 设总体为均匀分布 $U(0, \theta)$，$X_1, X_2, \cdots, X_n$ 是样本，考虑检验问题 $H_0: \theta \geqslant 3$，$H_1: \theta < 3$，拒绝域取为 $W=\{x_{(n)} \leqslant 25\}$，求检验犯第Ⅰ类错误的最大值 α.

8.2 正态总体均值的假设检验

8.2.1 单个正态总体均值的假设检验法

1. σ^2 已知，关于 μ 的检验(U 检验)

8.1 节已对这类问题的双边检验和单边检验作了讨论，利用检验统计量

$$U=\frac{\overline{X}-\mu_0}{\sigma/\sqrt{n}}$$

分别求出了式(8.2)～式(8.4)的拒绝域分别为$|u|\geqslant u_{\frac{\alpha}{2}}$、$u\geqslant u_\alpha$、$u\leqslant -u_\alpha$，我们将这类检验的拒绝域分别列入表8.2以备查阅检验．表中，显著性水平为α.

表 8.2

	原假设 H_0	检验统计量	备择假设 H_1	拒绝域
1	$\mu\leqslant\mu_0$ $\mu\geqslant\mu_0$ $\mu=\mu_0$ (σ^2 已知)	$U=\dfrac{\overline{X}-\mu_0}{\sigma/\sqrt{n}}$	$\mu>\mu_0$ $\mu<\mu_0$ $\mu\neq\mu_0$	$u\geqslant u_\alpha$ $u\leqslant -u_\alpha$ $\|u\|\geqslant u_{\alpha/2}$
2	$\mu\leqslant\mu_0$ $\mu\geqslant\mu_0$ $\mu=\mu_0$ (σ^2 未知)	$t=\dfrac{\overline{X}-\mu_0}{S/\sqrt{n}}$	$\mu>\mu_0$ $\mu<\mu_0$ $\mu\neq\mu_0$	$t\geqslant t_\alpha(n-1)$ $t\leqslant -t_\alpha(n-1)$ $\|t\|\geqslant t_{\alpha-2}(n-1)$
3	$\mu_1-\mu_2\leqslant\delta$ $\mu_1-\mu_2\geqslant\delta$ $\mu_1-\mu_2=\delta$ (σ_1^2、σ_2^2 已知)	$U=\dfrac{\overline{X}-\overline{Y}-\delta}{\sqrt{\dfrac{\sigma_1^2}{n_1}+\dfrac{\sigma_2^2}{n_2}}}$	$\mu_1-\mu_2>\delta$ $\mu_1-\mu_2<\delta$ $\mu_1-\mu_2\neq\delta$	$u\geqslant u_\alpha$ $u\leqslant -u_\alpha$ $\|u\|\geqslant u_{\alpha/2}$
4	$\mu_1-\mu_2\leqslant\delta$ $\mu_1-\mu_2\geqslant\delta$ $\mu_1-\mu_2=\delta$ ($\sigma_1^2=\sigma_2^2=\sigma^2$ 未知)	$t=\dfrac{\overline{X}-\overline{Y}-\delta}{S_W\sqrt{\dfrac{1}{n_1}+\dfrac{1}{n_2}}}$ $S_W^2=\dfrac{(n_1-1)S_1^2+(n_2-1)S_2^2}{n_1+n_2-2}$	$\mu_1-\mu_2>\delta$ $\mu_1-\mu_2<\delta$ $\mu_1-\mu_2\neq\delta$	$t\geqslant t_\alpha(n_1+n_2-2)$ $t\leqslant -t_\alpha(n_1+n_2-2)$ $\|t\|\geqslant t_{\alpha/2}(n_1+n_2-2)$
5	$\sigma^2\leqslant\sigma_0^2$ $\sigma^2\geqslant\sigma_0^2$ $\sigma^2=\sigma_0^2$ (μ 未知)	$\chi^2=\dfrac{(n-1)S^2}{\sigma_0^2}$	$\sigma^2>\sigma_0^2$ $\sigma^2<\sigma_0^2$ $\sigma^2\neq\sigma_0^2$	$\chi^2\geqslant\chi_\alpha^2(n-1)$ $\chi^2\leqslant\chi_{1-\alpha}^2(n-1)$ $\chi^2\geqslant\chi_{\alpha/2}(n-1)$或 $\chi^2\leqslant\chi_{1-\alpha/2}^2(n-1)$
6	$\sigma_1^2\leqslant\sigma_2^2$ $\sigma_1^2\geqslant\sigma_2^2$ $\sigma_1^2=\sigma_2^2$ (μ_1、μ_2 未知)	$F=\dfrac{S_1^2}{S_2^2}$	$\sigma_1^2>\sigma_2^2$ $\sigma_1^2<\sigma_2^2$ $\sigma_1^2\neq\sigma_2^2$	$F\geqslant F_\alpha(n_1-1, n_2-1)$ $F\leqslant F_{1-\alpha}(n_1-1, n_2-1)$ $F\geqslant F_{\alpha/2}(n_1-1, n_2-1)$或 $F\leqslant F_{1-\alpha/2}(n_1-1, n_2-1)$
7	$\mu_D\leqslant 0$ $\mu_D\geqslant 0$ $\mu_D=0$ (成对数据)	$t=\dfrac{\overline{D}-0}{S_D/\sqrt{n}}$	$\mu_D>0$ $\mu_D<0$ $\mu_D\neq 0$	$t\geqslant t_\alpha(n-1)$ $t\leqslant -t_\alpha(n-1)$ $\|t\|\geqslant t_{\alpha-2}(n-1)$

2. σ^2 未知，关于 μ 的检验(T 检验)

设总体 $X\sim N(\mu, \sigma^2)$，其中 μ、σ^2 未知，我们来求检验问题

$$H_0:\mu=\mu_0,\ H_1:\mu\neq\mu_0$$

的拒绝域(显著性水平为 α).

设 $X_1, X_2, \cdots, X_n$ 是来自总体 X 的样本，由于 σ^2 未知，因此不能用 $\dfrac{\overline{X}-\mu_0}{\sigma/\sqrt{n}}$ 确定拒绝域. 注意到 S^2 是 σ^2 的无偏估计，我们用 S 代替 σ，采用

$$T=\frac{\overline{X}-\mu_0}{S/\sqrt{n}}$$

作为检验统计量，当观察值 $|t|=\left|\dfrac{\bar{x}-\mu_0}{s/\sqrt{n}}\right|$ 过分大时就拒绝 H_0，拒绝域的形式为

$$|t|=\left|\frac{\bar{x}-\mu_0}{s/\sqrt{n}}\right|\geqslant d$$

由 6.4 节例 6.2 知，当 H_0 为真时，$\dfrac{\overline{X}-\mu_0}{S/\sqrt{n}}\sim t(n-1)$，故由

$$P\{\text{拒绝 } H_0 \mid H_0 \text{ 为真}\}=P\left\{\left|\frac{\overline{X}-\mu_0}{S/\sqrt{n}}\right|\geqslant d\right\}=\alpha$$

得 $d=t_{\frac{\alpha}{2}}(n-1)$，即拒绝域为

$$|t|=\left|\frac{\bar{x}-\mu_0}{s/\sqrt{n}}\right|\geqslant t_{\frac{\alpha}{2}}(n-1) \tag{8.8}$$

上述利用 T 统计量进行检验的方法称为 T 检验法. 对正态总体 $X\sim N(\mu, \sigma^2)$，当 σ^2 未知时，关于 μ 的单边检验的拒绝域在表 8.2 中给出.

【例 8.3】 对一批新液体存储罐进行耐裂试验，抽测了 5 个，得到爆破压力的数据为

545　　545　　530　　550　　545

根据经验可以认为存储罐所能承受的爆破压力 X 服从正态分布，而过去这种存储罐的平均爆破压力为 541 kg，试问这批存储罐的爆破压力是否较过去有显著提高？(取 $\alpha=0.05$)

解　因 σ^2 未知，故用 T 检验法. 由题意知，要检验假设

$$H_0: \mu\leqslant 541, \ H_1: \mu>541$$

由表 8.2 知，此检验问题的拒绝域为

$$t=\frac{\bar{x}-\mu_0}{s/\sqrt{n}}\geqslant t_{\alpha}(n-1)$$

现在 $n=5$，$t_{0.05}(4)=2.1318$，又算得 $\bar{x}=543$，$s^2=57.5$，即有

$$t=\frac{543-541}{\sqrt{57.5}/\sqrt{5}}=0.59\geqslant 2.1318$$

t 落入拒绝域中，故接受 H_0，即认为这批存储罐的爆破压力较过去有显著提高.

8.2.2　两个正态总体均值差的假设检验法

1. σ_1^2、σ_2^2 已知时，两个正态总体 $N(\mu_1, \sigma_1^2)$、$N(\mu_2, \sigma_2^2)$ 均值相等的检验

设 $X\sim N(\mu_1, \sigma_1^2)$，$Y\sim N(\mu_2, \sigma_2^2)$，其中 σ_1^2、σ_2^2 均已知. 现在来求检验问题：

$$H_0: \mu_1=\mu_2, \ H_1: \mu_1\neq\mu_2$$

的拒绝域(显著性水平为 α).

设 $X_1, X_2, \cdots, X_{n_1}, Y_1, Y_2, \cdots, Y_{n_2}$ 分别是取自总体 $N(\mu_1, \sigma_1^2)$、$N(\mu_2, \sigma_2^2)$ 的样

本，且设两样本相互独立. 又分别记它们的样本均值为 $\overline{X}$、$\overline{Y}$，样本方差为 S_1^2、S_2^2. 因为

$$\overline{X} \sim N\left(\mu_1, \frac{\sigma_1^2}{n_1}\right), \overline{Y} \sim N\left(\mu_2, \frac{\sigma_2^2}{n_2}\right)$$

所以 $\overline{X}-\overline{Y}\sim N\left(\mu_1-\mu_2, \frac{\sigma_1^2}{n_1}+\frac{\sigma_2^2}{n_2}\right)$.

当 H_0 成立时，统计量

$$U=\frac{\overline{X}-\overline{Y}}{\sqrt{\frac{\sigma_1^2}{n_1}+\frac{\sigma_2^2}{n_2}}} \sim N(0, 1) \tag{8.9}$$

当 H_0 为真时，$|U|$ 的观察值 $|u|=\frac{|\bar{x}-\bar{y}|}{\sqrt{\frac{\sigma_1^2}{n_1}+\frac{\sigma_2^2}{n_2}}}$ 不能太大，而当 H_0 不真时，$|u|$ 有偏大的趋势，说明 μ_1 与 μ_2 有显著差异，因此，拒绝域形式为 $|u|\geqslant d$.

对于给定的显著性水平 α，由

$$P\{\text{拒绝 } H_0 \mid H_0 \text{ 为真}\}=P\{|u|\geqslant d\}\leqslant \alpha$$

知，拒绝域为 $|u|\geqslant u_{\frac{\alpha}{2}}$，临界值 $d=u_{\frac{\alpha}{2}}$. 这类问题的单边检验的拒绝域在表 8.2 中给出.

【例 8.4】 在各有 50 名学生的两个班级中举行一次考试，第一个班级的平均成绩是 74 分，第二个班级的平均成绩是 78 分，设两个班级的成绩分别服从正态分布 $N(\mu_1, 8^2)$ 与 $N(\mu_2, 7^2)$，试问在显著性水平 $\alpha=0.05$ 下，两个班级的成绩有显著差异吗？

解 设第一个班级的成绩为总体 X，第二个班级的成绩为总体 Y，且 $X\sim N(\mu_1, \sigma_1^2)$，$Y\sim N(\mu_2, \sigma_2^2)$，则本题为两总体方差 $\sigma_1^2=8^2$，$\sigma_2^2=7^2$ 已知时，关于均值差 $\mu_1-\mu_2$ 的双边检验，即

$$H_0: \mu_1=\mu_2, H_1: \mu_1 \neq \mu_2$$

的拒绝域为

$$|u|=\frac{|\bar{x}-\bar{y}|}{\sqrt{\frac{\sigma_1^2}{n_1}+\frac{\sigma_2^2}{n_2}}} \geqslant u_{\frac{\alpha}{2}}$$

现在 $n_1=n_2=50$，$u_{0.025}=1.96$，$\bar{x}=74$，$\bar{y}=78$，即有

$$|u|=\frac{|74-78|}{\sqrt{\frac{8^2+7^2}{50}}}=2.66>1.96$$

从而拒绝 H_0，即在显著性水平 $\alpha=0.05$ 下，认为两个班级的成绩有显著差异.

2. $\sigma_1^2=\sigma_2^2=\sigma^2$ 未知时，两个正态总体 $N(\mu_1, \sigma_1^2)$、$N(\mu_2, \sigma_2^2)$ 均值相等的检验

设 $X\sim N(\mu_1, \sigma_1^2)$，$Y\sim N(\mu_2, \sigma_2^2)$，其中 σ_1^2、σ_2^2 均未知. 现在来求检验问题

$$H_0: \mu_1=\mu_2, H_1: \mu_1 \neq \mu_2 \tag{8.10}$$

的拒绝域.（显著性水平为 α）

设 $X_1, X_2, \cdots, X_{n_1}, Y_1, Y_2, \cdots, Y_{n_2}$ 分别是取自总体 $N(\mu_1, \sigma_1^2)$、$N(\mu_2, \sigma_2^2)$ 的样本，且设两样本相互独立. 又分别记它们的样本均值为 $\overline{X}$、$\overline{Y}$，样本方差为 S_1^2、S_2^2. 设 μ_1、μ_2、σ^2 均未知，要特别注意的是，在这里两个总体方差相等.

引用 T 统计量作为检验统计量：

$$T=\frac{\overline{X}-\overline{Y}}{S_W\sqrt{\frac{1}{n_1}+\frac{1}{n_2}}}$$

其中：

$$S_W^2=\frac{(n_1-1)S_1^2+(n_2-1)S_2^2}{n_1+n_2-2} \tag{8.11}$$

当 H_0 为真时，由 6.4 节定理 6.3 知，$T\sim t(n_1+n_2-2)$，与单个正态总体的 T 检验法相类似，其拒绝域的形式为

$$|t|=\frac{|\bar{x}-\bar{y}|}{s_W\sqrt{\frac{1}{n_1}+\frac{1}{n_2}}}\geqslant d$$

由

$$P\{拒绝\ H_0\mid H_0\ 为真\}=P\left\{\frac{|\overline{X}-\overline{Y}|}{S_W\sqrt{\frac{1}{n_1}+\frac{1}{n_2}}}\geqslant d\right\}\leqslant\alpha$$

得 $d=t_{\frac{\alpha}{2}}(n_1+n_2-2)$，于是得拒绝域为

$$|t|=\frac{|\bar{x}-\bar{y}|}{s_W\sqrt{\frac{1}{n_1}+\frac{1}{n_2}}}\geqslant t_{\frac{\alpha}{2}}(n_1+n_2-2) \tag{8.12}$$

关于两个单边检验问题的拒绝域在表 8.2 中给出.

【例 8.5】 对用两种不同热处理方法加工的金属材料做抗拉强度试验，得到的试验数据如下：

方法一：31，34，29，26，32，35，38，34，30，29，32，31；

方法一：26，24，28，29，32，26，31，29，31，29，32，28.

设两种热处理加工的金属材料的抗拉强度都服从正态分布，且方差相等. 比较两种方法所得金属材料的平均抗拉强度有无显著差异.（$\alpha=0.05$）

解 记两总体的正态分布为 $N(\mu_1,\sigma^2)$、$N(\mu_2,\sigma^2)$，本题要检验假设

$$H_0:\mu_1=\mu_2,\ H_1:\mu_1\neq\mu_2$$

由于 $\sigma_1^2=\sigma_2^2=\sigma^2$ 未知，拒绝域形式为

$$|t|=\frac{|\bar{x}-\bar{y}|}{s_W\sqrt{\frac{1}{n_1}+\frac{1}{n_2}}}\geqslant t_{\frac{\alpha}{2}}(n_1+n_2-2)$$

现在 $n_1=n_2=12$，$t_{0.025}(22)=2.074$，$\bar{x}=31.75$，$\bar{y}=28.67$，$(n_1-1)s_1^2=112.25$，$(n_2-1)s_2^2=66.64$，$s_W^2=2.85$，于是

$$|t|=\frac{|31.75-28.67|}{2.85\times\sqrt{\frac{1}{6}}}=2.647>2.074$$

故拒绝 H_0，即认为两种热处理方法加工金属材料的平均抗拉强度有显著差异.

8.2.3　基于成对数据的假设检验法

有时为了比较两种产品、两种仪器、两种方法等的差异，常在相同的条件下做对比试验，得到一批成对的观察值，然后分析观察数据并作出推断，这种方法常称为逐对比较法.

一般地，设有 n 对相互独立的观察结果 (X_1, Y_1)，(X_2, Y_2)，…，(X_n, Y_n)，令 $D_1=X_1-Y_1$，$D_2=X_2-Y_2$，…，$D_n=X_n-Y_n$，则 D_1，D_2，…，D_n 相互独立. 又由于 D_1，D_2，…，D_n 是由同一因素所引起的，因此可以认为它们服从同一分布. 现假设 $D_i \sim N(\mu_D, \sigma_D^2)$，$i=1, 2, \cdots, n$，这就是说 D_1，D_2，…，D_n 构成正态总体 $N(\mu_D, \sigma_D^2)$ 的一个样本，其中，μ_D、σ_D^2 未知. 我们需要基于这一样本检验假设：

(1) $H_0: \mu_D=0$，$H_1: \mu_D \neq 0$；

(2) $H_0: \mu_D \leqslant 0$，$H_1: \mu_D > 0$；

(3) $H_0: \mu_D \geqslant 0$，$H_1: \mu_D < 0$.

分别记 D_1，D_2，…，D_n 的样本均值和样本方差的观察值为 $\bar{d}$、s_D^2. 由按表 8.2 中关于单个正态总体均值的 T 检验法知，检验假设(1)、(2)、(3)的拒绝域分别为(显著性水平为 α)：

$$|t|=\left|\frac{\bar{d}}{s_D/\sqrt{n}}\right| \geqslant t_{\frac{\alpha}{2}}(n-1)$$

$$t=\frac{\bar{d}}{s_D/\sqrt{n}} \geqslant t_{\alpha}(n-1)$$

$$t=\frac{\bar{d}}{s_D/\sqrt{n}} \leqslant -t_{\alpha}(n-1)$$

【例 8.6】　有两台仪器 A、B，用来测量某矿石的含铁量，为鉴定它们的测量结果有无显著的差异，挑选了 8 件试块(它们的成分、含碳量、均匀性等均各不相同)，现在分别用这两台仪器对每一试块测量一次，得到如下 8 对观测值：

A：49　52.2　55　60.2　63.4　76.6　86.5　48.7；

B：49.3　49　51.4　57　61.1　68.8　79.3　50.1.

问能否认为这两台仪器的测量结果有显著性差异？($\alpha=0.05$，假定 A、B 两种仪器的测量结果 X、Y 分别服从同方差的正态分布)

解　本题中的数据是成对的，即同一试块测出一对数据. 我们看到，一对数据与另一对数据间的差异是由各种因素(如它们的成分、含碳量、均匀性等)引起的，而同一对中两个数据的差异则可看成是仅由这两台仪器的性能差异所引起的. 因而这也表明不能将仪器 A 对 8 个试块的测量结果看成一个样本. 同样，也不能将仪器 B 对 8 个试块的测量结果看成另一个样本，即必须逐对比较.

因此依题意知，$X \sim N(\mu_1, \sigma^2)$，$Y \sim N(\mu_2, \sigma^2)$，要检验假设

$$H_0: \mu_1=\mu_2, \ H_1: \mu_1 \neq \mu_2$$

视两种测量结果之差为来自一个正态总体，记 $D=X-Y$，得 8 对数据之差如下：

-0.3　3.2　3.6　3.2　2.3　7.8　7.2　-1.4

原检验问题可化为

$$H_0:\mu_D=0,\ H_1:\mu_D\neq 0$$

故拒绝域为

$$|t|=\left|\frac{\bar{d}}{s_D/\sqrt{n}}\right|\geqslant t_{\frac{\alpha}{2}}(n-1)$$

现在 $n=8$，$t_{0.025}(7)=2.365$，$\bar{d}=3.2$，$s_D^2=10.22$，$|t|=\left|\dfrac{3.2}{\sqrt{10.22}/\sqrt{8}}\right|=2.83$，故

$$|t|=2.83\geqslant t_{\frac{\alpha}{2}}(n-1)=2.365$$

因此，拒绝 H_0，即认为这两台仪器的测量结果有显著性差异.

两个总体的均值是否相等的显著性检验，其实际意义还在于它是一种选优的统计方法. 若拒绝 H_0，则说明均值之间的差异显著，这时可选用符合均值要求的方案. 若没有拒绝 H_0，则说明均值之间的差异不显著，这时，可以从经济实惠的角度来挑选其中一个方案.

习题 8.2

1. 已知某炼铁厂的铁水含碳量在正常情况下服从正态分布 $N(4.55,\ 10.8^2)$，现在测了 5 炉铁水，其含碳量分别为

4.28　4.40　4.42　4.35　4.37

若方差没有变，问总体均值是否有显著变化？($\alpha=0.05$)

2. 有一种新安眠剂，据说在一定剂量下能比某种旧安眠剂平均增加睡眠时间 3 小时. 为了检验新安眠剂的这种说法是否正确，收集到使用新安眠剂的睡眠时间(单位为小时)如下：

26.7　22.0　24.1　21.0　27.2　25.0　23.4

根据资料用某种旧安眠剂时平均睡眠时间为 23.8 小时，假设使用安眠剂后睡眠时间服从正态分布，试问这组数据能否说明新安眠剂的疗效？($\alpha=0.05$)

3. 一种燃料的辛烷等级服从正态分布 $N(\mu,\sigma^2)$，其平均等级 $\mu=98.0$，标准差为 $\sigma=0.8$. 现抽取 25 桶新油，测试其等级，算得平均等级为 97.7. 假定标准差与原来一样，问新油的辛烷平均等级是否比原燃料的辛烷平均等级偏低？($\alpha=0.05$)

4. 对某种物品在处理后取样分析其含脂率，如表 8.3 所示.

表 8.3

处理前	0.19	0.18	0.21	0.30	0.66	0.42	0.08	0.12	0.30	0.27
处理后	0.15	0.13	0.00	0.07	0.24	0.19	0.04	0.08	0.20	0.12

假定处理前后含脂率都服从正态分布，且它们的方差相等，问处理后平均含脂率有无显著降低？($\alpha=0.05$)

5. 从两处煤矿各取一样本，测得其含灰率分别为

甲矿：24.3　20.8　23.7　21.3　17.4；

乙矿：18.2　16.9　20.2　16.7.

设矿中含灰率服从正态分布，问甲乙两煤矿的含灰率有无显著差异？($\alpha=0.05$)

6. 一手机生产厂家在其宣传广告中声称他们生产的某种品牌的手机的待机时间的平

均值至少为 71.5 小时，一质检部门检查了该厂生产的这种品牌的手机 6 部，得到的待机时间为

69　　68　　72　　70　　66　　75

设手机的待机时间 $X \sim N(\mu, \sigma^2)$，由这些数据能否说明其广告有欺骗消费者之嫌呢？($\alpha=0.05$)

8.3　正态总体方差的假设检验

在实际问题中，有关方差的检验问题也是常遇到的，如 8.2 节介绍的 U 检验和 T 检验均与方差有密切的联系. 因此，讨论方差的检验问题尤为重要. 以下分单个总体和两个总体两种情况来讨论有关正态总体方差的假设检验问题.

8.3.1　单个正态总体方差的假设检验法(χ^2 检验法)

设总体 $X \sim N(\mu, \sigma^2)$，μ、σ^2 均未知，$X_1, X_2, \cdots, X_n$ 是来自 X 的样本. 要求检验假设(显著性水平为 α)：

$$H_0: \sigma^2=\sigma_0^2,\ H_1: \sigma^2 \neq \sigma_0^2$$

其中，σ_0^2 为已知常数.

由于 S^2 是 σ^2 的无偏估计，当 H_0 为真时，观察值 s^2 与 σ_0^2 的比值$\frac{s^2}{\sigma_0^2}$一般来说应在 1 附近摆动，而不应过分大于 1 或过分小于 1. 由 6.4 节定理 6.2 知，当 H_0 为真时，有

$$\frac{(n-1)S^2}{\sigma_0^2} \sim \chi^2(n-1)$$

我们取

$$\chi^2=\frac{(n-1)S^2}{\sigma_0^2}$$

作为检验统计量. 如上所说，知道上述检验问题的拒绝域具有以下形式：

$$\frac{(n-1)s^2}{\sigma_0^2} \leqslant d_1$$

或

$$\frac{(n-1)s^2}{\sigma_0^2} \geqslant d_2$$

此处 d_1、d_2 的值由下式确定：

$$P\{\text{拒绝 } H_0 \mid H_0 \text{ 为真}\}=P\left\{\left(\frac{(n-1)S^2}{\sigma_0^2} \leqslant d_1\right) \cup \left(\frac{(n-1)S^2}{\sigma_0^2} \geqslant d_2\right)\right\}=\alpha$$

为计算方便起见，习惯上取

$$P\left\{\frac{(n-1)S^2}{\sigma_0^2} \leqslant d_1\right\}=\frac{\alpha}{2}$$

$$P\left\{\frac{(n-1)S^2}{\sigma_0^2} \geqslant d_2\right\}=\frac{\alpha}{2}$$

故得 $d_1=\chi^2_{1-\frac{\alpha}{2}}(n-1)$，$d_2=\chi^2_{\frac{\alpha}{2}}(n-1)$，于是得拒绝域为

$$\frac{(n-1)s^2}{\sigma_0^2} \leqslant \chi^2_{1-\frac{\alpha}{2}}(n-1) \text{或} \frac{(n-1)s^2}{\sigma_0^2} \geqslant \chi^2_{\frac{\alpha}{2}}(n-1) \tag{8.13}$$

上述利用 χ^2 统计量进行检验的方法称为 χ^2 检验法.

有关 χ^2 检验的单边拒绝域已在表 8.2 中给出.

【例 8.7】 设某厂生产的铜线的折断力 $X \sim N(\mu, 8^2)$，现从一批产品中抽查 10 根测其折断力. 经计算得样本均值 $\bar{x}=575.2$，样本方差 $s^2=68.16$. 试问能否认为这批铜线折断力的方差仍为 8^2？(取 $\alpha=0.05$)

解 本题要求在水平 $\alpha=0.05$ 下检验假设

$$H_0: \sigma^2=8^2, H_1: \sigma^2 \neq 8^2$$

现 $n=10$，$\chi^2_{1-\frac{\alpha}{2}}(n-1)=\chi^2_{0.975}(9)=2.7$，$\chi^2_{\frac{\alpha}{2}}(n-1)=\chi^2_{0.025}(9)=19.0$，$\sigma_0^2=8^2$，由式(8.13)知拒绝域为

$$\frac{(n-1)s^2}{\sigma_0^2} \leqslant 2.7 \text{或} \frac{(n-1)s^2}{\sigma_0^2} \geqslant 19.0$$

由观察值 $s^2=68.16$ 得 $\frac{(n-1)s^2}{\sigma_0^2}=10.65$，所以不拒绝 H_0，即认为这批铜线折断力的方差与 8^2 无显著差异.

8.3.2 两个正态总体方差相等的假设检验法(F 检验法)

设 $X_1, X_2, \cdots, X_{n_1}, Y_1, Y_2, \cdots, Y_{n_2}$ 分别是取自总体 $N(\mu_1, \sigma_1^2)$、$N(\mu_2, \sigma_2^2)$ 的两个相互独立的样本，其样本方差分别为 S_1^2、S_2^2. 设 μ_1、μ_2、σ_1^2、σ_2^2 均未知，现在需要检验假设

$$H_0: \sigma_1^2=\sigma_2^2, H_1: \sigma_1^2 \neq \sigma_2^2 \tag{8.14}$$

由于 S_1^2 与 S_2^2 相互独立且由 6.4 节定理 6.3 知

$$\frac{S_1^2/\sigma_1^2}{S_2^2/\sigma_2^2} \sim F(n_1-1, n_2-1)$$

因此当 H_0 为真，即 $\sigma_1^2=\sigma_2^2$ 时，有

$$\frac{S_1^2}{S_2^2} \sim F(n_1-1, n_2-1)$$

取 $F=\frac{S_1^2}{S_2^2}$ 作为检验统计量，当 H_0 为真时，$E(S_1^2)=\sigma_1^2=\sigma_2^2=E(S_2^2)$，因此统计量 $F=\frac{S_1^2}{S_2^2}$ 的观察值应在 1 的附近摆动，此值太大或太小都表明 σ_1^2 与 σ_2^2 有显著差异. 对给定的显著水平 α，有如下形式的拒绝域：

$$\frac{s_1^2}{s_2^2} \leqslant d_1 \quad \text{或} \quad \frac{s_1^2}{s_2^2} \geqslant d_2$$

d_1、d_2 由下式确定：

$$P\{\text{拒绝 } H_0 \mid H_0 \text{ 为真}\}=P\left\{\left(\frac{s_1^2}{s_2^2} \leqslant d_1\right) \cup \left(\frac{s_1^2}{s_2^2} \geqslant d_2\right)\right\}=\alpha$$

为计算方便起见，习惯上取

$$P\left\{\frac{s_1^2}{s_2^2} \leqslant d_1\right\}=\frac{\alpha}{2}, P\left\{\frac{s_1^2}{s_2^2} \geqslant d_2\right\}=\frac{\alpha}{2} \tag{8.15}$$

故得 $d_1=F_{1-\frac{\alpha}{2}}(n_1-1, n_2-1)$，$d_2=F_{\frac{\alpha}{2}}(n_1-1, n_2-1)$，于是得拒绝域为

$$\frac{s_1^2}{s_2^2}\leqslant F_{1-\frac{\alpha}{2}}(n_1-1, n_2-1) \quad 或 \quad \frac{s_1^2}{s_2^2}\geqslant F_{\frac{\alpha}{2}}(n_1-1, n_2-1) \tag{8.16}$$

上述利用 F 统计量进行检验的方法称为 F 检验法.

有关 F 检验的单边拒绝域已在表 8.2 中给出.

由于 F 分布表中只列出右端临界值 $F_{\frac{\alpha}{2}}(n_1-1, n_2-1)$，因此，对左端临界值 $F_{1-\frac{\alpha}{2}}(n_1-1, n_2-1)$可由下式计算得到：

$$F_{1-\frac{\alpha}{2}}(n_1-1, n_2-1)=\frac{1}{F_{\frac{\alpha}{2}}(n_2-1, n_1-1)}$$

实际应用中，为了避免这种麻烦，可用 s_1^2 与 s_2^2 中较大者作分子，较小者作分母，这样计算的 F 值只需与右端临界值 $F_{\frac{\alpha}{2}}(n_i-1, n_j-1)$进行比较，$n_i$、$n_j(i, j=1, 2)$分别为分子、分母对应的样本容量，而不需要使用左端临界值进行检验.

【例 8.8】 某橡胶厂采用甲乙两种配方生产橡胶，现测得两种配方生产的橡胶伸长率如下：

配方甲：540，　533，　525，　520，　545，　531，　529，　541，　534；

配方乙：565，　577，　575，　556，　542，　560，　532，　570，　561.

设两总体都服从正态分布，均值与方差均未知，问两种配方伸长总体的方差有无显著差异？(取 $\alpha=0.05$)

解　本题要求在水平 $\alpha=0.1$ 下检验假设

$$H_0: \sigma_1^2=\sigma_2^2, H_1: \sigma_1^2\neq\sigma_2^2$$

现 $n_1=9$，$n_2=10$，$s_1^2=63.86$，$s_2^2=236.84$，$F_{\frac{\alpha}{2}}(n_1-1, n_2-1)=F_{0.05}(8, 9)=3.39$，由式(8.16)知拒绝域为

$$\frac{s_1^2}{s_2^2}\geqslant F_{\frac{\alpha}{2}}(n_1-1, n_2-1)=3.39$$

由观察值得$\frac{s_1^2}{s_2^2}=\frac{236.84}{63.86}=3.71>3.39$.

所以拒绝 H_0，即认为两总体的方差有显著差异.

习题 8.3

1. 一细纱车间纺出的某种细纱支数标准差为 1.2，从某日纺出的一批细纱中随机取 16 缕进行支数测量，算得样本标准差为 2.1. 问纱的均匀度有无显著变化？(取 $\alpha=0.05$，并假设总体是正态分布)

2. 电工器材厂生产一批保险丝，抽取 10 根测试其熔化时间，结果(单位为毫秒)如下：

42　65　75　78　71　59　57　68　54　55

设熔化时间 T 服从正态分布，问是否可以认为整批保险丝的熔化时间的方差小于 64？($\alpha=0.05$)

3. 长期以来，某厂生产的某种型号的电池其寿命服从方差(单位为 h^2)$\sigma^2=5000$ 的正态分布. 现有一批这种电池，从它的生产情况来看，寿命的波动性有所改变. 现随机取 26

只电池，测出其寿命的样本方差(单位为 h^2)$s^2=9200$. 根据这一数据推断这批电池的寿命的波动性较以往的有无显著变化. ($\alpha=0.02$)

4. 测得两批电子元件样品的电阻(单位为 Ω)如表 8.4 所示.

表 8.4

Ⅰ批	0.140	0.138	0.143	0.142	0.144	0.137
Ⅱ批	0.135	0.140	0.142	0.136	0.138	0.140

设这两批元件的电阻值总体分别服从 $N(\mu_1, \sigma_1^2)$、$N(\mu_2, \sigma_2^2)$，且两样本独立. 试问这两批电子元件电阻值的方差是否一样？($\alpha=0.05$)

5. 某人从两台新机床加工的同一种零件中分别抽若干个样品测量零件尺寸如下：

甲机床：6.2　5.7　6.5　6.0　6.3　5.8　5.7　6.0　6.0　5.8　6.0；

乙机床：5.6　5.9　5.6　5.7　5.8　6.0　5.5　5.7　5.5.

试检验这两台新机床加工零件的精度是否有显著差异. ($\alpha=0.05$，零件尺寸服从正态分布)

6. 研究由机器 A 和机器 B 生产的钢管的内径，随机抽取机器 A 生产的管子 16 只，测得样本方差 $s_1^2=0.034(\text{mm}^2)$，抽取机器 B 生产的管子 13 只，测得样本方差 $s_2^2=0.029(\text{mm}^2)$. 设两样本相互独立，且分别服从正态分布 $N(\mu_1, \sigma_1^2)$、$N(\mu_2, \sigma_2^2)$，这里 μ_1、μ_2、σ_1^2、σ_2^2 均未知，能否判定工作时机器 B 比机器 A 更稳定？($\alpha=0.01$)

8.4　大样本检验法

在前面讨论的所有假设检验问题中，我们都已知有关统计量的分布，并由此确定拒绝域. 但在许多问题中很难求得检验统计量的分布，有时即使能求出，使用上也很不方便(二项分布参数 p 的检验问题)，实际应用中往往求助于统计量的极限分布. 抽取大量样本(大样本)，并用检验统计量的极限分布来近似作为其分布，这样的检验方法称为大样本检验法.

8.4.1　两总体均值差的大样本检验法

设有两个独立总体 X、Y，其均值和方差分别为 μ_1、μ_2 和 σ_1^2、σ_2^2，现从每一个总体中各取一个样本，其样本容量、样本均值、样本方差分别记为 n_1、$\overline{X}$、S_1^2 和 n_2、$\overline{Y}$、S_2^2，并且 n_1、n_2 很大，给定显著水平 α，检验假设

$$H_0: \mu_1=\mu_2,\ H_1: \mu_1 \neq \mu_2$$

若两总体均为正态分布，由 8.2 节的讨论知，当 σ_1^2、σ_2^2 已知时可用 U 检验法来检验，当 σ_1^2、σ_2^2 未知但 $\sigma_1^2=\sigma_2^2$ 时可用 T 检验法来检验. 此处总体分布未知，即使总体为正态分布，由于 σ_1^2、σ_2^2 未知且 σ_1^2、σ_2^2 不一定相等，因而也不能用 T 检验法来检验. 下面用大样本方法给出此假设的近似检验法.

当 n_1 很大时，由中心极限定理知：

$$\frac{\overline{X}-\mu_1}{\sigma_1/\sqrt{n_1}} \overset{\text{近似}}{\sim} N(0, 1)$$

即

$$\overline{X} \overset{\text{近似}}{\sim} N\left(\mu_1, \frac{\sigma_1^2}{n_1}\right)$$

同理，当 n_2 很大时，有

$$\overline{Y} \overset{\text{近似}}{\sim} N\left(\mu_2, \frac{\sigma_2^2}{n_2}\right)$$

由于 $\overline{X}$、$\overline{Y}$ 独立，因此

$$\frac{\overline{X}-\overline{Y}}{\sqrt{\sigma_1^2/n_1+\sigma_2^2/n_2}} \overset{\text{近似}}{\sim} N(0, 1)$$

S_1^2、S_2^2 分别是 σ_1^2、σ_2^2 的近似值，用 S_1^2 代替 σ_1^2，用 S_2^2 代替 σ_2^2，仍有

$$U=\frac{(\overline{X}-\overline{Y})-(\mu_1-\mu_2)}{\sqrt{S_1^2/n_1+S_2^2/n_2}} \overset{\text{近似}}{\sim} N(0, 1) \tag{8.17}$$

由此可得拒绝域为

$$|u|=\frac{|\bar{x}-\bar{y}|}{\sqrt{s_1^2/n_1+s_2^2/n_2}} \geqslant u_{\frac{\alpha}{2}} \quad (n_1、n_2 \text{ 很大}) \tag{8.18}$$

同理可得到检验的单边拒绝域分别为

$$\begin{cases} u=\dfrac{\bar{x}-\bar{y}}{\sqrt{s_1^2/n_1+s_2^2/n_2}} \geqslant u_\alpha \\ u=\dfrac{\bar{x}-\bar{y}}{\sqrt{s_1^2/n_1+s_2^2/n_2}} \leqslant -u_\alpha \end{cases} \tag{8.19}$$

8.4.2 二项分布参数的大样本检验法

设 $P(A)=p$，在 n 次独立试验中事件 A 发生的次数为 X，则 $X \sim B(n, p)$. 给定显著水平 α，检验假设

$$H_0: p=p_0, H_1: p \neq p_0 \quad (0<p_0<1, p_0 \text{ 已知})$$

设

$$X_i=\begin{cases} 1 & (\text{第 } i \text{ 次试验中 } A \text{ 发生}) \\ 0 & (\text{第 } i \text{ 次试验中 } A \text{ 不发生}) \end{cases}$$

则 $X_1, X_2, \cdots, X_n$ 独立，且都服从参数为 p 的 0-1 分布，有

$$X=X_1+X_2+\cdots+X_n$$

由中心极限定理知，当 $n \to \infty$ 时，有

$$\frac{X-E(X)}{\sqrt{D(X)}}=\frac{X-np}{\sqrt{np(1-p)}} \sim N(0, 1)$$

当 H_0 为真，且 n 很大时，有

$$\frac{X-np_0}{\sqrt{np_0(1-p_0)}} \overset{\text{近似}}{\sim} N(0, 1) \tag{8.20}$$

由此可得拒绝域为

$$|u|=\frac{|x-np_0|}{\sqrt{np_0(1-p_0)}} \geqslant u_{\frac{\alpha}{2}} \tag{8.21}$$

同理可得到检验的单边拒绝域分别为

$$\begin{cases} u=\dfrac{x-np_0}{\sqrt{np_0(1-p_0)}}\geqslant u_\alpha \\ u=\dfrac{x-np_0}{\sqrt{np_0(1-p_0)}}\leqslant -u_\alpha \end{cases} \tag{8.22}$$

【例 8.9】 根据以往长期统计，某种产品的废品率不小于 5%，但技术革新后，从此种产品中随机抽取 500 件，发现有 15 件废品，问能否认为此种产品的废品率降低了？(取 $\alpha=0.05$)

解 依题意知 $p_0=0.05$，且 $n=500$ 很大，故采用大样本检验法，即假设检验问题为

$$H_0: p\geqslant 0.05,\ H_1: p<0.05$$

由式(8.22)知，拒绝域为

$$u=\frac{x-np_0}{\sqrt{np_0(1-p_0)}}\leqslant -u_\alpha$$

抽样的废品率为$\dfrac{15}{500}=0.03$，$u_{0.05}=1.645$，则

$$u=\frac{0.03-0.05}{\sqrt{\dfrac{0.05\times 0.95}{500}}}\approx -2.052<-u_{0.05}=-1.645$$

故拒绝 H_0，即认为此种产品的废品率已降到 5%以下.

大样本检验是近似的. 近似的含义是指检验的实际显著性水平与原先设定的显著性水平有差距，这是由于诸如式(8.19)中 u 的分布与 $N(0, 1)$有距离. 如果 n 很大，则这种差异就很小. 实用中我们一般并不清楚对一定的 n，u 的分布与 $N(0, 1)$的差异有多大，因而也就不能确定检验的实际水平与设定水平究竟差多少. 在区间估计中也有类似问题. 因此，大样本法是一个“不得已而为之”的方法. 一般要首先考虑基于精确分布的方法.

习题 8.4

1. 某产品的次品率为 0.17，现对此产品进行工艺试验，从中抽取 400 件检查，发现次品 56 件，能否认为这项新工艺可显著地提高产品质量？($\alpha=0.05$)

2. 从一大批产品中任取 100 个，得一级品 60 个，记 p 为这一大批产品的一级品率，试在水平 $\alpha=0.05$ 下检验假设 $H_0: p=0.6$，$H_1: p>0.6$.

3. 为了比较两种子弹 A、B 的速度(单位为 m/s)，在相同条件下进行速度测定，算得样本均值及标准差为

子弹 A：$n_1=110$，$\bar{x}_1=2805$，$s_1=120.41$；

子弹 B：$n_2=110$，$\bar{x}_2=2680$，$s_2=105.00$.

试用大样本法检验这两种子弹的平均速度有无显著差异. ($\alpha=0.05$)

8.5 非参数假设检验

在 8.3 节中讨论了总体分布类型为已知时的参数假设检验问题. 一般在进行参数假设

检验之前，需要对总体的分布进行推断. 本节将讨论总体分布的假设检验问题. 因为所用的方法适用于任何分布或者仅有微弱的假定分布，所以实质上是不依赖于分布的. 在数理统计学中不依赖于分布的统计方法统称为非参数统计方法. 这里所讨论的问题就是非参数假设检验问题. 这里所研究的检验是如何用子样去拟合总体分布，所以又称为分布拟合优度检验. 分布拟合优度检验一般有两种：一种是拟合总体的分布函数；另一种是拟合总体分布的概率函数. 本节只介绍三种检验方法：概率图纸法、χ^2 拟合检验法和柯尔莫哥洛夫拟合检验法.

8.5.1　概率图纸法

概率图纸法是一种比较直观和简便的检验方法，它适合于在现场使用. 目前常见的概率图纸有正态概率图纸、对数正态概率图纸、二项分布概率图纸、指数分布概率图纸和威布尔分布概率图纸等. 本节只介绍正态概率图纸，其他分布的概率图纸的构造原理和使用方法都是类似的.

1. 正态概率图纸的构造原理

设母体 ξ 有分布函数 $F(x)$，$\{N(\mu, \sigma^2)\}$表示正态分布族. 需要检验假设

$$H_0: F(x) \in \{N(\mu, \sigma^2)\}$$

这里 μ 和 σ^2 均为未知常数. 在原假设 H_0 为真时，通过中心化变换：

$$F(x) = \frac{1}{\sqrt{2\pi}\sigma}\int_{-\infty}^{x} e^{-\frac{(t-\mu)^2}{2\sigma^2}} dt = \frac{1}{\sqrt{2\pi}}\int_{-\infty}^{\frac{x-\mu}{\sigma}} e^{-\frac{\mu^2}{2}} du = \Phi\left(\frac{x-\mu}{\sigma}\right)$$

即

$$\mu(\xi) = \frac{\xi-\mu}{\sigma} \tag{8.23}$$

服从正态分布 $N(0, 1)$，且函数 $u(x)$是 x 的线性函数，在$(x, u(x))$直角坐标平面上是一条直线，这条直线过$(\mu, 0)$，且斜率为$\frac{1}{\sigma}$.

2. 检验步骤

事实上，我们知道的不是母体 ξ 取出的一组子样观察值 x_1，…，x_n，由格里汶科定理知道，子样的经验分布函数 $F_n(x)$依概率收敛于母体分布函数 $F(x)$. 所以在检验母体分布函数 $F(x)$是否属于正态分布族时，我们以大子样的经验分布函数 $F_n(x)$作为母体分布的近似. 若 H_0：$F(x) \in \{N(\mu, \sigma^2)\}$为真，那么点$(x_i, F(x_i))$　$(i=1, \cdots, n)$在正态概率图纸上应该在一条直线上. 所以根据上述经验，分布函数 $F_n(x)$是母体分布函数 $F(x)$很好的近似，点$(x_i, F(x_i))$　$(i=1, \cdots, n)$在正态概率图纸上也应该近似地在一条直线附近. 倘若点$(x_i, F(x_i))$不是近似地在一条直线附近，那么只能说明 $F(x)$不属于正态分布族. 根据上述想法，用正态概率图纸去检验假设 H_0 的具体步骤如下：

(1) 整理数据.

(2) 描点.

(3) 目测这些点的位置.

3. 未知参数 μ 与 σ^2 的估计

若通过概率图纸检验已经知道母体服从正态分布，我们就可凭目测在概率图纸上画出

最靠近各点$(x_{(i)}, F_n(x_{(i)}))(i=1, \cdots, n)$的一条直线 l. 因为$\mu(\xi)=\frac{\xi-\mu}{\sigma}$服从正态分布 $N(0, 1)$，所以当$\mu(x)=\frac{\xi-\mu}{\sigma}=0$(即 $x=\mu$)时对应的概率 $F=0.5$. 因此，只要在概率图纸上画一条 $F=0.5$ 的水平直线，这条直线与直线 l 的交点的横坐标 $x_{0.5}$ 就可以作为参数为 μ 的估计. $\mu(x)=1$ 时对应概率 $F=0.8413$ 的水平直线，这条直线与直线 l 的交点的横坐标为 $x_{0.8413}$. 显然，这个 $x_{0.8413}$ 满足 $\mu_{0.8413}=\frac{x_{0.8413}-\mu}{\sigma}=1$(即 $\sigma=x_{0.8413}-\mu$)，因此可以用 $x_{0.8413}-x_{0.5}$ 估计 σ.

8.5.2 χ^2 拟合检验法

前面介绍了直观而简便的概率图纸法，它不需要很多计算就能对母体分布族作出一个统计推断，并且还能对分布所含的参数作出估计. 但是这种方法因人而异，且精度不高，又不能控制犯错误的概率. 这里介绍 χ^2 拟合检验法，它能够像各种显著性检验一样控制犯第一类错误的概率.

设母体 ξ 的分布函数为具有明确表达式的 $F(x)$，我们把随机变量 ξ 的值域 R 分成 k 个互不相容的区间 $A_1=[a_0, a_1]$, $A_2=[a_1, a_2]$, $\cdots$, $A_k=[a_{k-1}, a_k]$，这些区间不一定有相同的长度.

设 $x_1, \cdots, x_n$ 是容量为 n 的子样的一组观测值，n_i 为子样观测值 $x_1, \cdots, x_n$ 中落入 A_i 的频数. $\sum_{i=1}^{n} n_i=n$ 在这 n 次事件 A_i 出现的频率为$\frac{n_i}{n}$.

我们现在检验原假设 $H_0: F(x)=F_0(x)$.

设在原假设 H_0 成立下，母体 ξ 落入区间 A_i 的概率为 P_i，即

$$P_i=P(A_i)=F_0(a_i)-F_0(a_{i-1}) \quad (i=1, \cdots, k) \tag{8.24}$$

此时 n 个观察值中恰有 n_1 个观察值落入 A_1 内，n_2 个观察值落入 A_2 内，$\cdots$，n_k 个观察值落入 A_k 内的概率为

$$\frac{n!}{n_1!\ n_2!\ \cdots n_k!} P_1^{n_1} P_2^{n_2} \cdots P_n^{n_k}$$

这是一个多项分布.

按大数定理，在 H_0 为真时，频率$\frac{n_i}{n}$与概率 P_i 的差异不应太大. 根据这个思想构造一个统计量：

$$\chi^2=\sum_{i=1}^{k} \frac{(n_i-nP_i)^2}{nP_i} \tag{8.25}$$

称作 χ^2 -统计量. 后面可以看到，用 χ^2 表示这一统计量是因为它的极限分布就是自由度为 $k-1$ 的 χ^2 分布.

为了把 χ^2 统计量用作检验的统计量，我们必须知道它的抽样分布. 下面先看$k=2$ 的简单情形. 在 H_0 成立时，有

$$P(A_1)=P_1, P(A_2)=P_2$$

其中，$P_1+P_2=1$.

这时频数 $n_1+n_2=n$. 我们考察

$$\chi^2=\frac{(n_1-nP_1)^2}{nP_1}+\frac{(n_2-nP_2)^2}{nP_2} \tag{8.26}$$

令

$$Y_1=n_1-nP_1,\ Y_2=n_2-nP_2 \tag{8.27}$$

显然有

$$Y_1+Y_2=n_1+n_2-n(P_1+P_2)=0 \tag{8.28}$$

由此可见，Y_1 与 Y_2 不是线性独立的，且 $Y_1=-Y_2$，于是

$$\chi^2=\frac{Y_1^2}{nP_1}+\frac{Y_2^2}{nP_2}=\frac{Y_1^2}{nP_1P_2}=\left[\frac{n_1-nP_1}{\sqrt{nP_1(1-P_1)}}\right]^2 \tag{8.29}$$

根据德莫弗-拉普拉斯极限定理，当 n 充分大时，随机变量$\dfrac{n_1-nP_1}{\sqrt{nP_1(1-P_1)}}$的分布是接近于正态的，从而推得 $k=2$ 情形的分布，当 n 充分大时，是接近于自由度为 1 的 χ^2 分布.

对于一般情形有如下定理：

定理 8.1　当 H_0 为真，即 P_1，…，P_k 为母体的真实概率时，由式(8.25)所定义的统计量 χ^2 的渐近分布是自由度为 $k-1$ 的 χ^2 分布，即密度函数为

$$f(x)=\begin{cases}\dfrac{1}{2^{\frac{k-1}{2}}\Gamma\left(\dfrac{k-1}{2}\right)}x^{\frac{k-3}{2}}\mathrm{e}^{-\frac{x}{2}} \\ 0\end{cases} \tag{8.30}$$

证明　在 n 个观察值中恰有 n_1 个观察值落入 A_1 内，n_2 个观察值落入 A_2 内，…，n_k 个观察值落入 A_k 内的概率为

$$\frac{n!}{n_1!\ n_2!\ \cdots n_k!}P_1^{n_1}P_2^{n_2}\cdots P_n^{n_k}$$

这里 $n_1+n_2+\cdots+n_k=n$. 其特征函数为

$$\varphi_2(t_1,\ \cdots,\ t_k)=\left(\sum_{j=1}^{k}P_j\mathrm{e}^{it_j}\right)^n \tag{8.31}$$

令

$$Y_j=\frac{n_j-nP_j}{\sqrt{nP_j}}\quad (j=1,\ 2,\ \cdots,\ k) \tag{8.32}$$

于是有

$$\chi^2=\sum_{j=1}^{k}\frac{(n_j-nP_j)^2}{nP_j}=\sum_{j=1}^{k}Y_j^2 \tag{8.33}$$

和

$$\sum_{j=1}^{k}Y_j\sqrt{P_j}=0 \tag{8.34}$$

由式(8.34)可看出，诸随机变量 Y_j 不是线性独立的. $(Y_1,\ \cdots,\ Y_k)$的联合分布的特征函数为

$$\varphi(t_1,\ \cdots,\ t_k)=\exp\left(-\sum_{j=1}^{k}it_j\sqrt{nP_j}\right)\cdot\left[\sum_{j=1}^{k}P_j\exp\left(\frac{it_j}{nP_j}\right)\right]^2 \tag{8.35}$$

两边取对数得

$$\ln\varphi(t_1, \cdots, t_n) = -i\sqrt{n}\sum_{j=1}^{k} t_j\sqrt{P_j} + n\ln\left[\sum_{j=1}^{k} P_j \exp\left(\frac{it_j}{\sqrt{nP_j}}\right)\right] \tag{8.36}$$

利用指数函数和对数函数在 $t_j=0$ 处的泰勒展开：

$$\exp\left[\frac{it_j}{\sqrt{np_j}}\right] - 1 = \frac{it_j}{\sqrt{nP_j}} - \frac{t_j^2}{2nP_j} + o\left(\frac{1}{n}\right)$$

和

$$\ln(1+x) = x - \frac{x^2}{2} + o(x^2)$$

于是

$$\ln\varphi(t_1, \cdots, t_k) = -i\sqrt{n}\sum_{j=1}^{k} t_j\sqrt{P_j} + n\ln\left(1 + \frac{i}{\sqrt{n}}\sum_{j=1}^{k} t_j\sqrt{P_j} - \frac{1}{2n}\sum_{j=1}^{k} t_j^2 + o\left(\frac{1}{n}\right)\right)$$

$$= -i\sqrt{n}\sum_{j=1}^{k} t_j\sqrt{P_j} + n\left[\frac{i}{\sqrt{n}}\sum_{j=1}^{k} t_j\sqrt{P_j} - \frac{1}{2n}\sum_{j=1}^{k} t_j^2 - \frac{1}{2}\left(\frac{i}{\sqrt{n}}\sum_{j=1}^{k} t_j\sqrt{P_j}\right)^2\right] + o(1)$$

当 $n\to\infty$时，有

$$\ln\varphi(t_1, \cdots, t_k) \to -\frac{1}{2}\left[\sum_{j=1}^{k} t_j^2 - \left(\sum_{j=1}^{k} t_j\sqrt{P_j}\right)^2\right]$$

即

$$\lim_{n\to\infty}\varphi(t_1, \cdots, t_k) = \exp\left\{-\frac{1}{2}\left[\sum_{j=1}^{k} t_j^2 - \left(\sum_{j=1}^{k} t_j\sqrt{P_j}\right)^2\right]\right\} \tag{8.37}$$

作正交变换：

$$\begin{cases} Z_l = \sum_{j=1}^{k} a_{lj} Y_j \quad (l=1, \cdots, k-1) \\ Z_k = \sum_{j=1}^{k} \sqrt{P_j}\, Y \end{cases} \tag{8.38}$$

其中，a_{lj} 应满足：

$$\sum_{j=1}^{k} a_{lj} \cdot a_{rj} = \begin{cases} 1 & (l=r;\ l, r=1, \cdots, k-1) \\ 0 & (l\neq r;\ l, r=1, \cdots, k-1) \end{cases}$$

和

$$\sum_{j=1}^{k} a_{lj}\sqrt{P_j} = 0 \quad (l=1, \cdots, k-1)$$

由

$$\begin{cases} u_l = \sum_{j=1}^{k} a_{ij} t_y \quad (l=1, \cdots, k-1) \\ u_k = \sum_{j=1}^{k} \sqrt{P_j}\, t_j \end{cases} \tag{8.39}$$

得到

$$\sum_{j=1}^{k} t_j^2 - \left(\sum_{j=1}^{k} t_j \sqrt{P_i} \right)^2 = \sum_{j=1}^{k-1} u_j^2 \tag{8.40}$$

由式(8.37)知，当 $n \to \infty$ 时，$(Z_1, \cdots, Z_k)$ 的特征函数

$$\lim_{n \to \infty} \varphi(u_1, \cdots, u_k) = \exp\left\{ -\frac{1}{2} \sum_{j=1}^{k-1} u_j^2 \right\}$$

这意味着 $Z_1, \cdots, Z_{k-1}$ 的分布弱收敛于相互独立的正态 $N(0, 1)$ 分布，而 Z_k 依概率收敛于0. 因此

$$\chi^2 = \sum_{j=1}^{k} Y_j^2 = \sum_{j=1}^{k} Z_j^2$$

的渐近分布是自由度为 $k-1$ 的 χ^2 分布.

如果原假设 H_0 只确定母体分布类型，而分布中还含有未知参数 $\theta_1, \cdots, \theta_m$，则我们还不能用定理 8.1 来作为检验的理论依据. 费歇证明了如下定理，从而解决了含未知参数情形的分布检验问题.

定理 8.2　设 $F(x; \theta_1, \cdots, \theta_m)$ 为母体的真实分布，其中 $\theta_1, \cdots, \theta_m$ 为 m 个未知参数. 在 $F(x; \theta_1, \cdots, \theta_m)$ 中用 $\theta_1, \cdots, \theta_m$ 的极大似然估计 $\hat{\theta}, \cdots, \hat{\theta}_m$ 代替 $\theta_1, \cdots, \theta_m$ 并且以 $F(x; \hat{\theta}, \cdots, \hat{\theta}_m)$ 取代 6.2.1 节中经验分布函数中的 $F(x)$ 得到

$$\hat{P}_i = F(a_i; \hat{\theta}_1, \cdots, \hat{\theta}_m) - F(a_{i-1}; \hat{\theta}_1, \cdots, \hat{\theta}_m) \tag{8.41}$$

则将式(8.41)代入式(8.25)所得的统计量为

$$\chi^2 = \sum_{j=1}^{k} \frac{(n_i - n\hat{P}_i)^2}{n\hat{P}_i} \tag{8.42}$$

当 $n \to \infty$ 时有自由度为 $k-m-1$ 的 χ^2 分布.

利用 χ^2 分布进行假设检验的步骤如下：

(1) 把母体 ξ 的值域划分为 k 个互不相交的区间 $[a_i, a_{i+1})$　$(i=1, \cdots, k)$，其中 a_1、a_k 可以分别取 $-\infty$、∞.

(2) 在 H_0 成立下，用极大似然估计法估计分布所含的未知参数.

(3) 在 H_0 成立下，计算理论概率

$$P_i = F_0(a_{i+1}) - F_0(a_i)$$

并且算出理论频数 nP_i.

(4) 按照子样观察值 $x_1, x_2, \cdots, x_n$ 落在区间 $[a_i, a_{i+1})$ 中的个数，即实际频数 n_i $(i=1, \cdots, k)$ 和(3)中算出的理论频数 nP_i，计算

$$\chi^2 = \frac{(n_i - nP_i)}{nP_i}$$

的值.

(5) 按照所给出的显著性水平 α，查自由度 $k-m-1$ 的 χ^2 分布表得 $\chi^2_{1-\alpha}(k-m-1)$，其中 m 是未知参数的个数.

(6) 若 $\chi^2 \geqslant \chi^2_{1-\alpha}$，则拒绝原假设 H_0；若 $\chi^2 < \chi^2_{1-\alpha}$，则认为原假设 H_0 成立.

8.5.3 柯尔莫哥洛夫拟合检验法——D_n 检验

χ^2 拟合检验用于比较子样频率与母体概率. 尽管它对于离散型和连续型母体分布都适用，但它依赖于区间的划分. 因为即使原假设 $H_0: F(x)=F_0(x)$不成立，但在某种划分下还是可能有 $F(a_i)-F(a_{i-1})=F_0(a_i)-F_0(a_{i-1})=P_i(i=1, \cdots, k)$，从而不影响 6.4.1 节中 χ^2 的值，也就是有可能把不真的原假设 H_0 接受过来. 由此看到，用 χ^2 检验实际上只是检验了 $F_0(a_i)-F_0(a_{i-1})=P_i(i=1, \cdots, k)$是否为真，而并未真正地检验母体分布 $F(x)$是否为 $F_0(x)$. 柯尔莫哥洛夫对连续母体的分布提出了一种方法，一般称作柯尔莫哥洛夫检验或 D_n 检验. 这个检验比较子样经验分布函数 $F_n(x)$和母体分布函数 $F(x)$，它不是在划分的区间上考虑 $F_n(x)$与原假设的分布函数之间的偏差，而是在每一点上考虑它们之间的偏差. 这就克服了 χ^2 检验依赖于区间划分的缺点，但母体分布必须假定为连续.

根据格里汶科定理，我们可以把子样经验分布函数看作实际母体分布函的缩影. 如果原假设成立，则它与 $F(x)$的差距一般不应太大. 由此柯尔莫哥洛夫提出了一个统计量：

$$D_n = \sup_x | F_n(x) - F(x) | \tag{8.43}$$

并且得到了该统计量 D_n 的精确分布和极限分布 $K(\lambda)$. 它们都不依赖于母体的分布. 这里我们不加证明地引入柯尔莫哥洛夫定理.

定理 8.3 设母体 ξ 有连续分布函数 $F(x)$，从中抽取容量为 n 的字样，并设经验分布函数为 $F_n(x)$，则

$$D_n = \sup_x | F_n(x) - F(x) |$$

的分布函数为

$$P\left(D_n < \lambda + \frac{1}{2n}\right)$$

$$= \begin{cases} 0 & (\lambda < 0) \\ \displaystyle\int_{\frac{1}{2n}-\lambda}^{\frac{1}{2n}+\lambda} \int_{\frac{3}{2n}-\lambda}^{\frac{3}{2n}+\lambda} \cdots \int_{\frac{2n-1}{2n}-\lambda}^{\frac{2n-1}{2n}+\lambda} f(y_1, \cdots, y_n)\mathrm{d}y & \left(0 \leqslant \lambda < \dfrac{2n-1}{2n}\right) \\ 1 & \left(\lambda \geqslant \dfrac{2n-1}{2n}\right) \end{cases} \tag{8.44}$$

其中：

$$f(y_1, \cdots, y_n) = \begin{cases} n! & (0 < y_1 < \cdots < y_n < 1) \\ 0 & (\text{其他}) \end{cases}$$

在 $n \to \infty$时，有极限分布函数：

$$P(\sqrt{n} D_n < \lambda) \to K(\lambda) = \begin{cases} \displaystyle\sum_{j=-\infty}^{n} (-1)^j \exp(-2j^2\lambda^2) & (\lambda > 0) \\ 0 & (\lambda \leqslant 0) \end{cases} \tag{8.45}$$

在应用柯尔莫哥洛夫检验时，应该注意的是，原假设的分布的参数值原则上应是已知的. 但在参数为未知时，近年来有人对某些母体分布(如正态分布和指数分布)用下列两种方法估计：用另一个大容量子样来估计未知参数；如果原来子样容量很大，也可用来估计未知参数. 不过此 D_n 检验是近似的. 在检验时以取较大的显著性水平为宜，一般取 $\alpha=0.10 \sim 0.12$.

用 D_n 检验来检验母体有连续分布函数 $F(x)$这个假设的步骤如下：

（1）从母体抽取容量为 n 的子样，并把子样观察值按由小到大的次序排列.

（2）算出经验分布函数：

$$F_n(x)=\begin{cases}0 & (x<x_{(1)})\\ \dfrac{n_j(x)}{n} & (x_{(j)}\leqslant x<x_{(j+1)})\\ 1 & (x_{(k)}\leqslant x)\end{cases}$$

式中，$j=1, \cdots, n$.

（3）在原假设 H_0 下，计算观察值处的理论分布函数 $F(x)$的值.

（4）对每一个 x_i 算出经验分布函数与理论分布函数的差的绝对值：$|F_n(x_{(i)})-F(x_{(i)})|$与 $|F_n(x_{(i+1)})-F(x_{(i)})|$.

（5）由（4）算出统计量的值.

（6）给出显著性水平 α，由柯尔莫哥洛夫检验的临界值表查出：

$$P(D_n\geqslant D_{n,\alpha})=\alpha$$

的临界值 $D_{n,\alpha}$. 当 $n>100$ 时，可通过 $D_{n,\alpha}\approx\lambda_{1-\alpha}/\sqrt{n}$ 查 D_n 的极限分布函数数值表得 $\lambda_{1-\alpha}$，从而求出 $D_{n,\alpha}$ 的近似值.

（7）若由（5）算出的 $D_n\geqslant D_{n,\alpha}$，则拒绝原假设 H_0；若 $D_n<D_{n,\alpha}$，则接受假设，并认为原假设的理论分布函数与子样数据是拟合得好的.

定理 8.4　当样本容量 n_1 和 n_2 分别趋近于 ∞ 时，统计量

$$D_{n_1,n_2}=\sup_x|F_{1n_1}(x)-F_{2n_2}(x)|$$

有极限分布函数

$$P\left\{\sqrt{\frac{n_1n_2}{n_1+n_2}}D_{n_1n_2}<\lambda\right\}\to K(\lambda)=\begin{cases}\sum\limits_{j=-\infty}^{\infty}(-1)^j\exp(-2j^2\lambda^2) & (\lambda>0)\\ 0 & (\lambda\leqslant 0)\end{cases}\tag{8.46}$$

总 习 题 8

1. 某油品公司的桶装润滑油标定质量为 10 kg，商品检验部门从市场上随机抽取 10 桶，称得它们的质量(单位为 kg)分别为

10.2　9.7　10.1　10.3　10.1　9.8　9.8　10.4　10.4　9.8

假设每桶油实际质量服从正态分布，试在显著性水平 $\alpha=0.01$ 下，检验该公司的桶装润滑油质量是否确为 10 kg.

2. 假设香烟中尼古丁含量服从正态分布，现从某牌香烟中随机抽取 20 支，且尼古丁含量的平均值 $\bar{x}_1=18.6$ mg，样本标准差 $s=2.4$ mg，取显著性水平 $\alpha=0.01$，我们能否接受“该种香烟的尼古丁含量的均值 $\mu=18$ mg”的断言？

3. 设甲、乙两煤矿所产的煤中含煤粉率分别为 $N(\mu_1, 7.5)$、$N(\mu_2, 2.6)$，为检验这两个煤矿的煤中含煤粉率有无显著差异，从两矿中取样若干份，测试结果如下：

甲矿(%)：24.3　20.8　23.7　21.3　17.3；

乙矿(%)：18.2　16.9　20.2　16.7.

试在显著性水平 $\alpha=0.05$ 下检验“含煤粉率无差异”这个假设.

4. 为研究矽肺患者肺功能的变化情况，某医院对Ⅰ、Ⅱ期矽肺患者各 33 人测其肺活量，得Ⅰ期患者的平均数为 2710 mm，标准差为 147 mm，Ⅱ期患者的平均数为 2830 mm，标准差为 118 mm. 假定第Ⅰ、Ⅱ期患者的肺活量服从正态分布 $N(\mu_1, \sigma_1^2)$、$N(\mu_2, \sigma_2^2)$，试问第Ⅰ、Ⅱ期患者的肺活量有无显著差异？($\alpha=0.05$)

5. 比较 A、B 两种小麦品种蛋白质含量，随机抽取 A 种小麦 10 个样品，测得 $\bar{x}=14.3$，$s_1^2=1.62$，随机抽取 B 种小麦 5 个样品，测得 $\bar{y}=11.7$，$s_2^2=0.14$. 假定这两种小麦蛋白质含量都服从正态分布，且具有相同方差，试在显著性水平 $\alpha=0.01$ 下检验两种小麦的蛋白质含量有无差异.

6. 由于存在声音反射，因此人们在讲英语时辅音识别方面会遇到麻烦，有人随机选取了 10 个以英语为母语的人(记为 A 组)和 10 个以英语为外国语的人(记为 B 组)来进行测试. 下面记录为他们正确反应的比例(%)：

A 组：93　85　89　81　88　88　89　85　85　87；

B 组：76　84　78　73　78　76　70　82　79　77.

假定这些数据都来自正态总体，且具有相同方差，试在显著性水平 $\alpha=0.05$ 下检验这两组的反应是否有显著差异.

7. 某种导线要求电阻标准差不超过 0.005 Ω，今在生产的一批导线中随机抽取 9 根，测量后算得 $s=0.07$ Ω，设电阻测量值服从正态分布，问在显著性水平 $\alpha=0.05$ 下能否认为这批导线的电阻值满足原来的要求？

8. 为检验一颗骰子的均匀性，对这颗骰子投掷 60 次，观察到出现 1、2、3、4、5、6 点的次数分别为 7、6、12、14、5、16，试在显著性水平 $\alpha=0.05$ 下检验原假设：这颗骰子是均匀的，即每个点出现的概率均为 1/6.

9. 某批发商销售一电子制造厂生产的 32 GB 优盘，按协议规定，电子制造厂提供的此类优盘的合格率必须在 95% 以上. 批发商某天计划从该厂进一批优盘，从将出厂的优盘中随机抽查了 400 个，发现有 32 个是次品. 问在显著性水平 $\alpha=0.02$ 下按协议这批优盘能否接受？

10. 据报载，某大城市为了确定城市养猫灭鼠的效果，进行调查得

养猫户：$n_1=119$，有老鼠活动的有 15 户；

无猫户：$n_2=418$，有老鼠活动的有 58 户.

问：养猫与不养猫对大城市家庭灭鼠有无显著差别？($\alpha=0.05$)

第 9 章　线性回归分析与方差分析

早在 19 世纪，英国生物统计学家高尔顿在研究父母和子女的身高遗传规律时发现子代的平均身高具有朝着人类平均身高移动的趋势，即向中心“回归”，使得一段时间内平均身高相对稳定. 之后回归分析的思想渗透到了许多学科，应用也随之越来越广泛.

9.1　一元线性回归分析

在许多实际问题中，常常需要研究多个变量之间的相互关系. 通常，这些关系可分为两类：确定性和非确定性关系. 确定性关系是指变量之间的关系可以用函数关系来表示. 例如，圆的面积 A 和半径 r 的关系可以表示为 $A=\pi r^2$. 但是有一些变量之间的关系则不能通过上述方式表示. 例如，人的体重和身高的关系，一般来说，身高越高，往往体重越大，但即使是同样的身高体重却可能有很大差别. 类似于这样不能使用确定的函数来进行精确表示的关系称为相关关系，这在实际生活中经常遇到，如人的血压和年龄的关系，产品价格与销量的关系，农作物施肥量与产量之间的关系等. 虽然不能找到确定的表示方法，但是通过大量的观测数据往往可以发现变量之间存在着一定的统计规律，于是通过样本观察值找一个确定的函数关系或数学模型来表示这种统计规律性，这就是回归分析. 回归分析获得的变量之间的函数方程称为回归函数或者回归方程.

9.1.1　一元回归模型

在回归函数中通常将被预测的或被解释的变量称为因变量，用来预测或者用来解释因变量的变量称为自变量. 自变量可以是一个，也可以是多个. 自变量只有一个时称为一元回归，自变量有多个时称为多元回归. 相关关系最为简单的情形是两个变量之间的线性关系，可以绘制散点图来观察二者之间的某种关系.

如果这 n 个点大致分布在一条斜率为正的直线附近，则称为正线性相关，如图 9.1 所示. 如果围绕在一条斜率为负的直线附近，则称为负线性相关，如图 9.2 所示. 同时也可能

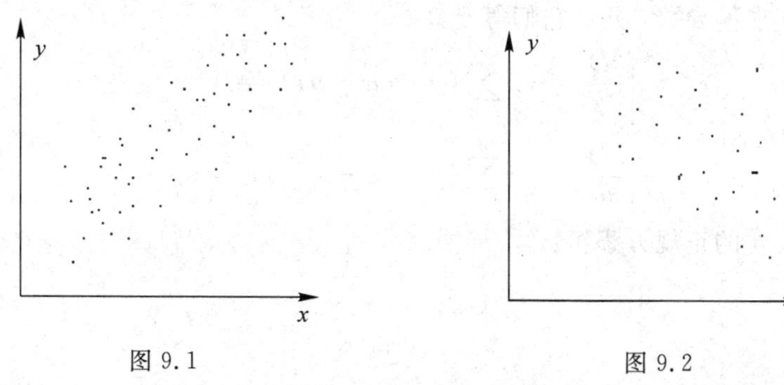

图 9.1　　　　图 9.2

存在其他关系，如图 9.3 所示.

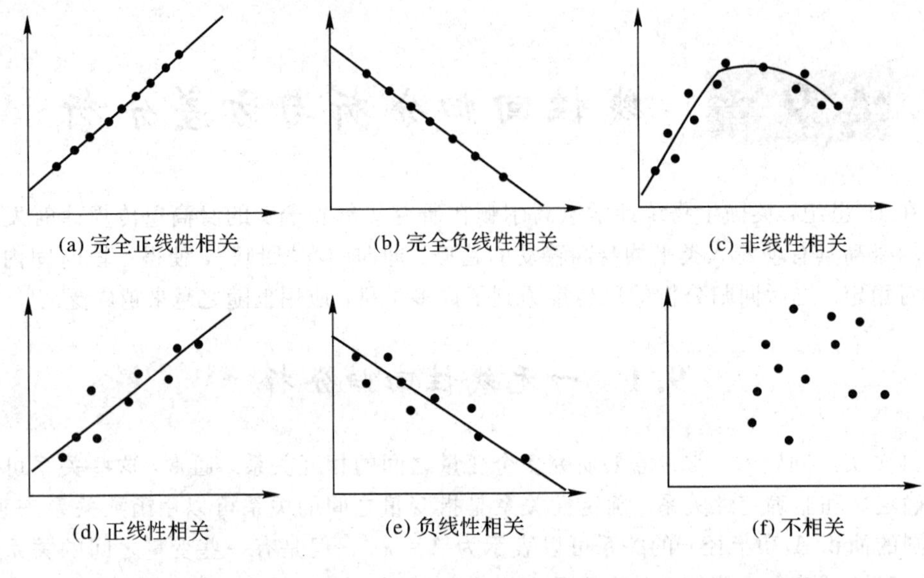

图 9.3

由散点图看出大致是线性关系后，更加关心的是如何确定该直线方程来近似反映它们之间的这种线性关系.

通常情况下，因变量 y 和自变量 x 二者的线性关系可表示为 $y=a+bx+\varepsilon$，其中 a、b 称为回归系数，ε 是随机误差并且 $\varepsilon\sim N(0,\sigma^2)$，这种关系称为一元线性回归模型. 其中，$y=a+bx$ 称为回归直线，b 为回归系数. 通过样本得到 a、b 的估计值 $\hat{a}$、$\hat{b}$，则称 $\hat{y}=\hat{a}+\hat{b}x$ 为拟合直线或者经验回归直线.

9.1.2 参数的最小二乘估计

为了使 $\hat{y}=a+bx$ 能最好地反应两变量间的数量关系，根据最小二乘法估计，未知参数 a、b 应使回归估计值与观测值的偏差平方和最小，即

$$Q=Q(a,b)=\sum_{i=1}^{n}\varepsilon_i^2=\sum_{i=1}^{n}(y_i-a-bx_i)^2$$

为最小.

分别对 a、b 求偏导数，并令它们等于 0：

$$\begin{cases}\dfrac{\partial Q}{\partial a}=-2\sum\limits_{i=1}^{n}(y_i-a-bx_i)=0\\ \dfrac{\partial Q}{\partial b}=-2\sum\limits_{i=1}^{n}(y_i-a-bx_i)x_i=0\end{cases}$$

整理后得关于 a、b 的正规方程组：

$$\begin{cases} na + b\sum_{i=1}^{n} x_i = \sum_{i=1}^{n} y_i \\ a\sum_{i=1}^{n} x_i + b\sum_{i=1}^{n} x_i^2 = \sum_{i=1}^{n} x_i y_i \end{cases}$$

解正规方程组，得

$$\hat{b} = \frac{\sum_{i=1}^{n}(x_i - \bar{x})(y_i - \bar{y})}{\sum_{i=1}^{n}(x_i - \bar{x})^2} = \frac{\mathrm{SP}_{xy}}{\mathrm{SS}_x}, \hat{a} = \bar{y} - b\bar{x}$$

其中，$\hat{b} = \frac{\sum_{i=1}^{n}(x_i - \bar{x})(y_i - \bar{y})}{\sum_{i=1}^{n}(x_i - \bar{x})^2}$ 的分子是自变量的离均差与因变量的离均差的乘积和，简称乘积和，记作 SP_{xy}；分母是自变量的离均差平方和 $\sum(x - \bar{x})^2$，记作 SS_x.

用最小二乘法求出的 $\hat{a}$、$\hat{b}$ 分别称为 a、b 的最小二乘估计. 参数 σ^2 常用 $\hat{\sigma}^2 = \frac{1}{n-2}\sum_{i=1}^{n}(y_i - \hat{a} - \hat{b}x_i)^2$ 做估计. 可以证明得到定理：

(1) $\hat{a} \sim N\left\{a, \frac{\sigma^2 \sum_{i=1}^{n} x_i^2}{n\sum_{i=1}^{n}(x_i - \bar{x})^2}\right\}$；

(2) $\hat{b} \sim N\left\{b, \frac{\sigma^2}{\sum_{i=1}^{n}(x_i - \bar{x})^2}\right\}$；

(3) $\frac{n-2}{\sigma^2}\hat{\sigma}^2 \sim \chi^2(n-2)$；

(4) $\hat{\sigma}^2$ 分别与 $\hat{a}$、$\hat{b}$ 相互独立.

【例 9.1】 在水稻对污染土壤中铅的富集规律中，得到如表 9.1 所示的一组关于土壤铅含量(mg/kg)与水稻根铅含量(mg/kg)的数据，试建立水稻根铅含量(y)与土壤铅含量(x)的直线回归方程.

表 9.1

土壤铅含量/(mg/kg)	1070	151.9	118	80.2	543.7	370.7	921.3	242.2	850.7
水稻根铅含量/(mg/kg)	712.5	200.6	230.8	160.5	400.8	350.9	600.8	270.8	550.9

解 (1) 计算各值，并列表. 各值如下：

$$\bar{x} = \frac{\sum x}{n} = \frac{4348.7}{9} = 483.19$$

$$\bar{y} = \frac{\sum y}{n} = \frac{3478.6}{9} = 386.51$$

$$\mathrm{SS}_x=\sum x^2-\frac{\left(\sum x\right)^2}{n}=3\ 252\ 502.85-\frac{4348.7^2}{9}=1\ 151\ 259.3289$$

$$\mathrm{SP}_{xy}=\sum xy-\frac{\sum x\sum y}{n}=2\ 268\ 701.66-\frac{4348.7\times 3478.6}{9}=587\ 880.7911$$

$$\mathrm{SS}_y=\sum y^2-\frac{\left(\sum y\right)^2}{n}=1\ 648\ 481.04-\frac{3478.6^2}{9}=303\ 963.4889$$

(2) 计算回归系数 b、a 分别为

$$b=\frac{\mathrm{SP}_{xy}}{\mathrm{SS}_x}=\frac{587\ 880.7911}{1\ 151\ 259.3289}=0.5106$$

$$a=\bar{y}-b\bar{x}=386.51-0.5106\times 483.19=139.7932$$

(3) 写出回归方程. 根据上述结果，得到水稻根铅含量 y 对土壤全铅含量 x 的直线回归方程为

$$\hat{y}=139.7932+0.5106x$$

表 9.2 所示为一元回归系数计算表。

表 9.2

n	土壤铅含量 x /(mg/kg)	水稻根铅含量 y /(mg/kg)	x_i^2	y_i^2	x_iy_i
1	1070.0	712.5	1 144 900	507 656.25	762 375
2	151.9	200.6	23 073.61	40 240.36	30 471.14
3	118.0	230.8	13 924	53 268.64	27 234.4
4	80.2	160.5	6432.04	25 760.25	12 872.1
5	543.7	400.8	295 609.69	160 640.64	217 914.96
6	370.7	350.9	137 418.49	123 130.81	130 078.63
7	921.3	600.8	848 793.69	360 960.64	553 517.04
8	242.2	270.8	58 660.84	73 332.64	65 587.76
9	850.7	550.9	723 690.49	303 490.81	468 650.63
$\sum$	4348.7	3478.6	3 252 502.85	1 648 481.04	2 268 701.66
$\frac{\sum}{n}$	483.19	386.51	361 389.21	183 164.56	252 077.96

9.1.3 拟合优度

由于 x 的取值不同、实验误差以及其他可能存在的不明因素的影响，实际测量结果 $y_i(i=1, 2, \cdots, n)$与实际测量结果的总平均值 $\bar{y}=\frac{1}{n}\sum_{i=1}^{n}y_i$ 有一定的偏差. 由图 9.4 可以

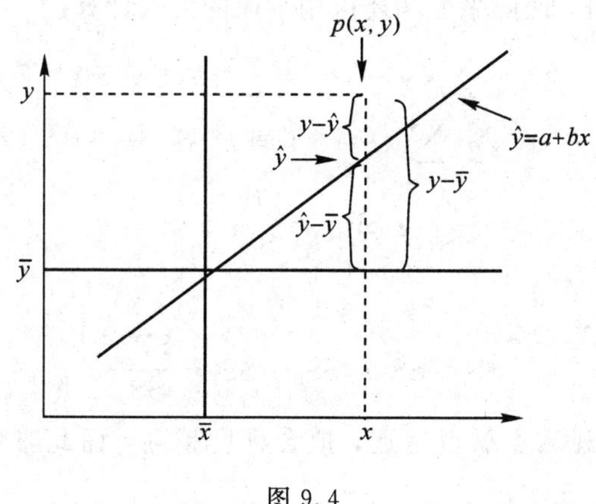

图 9.4

看到，因变量 y 的总变异 $y-\bar{y}$ 由 $\hat{y}-\bar{y}$ 与偏差 $y-\hat{y}$ 两部分构成，即

$$y-\bar{y}=(\hat{y}-\bar{y})+(y-\hat{y})$$

将上式两端平方，可得

$$\begin{aligned}\sum(y-\bar{y})^2&=\sum[(\hat{y}-\bar{y})+(y-\hat{y})]^2\\&=\sum(\hat{y}-\bar{y})^2+\sum(y-\hat{y})^2+2\sum(\hat{y}-\bar{y})(y-\hat{y})\end{aligned}$$

由前面解正规方程组的相关结果已经知道 $\hat{a}=\bar{y}-b\bar{x}$，所以 $\hat{y}=a+bx=\bar{y}+b(x-\bar{x})$，于是 $\hat{y}-\bar{y}=b(x-\bar{x})$. 由此可以得出：

$$\begin{aligned}\sum(\hat{y}-\bar{y})(y-\hat{y})&=\sum b(x-\bar{x})(y-\hat{y})\\&=\sum b(x-\bar{x})[(y-\bar{y})-b(x-\bar{x})]\\&=\sum b(x-\bar{x})(y-\bar{y})-\sum b(x-\bar{x})\cdot b(x-\bar{x})\\&=b\cdot \mathrm{SP}_{xy}-b^2\cdot \mathrm{SS}_x\\&=\frac{\mathrm{SP}_{xy}}{\mathrm{SS}_x}\cdot \mathrm{SP}_{xy}-\left(\frac{\mathrm{SP}_{xy}}{\mathrm{SS}_x}\right)^2\cdot \mathrm{SS}_x\\&=0\end{aligned}$$

所以 $\sum(y-\bar{y})^2=\sum(\hat{y}-\bar{y})^2+\sum(y-\bar{y})^2$. 通常称 $\mathrm{SS_T}=\sum(y-\bar{y})^2$ 为 y 的总离均差平方和或总偏差平方和(也可以记作 SS_y)，它反映了总变异程度；称 $\mathrm{SS_R}=\sum(\hat{y}-\bar{y})^2$ 为回归平方和，它反映了因变量与 n 次回归之间的差异，是由于自变量的变化对因变量的线性影响引起的；称 $\mathrm{SS_r}=\sum(y-\hat{y})^2$ 为剩余平方和或残差平方和、离回归平方和，它反映了观测值偏离样本回归线的程度，这是由直线关系以外的原因包括随机误差所引起的. 因此，不难得出 $\mathrm{SS_T}=\mathrm{SS_R}+\mathrm{SS_r}$. 由于直线回归只涉及一个自变量，回归自由度等于自变量的个数，因此回归平方和的自由度为 1，即 $\mathrm{d}f_{\mathrm{R}}=1$，而总自由度 $\mathrm{d}f_{\mathrm{T}}=n-1$，所以离回归自由度 $\mathrm{d}f_{\mathrm{r}}=n-2$. 于是：离回归均方 $\mathrm{MS_r}=\mathrm{SS_r}/\mathrm{d}f_{\mathrm{r}}$，回归均方 $\mathrm{MS_R}=\mathrm{SS_R}/\mathrm{d}f_{\mathrm{R}}$.

除以前的计算方法外，回归平方和还可用下面的公式计算：

$$\begin{aligned}SS_R &= \sum(\hat{y}-\bar{y})^2 = \sum[b(x-\bar{x})]^2 \\ &= b^2\sum(x-\bar{x})^2 = b^2 SS_x = bSP_{xy} \\ &= \frac{SP_{xy}}{SS_x}\cdot SP_{xy} = \frac{SP_{xy}^2}{SS_x}\end{aligned}$$

离回归平方和为

$$SS_r = SS_T - SS_R = SS_T - \frac{SP_{xy}^2}{SS_x}$$

样本回归线与样本观测点靠得越近，拟合程度越高，而此时可以看出，回归平方和 SS_R 在总离均差平方和中所占的比例越大，反之比例越小. 因而可将此比例即 $\frac{SS_R}{SS_T}$ 作为对拟合优度的度量，并称为判定系数(亦称决定系数)，记为 R^2，即 $R^2=\frac{SS_R}{SS_T}$. 在例 9.1 中可以计算得出判定系数为 0.9876，说明总偏差平方和中 98.76%是由于自变量引起的. 可见，样本回归的拟合程度非常高.

9.1.4 显著性检验

在实际问题中，自变量与因变量是否存在线性关系，除通过散点图进行粗略判断外，还需对拟合效果进行检验，如果拟合效果较好，则回归方程才可用来进行预测和控制. 下面介绍三种常用方法.

1. t 检验

若回归方程符合实际情况，则 $b\neq 0$，否则会得到因变量与自变量无关的结论. 因此可设无效假设和备择假设分别为 H_0：$b=0$，H_1：$b\neq 0$.

t 检验的计算公式为

$$T=\frac{\hat{b}}{\sigma/\sqrt{\sum_{i=1}^{n}(x_i-\bar{x})^2}}\sim t(n-2)$$

对于例 9.1，可以计算出 $t=23.64$，$df=n-2=9-2=7$，查表得 $t_{0.05}(7)=1.8946$，$t_{0.01}(7)=2.9980$. 显然，$t>t_{0.01}(7)$，$P<0.01$，否定 H_0：$b=0$，接受 H_1：$b\neq 0$，即水稻根铅含量与土壤铅含量的直线回归系数 b 是极显著的，表明水稻根铅含量与土壤铅含量间存在极显著的直线关系，可用所建立的直线回归方程来进行预测和控制.

2. F 检验

在无效假设成立的条件下，回归平方和与离回归平方和的比值服从 $df_1=1$ 和 $df_2=n-2$ 的 F 分布，所以可以利用

$$F=\frac{SS_R}{SS_r/(n-2)}\sim F(1,n-2)$$

来检验回归关系即回归方程的显著性.

对于例 9.1，可计算出 $F=524.57$，自由度 $df_R=1$，$df_r=9-2=7$，查表得 $F_{0.05}=5.59$，$F_{0.01}=12.2$. 由此可见，F 检验的结果与 t 检验的结果是一致的.

3. 相关系数 R 检验

判定系数 R^2 介于 0 和 1 之间，并不能反映直线关系的性质(是同向增减还是异向增减)，但对 R^2 求平方根，取平方根的符号与 SP_{xy} 的符号一致，则它可以反映出自变量与因变量之间的线性相关关系. 统计学上把这样计算所得的统计量称为相关系数，记为 R. 相关系数 R 的计算公式如下：

$$R=\frac{SP_{xy}}{\sqrt{SS_x}\sqrt{SS_y}}=\frac{\sum_{i=1}^{n}(x_i-\bar{x})(y_i-\bar{y})}{\sqrt{\sum_{i=1}^{n}(x_i-\bar{x})^2}\sqrt{\sum_{i=1}^{n}(y_i-\bar{y})^2}}$$

可将相关系数 R 作为统计量，与 R 的临界值 $R_\alpha(n-2)$ 比较. 若 $|R|>R_\alpha(n-2)$，则可认为所研究的两个变量之间存在线性关系. 本例中，$R=0.9938$ 大于 $R_{0.05}(7)=0.6664$，与上面两种方法结果一致.

9.1.5　预测

建立回归模型就是为了用它进行预测，经过检验后发现回归效果显著时可通过回归函数进行点估计和区间估计.

1. 点估计

在例 9.1 中建立了回归方程为 $\hat{y}=139.7932+0.5106x$. 现在可利用该回归方程在给定某一特定 x 值时对 y 的值进行点估计，或者预测某一特定 x 值对应的 y 值. 例如，当土壤中的铅含量 x 为 100 mg/kg 时，运用该回归方程可得到水稻体内的铅含量为 190.85 mg/kg，即当土壤中的铅含量为 100 mg/kg 时，水稻体内铅含量的点估计值是 190.85 mg/kg.

2. 区间估计

在利用回归方程对因变量 y 进行预测时，往往求出一个预测值的变动区间较预测点更为可信，因而需进行区间估计. 对于给定的 x_0，对应的变量 $y_0=a+bx_0+\varepsilon_0$ 是一个随机变量，由回归函数 $\hat{y}_0=\hat{a}+\hat{b}x_0$ 得出的 $\hat{y}_0$ 称为 y_0 的预测值。

在给定的显著水平 α 下，y_0 的预测区间为 $\hat{y}_0\pm t_{\alpha/2}(n-2)\hat{\sigma}\sqrt{1+\frac{1}{n}+\frac{(x_0-\bar{x})^2}{\sum_{i=1}^{n}(x_i-\bar{x})^2}}$，均值 $E(y_0)$的预测区间为 $\hat{y}_0\pm t_{\alpha/2}(n-2)\hat{\sigma}\sqrt{\frac{1}{n}+\frac{(x_0-\bar{x})^2}{\sum_{i=1}^{n}(x_i-\bar{x})^2}}$，二者的预测区间如图 9.5 所示.

当 n 很大且 x_0 位于 $\bar{x}$ 附近时，有 $t_{\alpha/2}(n-2)\approx u_{\alpha/2}$，$x_0\approx\bar{x}$，于是 y_0 的预测区间也可以近似为 $\hat{y}_0\pm u_{\alpha/2}\hat{\sigma}$. 利用此公式对例 9.1 的资料在 $1-\alpha=0.95$ 的置信水平下进行区间估计，当土壤中的铅含量 x 为 100 mg/kg 时，可以计算出预测区间为(145.36，236.3) mg/kg.

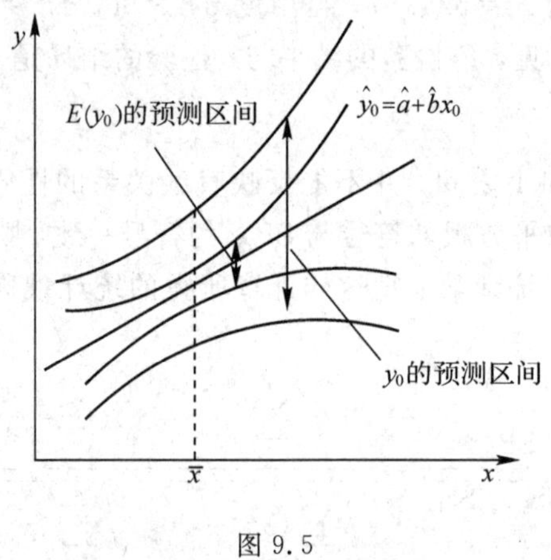

图 9.5

习题 9.1

1. 变量间的关系包括哪两类?

2. 什么叫直线回归分析? 回归截距 a、回归系数 b 与回归估计值 $\hat{y}$ 的统计意义是什么?

3. 什么是相关分析? 判定系数、相关系数的意义是什么? 如何计算?

4. 在研究我国人均消费水平的问题时，把全国人均消费记为 y，把人均国内生产总值(人均 GDP)记为 x. 表 9.3 中摘录了 9 条样本数据(x_i, y_i)，$i=1, 2, \cdots, 9$. 请画出散点图，建立人均消费与人均国内生产总值的回归方程，计算判定系数、相关系数，并对回归方程进行检验($\alpha=0.05$).

表 9.3

年份	人均国内生产总值/元	人均消费金额/元
1995	4854	2236
1996	5576	2641
1997	6054	2834
1998	6308	2972
1999	6551	3138
2000	7086	3397
2001	7651	3609
2002	8214	3818
2003	9101	4089

5. 研究物体在横断面上渗透深度 h(cm)与局部能量 E(每平方厘米面积上的能量)的关系，得到试验结果如表 9.4 所示. 检验 h 与 E 之间是否存在显著的线性相关关系. 如果存在，建立 h 关于 E 的回归方程.

表 9.4

E_i	h_i	E_i	h_i
41	4	180	23
50	8	208	26
81	10	241	30
104	14	250	31
120	16	269	36
139	20	301	37
154	19		

6. 10 名国外优秀 400 米男运动员的 100 米与 400 米成绩如表 9.5 所示，试分析他们的 100 米与 400 米成绩之间是否存在显著的线性相关关系. 如果存在，建立回归方程.

表 9.5

x_i	10″3	10″7	10″4	10″3	10″5	11″	10″9	10″5	10″8	10″6
y_i	44″5	47″5	45″4	45″	46″	49″	48″5	46″5	48″	47″

7. 由专业知识知道，合金的强度 $y(\times 10^7\,\text{Pa})$与合金中碳的含量 $x(\%)$有关，如表 9.6 所示. 为了生产强度满足用户需要的合金，在冶炼过程中通过化验得知碳的含量，如何预测这炉合金的强度?

表 9.6

序号	$x(\%)$	$y(\times 10^7\,\text{Pa})$	序号	$x(\%)$	$y(\times 10^7\,\text{Pa})$
1	0.1	42	7	0.16	49
2	0.11	43	8	0.17	53
3	0.12	45	9	0.18	50
4	0.13	45	10	0.20	55
5	0.14	45	11	0.21	55
6	0.15	47.5	12	0.23	60

9.2　可线性化的非线性回归

直线关系是两个变量之间最简单的数量关系，但实际工作中常常会遇到由散点图观察到样本数据点并不呈现明显的直线，更多的是曲线关系，或在研究的某一段有限范围内两个变量近似于直线关系，但研究范围扩大时就呈现出明显的曲线关系，在这样的情形下，有时可以通过适当的变量替换将原本的非线性回归问题转化为线性回归问题.

下面介绍几种常用的能直线化的曲线函数类型及相应的变量替换并将其直线化.

常见的几种直线化方法如下：

1. 倒数变换

对双曲线型 $1/y=a+b/x$，可令 $y'=1/y$，$x'=1/x$，则变换后的方程为 $y'=a+bx'$.

2. 对数变换

对指数函数、幂函数和对数函数等曲线型，可采用对数变换将其转化为直线回归方程.

对指数曲线型 $y=a\mathrm{e}^{bx}$，两端取自然对数，得 $\ln y=\ln a+bx$，令 $y'=\ln y$，$a'=\ln a$，则变换后的方程为 $y'=a'+bx$.

对幂函数曲线型 $y=ax^{b}(a>0)$，两端取自然对数，得 $\ln y=\ln a+b\ln x$，令 $y'=\ln y$，$a'=\ln a$，$x'=\ln x$，则直线化方程为 $y'=a'+bx'$.

对数函数曲线型 $y=a+b\ln x$，令 $x'=\ln x$，则变换后的方程为 $y=a+bx'$.

对指数函数曲线型 $y=a\mathrm{e}^{b/x}$，两端取自然对数，得方程 $\ln y=\ln a+b/x$，令 $y'=\ln y$，$a'=\ln a$，$x'=1/x$，则直线化方程为 $y'=a'+bx'$.

3. 混合变换

对 Logistic 生长曲线 $y=\dfrac{k}{1+a\mathrm{e}^{-bx}}$（也称 S 曲线型），先移项处理得到 $\dfrac{k}{y}=1+a\mathrm{e}^{-bx}$，继续移项处理得 $\dfrac{k-y}{y}=a\mathrm{e}^{-bx}$. 对两端取自然对数，得 $\ln\dfrac{k-y}{y}=\ln a-bx$，令 $y'=\ln\dfrac{k-y}{y}$，$a'=\ln a$，$b'=-b$，则其直线化方程为 $y'=a'+b'x$.

【例 9.2】 利用表 9.7 所给数据做符合幂函数曲线型 $y=ax^{b}$ 的曲线拟合.

表 9.7

x	1	2	3	4	5	6	7	8
y	0.2	0.8	1.6	3	5.6	8	11	13

解 对函数两端同时取对数，可变形为 $\ln y=\ln a+b\ln x$，令 $y'=\ln y$，$a'=\ln a$，$\ln x=x'$，则变换后的方程为 $y'=a'+bx'$. 将对应数据算出并利用最小二乘法计算回归参数，可得 $a'=-1.6603$，$b=2.0541$. 相关系数为 $R=0.9985$，而 $R_{0.01}(n-2)=0.8743$，$R>R_{0.01}(n-2)$. 所以可以判定线性关系特别显著，然后由 $a'=-1.6603$ 可得 $a=0.190\,08$. 所以，可建立回归方程为 $y=0.19008x^{2.0541}$.

习题 9.2

1. 一册书的成本费 y 与印刷册数 x 有关，统计结果如表 9.8 所示.

表 9.8

x_i/千册	y_i/元	x_i/千册	y_i/元
1	10.15	20	1.62
2	5.52	30	1.41
3	4.08	50	1.30
5	2.85	100	1.21
10	2.11	200	1.15

检验成本费 y 与印刷数的倒数 $1/x$ 之间是否存在显著的线性相关关系. 如果存在，建立 y 关于 x 的回归方程.

2. 气体的体积 V（单位为 m^3）与压强 p（单位为 1.013×10^5 Pa）之间的一般关系为 $pV^k=c$. 今对某种气体测试得到如表 9.9 所示的数据. 试对参数 c、k 进行估计.

表 9.9

V	1.62	1	0.75	0.62	0.52	0.46
p	0.5	1	1.5	2	2.5	3

9.3　多元线性回归分析

9.3.1　多元线性回归分析

当随机变量与一组变量有相关关系时，称为多元回归问题. 最简单的多元回归问题为多元线性回归，设因变量 y 同时受到 m 个自变量为 x_1，x_2，…，x_k…，x_m 的影响，且它们之间存在线性关系，则 y 与 $x_k(k=1, 2, \cdots, m)$的多元线性关系模型为

$$y=\alpha+\beta_1x_1+\beta_2x_2+\cdots+\beta_mx_m+\varepsilon$$

其中，因变量 y 为随机变量，x_1，x_2，…，x_m 为普通变量，β_1，β_2，…，β_m 为待定系数. ε 是随机误差，并且 $\varepsilon\sim N(0, \sigma^2)$. 对变量 x_1，x_2，…，x_m，y 做 n 次观测得样本值 $(x_{i1}, x_{i2}, \cdots, x_{im}; y_i)$，$i=1, 2, \cdots, n$，可得多元线性回归模型：

$$\begin{cases} y_1=\beta_0+\beta_1x_{11}+\beta_2x_{12}+\cdots+\beta_mx_{1m}+\varepsilon_1 \\ y_2=\beta_0+\beta_1x_{21}+\beta_2x_{22}+\cdots+\beta_mx_{2m}+\varepsilon_2 \\ \vdots \\ y_n=\beta_0+\beta_1x_{n1}+\beta_2x_{n2}+\cdots+\beta_mx_{nm}+\varepsilon_n \end{cases}$$

为了简化处理，利用矩阵相关知识，可以将上式表示为矩阵形式：

$$\boldsymbol{Y}=\boldsymbol{X}\boldsymbol{b}+\boldsymbol{\varepsilon}$$

其中，$\boldsymbol{Y}=\begin{pmatrix} y_1 \\ y_2 \\ \vdots \\ y_n \end{pmatrix}$，$\boldsymbol{X}=\begin{pmatrix} 1 & x_{11} & x_{12} & \cdots & x_{1m} \\ 1 & x_{21} & x_{22} & \cdots & x_{2m} \\ \vdots & \vdots & \vdots & & \vdots \\ 1 & x_{n1} & x_{n2} & \cdots & x_{nm} \end{pmatrix}$，$\boldsymbol{b}=\begin{pmatrix} \beta_0 \\ \beta_1 \\ \vdots \\ \beta_m \end{pmatrix}$，$\boldsymbol{\varepsilon}=\begin{pmatrix} \varepsilon_1 \\ \varepsilon_2 \\ \vdots \\ \varepsilon_n \end{pmatrix}$.

与一元线性回归类似，可利用高等数学知识中的最小二乘法求得未知系数的估计值，即通过 $Q=\sum(y-\hat{y})^2$ 最小来求，可得 $\hat{b}=(\boldsymbol{X}^{\mathrm{T}}\boldsymbol{X})^{-1}\boldsymbol{X}^{\mathrm{T}}\boldsymbol{Y}$，同时还需要进行假设检验.

9.3.2　显著性检验

显著性检验通常采用 F 检验进行. 与一元回归类似，首先建立回归方程不显著的假设，若经过检验否定原假设，则说明 y 与 x_1，x_2，…，x_m 之间存在线性关系. 再将总离差平方和 $SS_{\mathrm{T}}=\sum_{i=1}^{n}(y_i-\bar{y})^2$ 分解为回归平方和 $SS_{\mathrm{R}}=\sum_{i=1}^{n}(\hat{y}_i-\bar{y})^2$（自由度为 $df_{\mathrm{R}}=m$）和离

回归平方和 $SS_r=\sum_{i=1}^{n}(y_i-\hat{y}_i)^2$(自由度为 $df_r=n-m-1$). 选取统计量为

$$F=\frac{回归平方和/回归自由度}{离回归平方和/离回归自由度}=\frac{SS_R/m}{SS_r/(n-m-1)}$$

最后通过查 F 临界表得 $F_\alpha(m, n-m-1)$的值，将它和 F 值比较，作出接受或拒绝 H_0 的推断.

习题 9.3

1. 气体在容器中被吸收的比率 y 与气体的温度 x_1 和吸收液体的蒸气压力 x_2 有关，测得试验数据如表 9.10 所示. 试建立 y 关于 x_1、x_2 的二元线性回归方程.

表 9.10

x_1	x_2	y_i	x_1	x_2	y_i
78.0	1.0	1.5	169.0	12.0	30.0
113.5	3.2	6.0	187.0	18.5	50.0
130.0	4.8	10.0	206.0	27.5	80.0
154.0	8.4	20.0	214.0	82.0	100.0

2. 设有一组数据如表 9.11 所示，请查阅相关统计软件用法建立多元线性回归方程.

表 9.11

x_{1i}	x_{2i}	x_{3i}	y_i
1.2	1.8	3.1	10.1
1	2.2	3.2	10.2
1.1	1.9	3	9.8
0.8	1.8	2.9	10.1
0.9	2.1	2.9	10.2

9.4 方差分析

在实际问题中，影响事物的因素往往有很多. 不同的因素对试验结果是否有显著影响，以及影响程度的大小可以通过方差分析的办法来鉴别. 在试验中，将影响试验指标的条件称为因素，根据因素所处的不同状态又可以分为若干水平(也称因素水平). 若试验结果仅受到一个因素影响，则称为单因素试验；若试验结果受到多个因素的影响，则称为多因素试验.

9.4.1 单因素试验的方差分析

在单因素试验中，设因素 A 具有 k 个水平，在水平 A_i 下的试验指标 x_i 服从正态分布，并且相互之间独立. 在同一水平下进行重复试验(假设重复次数均为 n，以下相同)，记录其结果，如表 9.12 所示.

表 9.12

	A_1	A_2	$\cdots$	A_i	$\cdots$	A_k	
观测值	x_{11}	x_{21}	$\cdots$	x_{i1}	$\cdots$	x_{k1}	
	x_{12}	x_{22}	$\cdots$	x_{i2}	$\cdots$	x_{k2}	
	$\vdots$	$\vdots$		$\vdots$		$\vdots$	
	x_{1j}	x_{2j}	$\cdots$	x_{ij}	$\cdots$	x_{kj}	
	$\vdots$	$\vdots$		$\vdots$		$\vdots$	
	x_{1n}	x_{2n}	$\cdots$	x_{in}	$\cdots$	x_{kn}	
总和 T_i	T_1	T_2	$\cdots$	T_i	$\cdots$	T_k	$T=\sum x_{ij}$
均值 $\overline{x_i}$	$\overline{x_1}$	$\overline{x_2}$	$\cdots$	$\overline{x_i}$	$\cdots$	$\overline{x_k}$	$\bar{x}$

如果因素对试验指标无显著影响，则不同水平下的总体均值应无显著差异. 据此可以提出以下假设：$H_0: \mu_1=\mu_2=\cdots=\mu_n$，$H_1: \mu_1\neq\mu_2\neq\cdots\neq\mu_n$. 可以通过前面所讲的 t 检验进行比较，但是次数较多，而且所犯错误的概率大大增加. 下面从平方和的分解入手来寻找合适的统计量.

总偏差平方和 $SS_T=\sum_{i=1}^{k}\sum_{j=1}^{n}(x_{ij}-\bar{x})^2$，反映全部数据之间的差异. 处理间平方和 $SS_t=n\sum_{i=1}^{k}(x_i-\bar{x})^2$，反映因素 A 的不同水平引起的样本之间的差异. 处理内平方和 $SS_e=\sum_{i=1}^{k}\sum_{j=1}^{n}(x_{ij}-\overline{x}_i)^2$，也称为误差平方和，反映各水平 A_i 内由于随机误差而引起的差异. 可以推导出，总平方和 SS_T＝处理间平方和 SS_t＋处理内平方和 SS_e. 为加快运算速度，通常有如下计算公式：总和 $T=\sum x_{ij}$，令矫正数 $C=\dfrac{T^2}{nk}$，则有 $SS_T=\sum x^2-C$，$SS_t=\dfrac{1}{n}\sum T_i{}^2-C$，$SS_e=SS_T-SS_t$. 同时将自由度进行分解，总自由度也可以分解为处理间自由度和处理内自由度，即总自由度 df_T＝处理间自由度 df_t＋处理内自由度 df_e. 其中，df_T 表示总自由度，df_t 表示处理间自由度，df_e 表示处理内自由度，其计算式为

$$df_T=nk-1$$

$$df_t=k-1$$

$$df_e=df_T-df_t=k(n-1)$$

为了检验原假设是否成立，取 $F=\dfrac{SS_t/df_t}{SS_e/df_e}$ 作为统计量，为便于理解，以表格形式给出具体的计算公式，如表 9.13 所示.

表 9.13

变异来源	df	SS	s^2	F
处理间	$k-1$	$SS_t=\frac{1}{n}\sum T_i^2-C$	s_t^2	$\frac{s_t^2}{s_e^2}$
处理内	$k(n-1)$	$SS_e=SS_T-SS_t$	s_e^2	
总变异	$nk-1$	$SS_T=\sum x^2-C$		

【例 9.3】 在实验室内有多种方法可以测定生物样品中的磷含量，为研究各种测定方法之间是否存在差异，随机选择四种方法来测定同一干草样品的磷含量，结果如表 9.14 所示，试分析不同方法之间的差异是否显著.

表 9.14

测定方法	1	2	3	4	总和
测量值	34	37	34	36	
	36	36	37	34	
	34	35	35	37	
	35	37	37	34	
	34	37	36	35	
总和	173	182	179	176	710

解 这是一个单因素 4 水平的试验数据.

(1) 提出假设：

H_0：各种测定方法之间没有显著差异；H_1：各种测定方法之间有显著差异.

(2) 确定显著性水平：$\alpha=0.05$.

(3) 检验计算：

矫正数：

$$C=\frac{T^2}{nk}=\frac{710^2}{4\times5}=25\ 205$$

总平方和：

$$SS_T=\sum x^2-C=(34^2+36^2+\cdots+35^2)-25\ 205=29$$

处理间平方和：

$$SS_t=\frac{1}{n}\sum T_i^2-C=\frac{1}{5}\times(137^2+\cdots+176^2)-25\ 205=9$$

处理内平方和：

$$SS_e=SS_T-SS_t=29-20=9$$

总自由度：

$$df_T=nk-1=5\times4-1=19$$

处理间自由度：

$$df_t = k - 1 = 3$$

处理内自由度：

$$df_e = k(n-1) = 16$$

处理间方差：

$$s_t^2 = \frac{SS_t}{df_t} = \frac{9}{3} = 3$$

处理内方差：

$$s_e^2 = \frac{SS_e}{df_e} = \frac{20}{16} = 1.25$$

故 F 的值为

$$F = \frac{s_t^2}{s_e^2} = 2.40$$

查 F 值表，当 $df_t = 3$，$df_e = 16$ 时，$F_{0.05} = 3.24$，$F < F_{0.05}$，$p > 0.05$.

(4) 统计推断：接受 H_0，拒绝 H_1.

(5) 得出结论：所有测定方法间没有显著差异.

9.4.2　双因素试验的方差分析

在实际工作中经常会遇到两种因素共同影响试验结果的情况. 在这种情况下就需要检验究竟是哪一个因素起作用，还是两个因素都起作用，或者两个因素的影响都不显著.

双因素试验的方差分析有两种类型：一种是无交互作用，它假定因素 A 和因素 B 的效应之间是相互独立的，不存在相互关系；另一种是有交互作用的，此时假定 A、B 两个因素不是独立的，而是相互起作用的，两个因素同时起作用的结果不是两个因素分别作用的简单相加，而是会产生一个新的效应. 例如，耕地深度和施肥量都会影响作物产量，但同时深耕和适当的施肥可能使产量成倍增加，这时耕地深度和施肥量就存在交互作用. 类似于这样两个因素结合后就会产生出一个新的效应，属于有交互作用的方差分析问题.

假设因素 A 有 a 个水平，因素 B 有 b 个水平，每个处理组合只有一个观测值. 无交互作用的两因素分组资料如表 9.15 所示.

表 9.15

j \ i		因素 B					
		B_1	B_2	…	B_b	总和 $\overline{T_{i\cdot}}$	均值
因素 A	A_1	x_{11}	x_{12}	…	x_{1b}	$T_{1\cdot}$	$\bar{x}_{1\cdot}$
	A_2	x_{21}	x_{22}	…	x_{2b}	$T_{2\cdot}$	$\bar{x}_{2\cdot}$
	⋮	⋮	⋮		⋮	⋮	⋮
	A_a	x_{a1}	x_{a2}	…	x_{ab}	$T_{a\cdot}$	$\bar{x}_{a\cdot}$
	总和 $T_{\cdot j}$	$T_{\cdot 1}$	$T_{\cdot 2}$	…	$T_{\cdot b}$	T	
	均值	$\bar{x}_{\cdot 1}$	$\bar{x}_{\cdot 2}$	…	$\bar{x}_{\cdot b}$		$\bar{x}$

与单因素试验的方差分析类似，双因素试验的方差分析的计算步骤如下所述.

设矫正数为 $C=\dfrac{T^2}{ab}$，平方和分解为

$$\mathrm{SS_T}=\sum_{i=1}^{k}\sum_{j=1}^{n}(x_{ij}-\bar{x})^2=\sum x^2-C$$

$$\mathrm{SS}_A=b\sum_{i=1}^{a}(x_{i\cdot}-\bar{x})^2=\frac{1}{b}\sum T_{i\cdot}^2-C$$

$$\mathrm{SS}_B=a\sum_{i=1}^{b}(x_{\cdot j}-\bar{x})^2=\frac{1}{a}\sum T_{\cdot j}^2-C$$

$$\mathrm{SS_e}=\sum_{i=1}^{a}\sum_{j=1}^{b}(x_{ij}-\overline{x_{i\cdot}}-\overline{x_{\cdot j}}+\bar{x})^2=\mathrm{SS_T}-\mathrm{SS}_A-\mathrm{SS}_B$$

与平方和相对应的自由度分解为

$$\mathrm{d}f_{\mathrm{T}}=ab-1,\quad \mathrm{d}f_A=a-1,\quad \mathrm{d}f_B=b-1$$

$$\mathrm{d}f_{\mathrm{e}}=(a-1)(b-1)$$

各项的方差为

$$s_A^2=\frac{\mathrm{SS}_A}{\mathrm{d}f_A},\quad s_B^2=\frac{\mathrm{SS}_B}{\mathrm{d}f_B},\quad s_{\mathrm{e}}^2=\frac{\mathrm{SS_e}}{\mathrm{d}f_{\mathrm{e}}}$$

无交互作用的双因素试验的方差分析模型为

$$\begin{cases}x_{ij}=\mu+\alpha_i+\beta_j+\varepsilon_{ij}\quad (i=1,\cdots,r;\ j=1,\cdots,s)\\ \displaystyle\sum_{i=1}^{r}\alpha_i=0,\ \sum_{j=1}^{s}\beta_i=0\end{cases}$$

其中，随机误差 ε_{ij} 相互独立，都服从 $N(0,\sigma^2)$分布. 对这个模型，要检验的假设有两个：

对因素 A：$H_{01}:\mu_{1\cdot}=\mu_{2\cdot}=\cdots=\mu_{r\cdot}$，$H_{11}:\mu_{1\cdot},\mu_{2\cdot},\cdots,\mu_{r\cdot}$ 不全相等.

对因素 B：$H_{02}:\mu_{\cdot 1}=\mu_{\cdot 2}=\cdots=\mu_{\cdot s}$，$H_{12}:\mu_{\cdot 1},\mu_{\cdot 2},\cdots,\mu_{\cdot s}$ 不全相等.

我们检验因素 A 是否起作用实际上就是检验各个 a_i 是否均为 0，如都为 0，则因素 A 所对应的各组总体均数都相等，即因素 A 的作用不显著；对因素 B，也是如此. 因此上述假设等价于

对因素 A：$H_{01}:\alpha_1=\alpha_2=\cdots=\alpha_r=0$，$H_{11}:\alpha_1,\alpha_2,\cdots,\alpha_r$ 不全为 0.

对因素 B：$H_{02}:\beta_1=\beta_2=\cdots=\beta_s=0$，$H_{12}:\beta_1,\beta_2,\cdots,\beta_s$ 不全为 0.

同样可建立相应的方差分析表进行计算和检验，但是不难看出即使利用方差分析表，计算量也非常大. 后续可通过 SPSS 等软件进行方差分析.

当需要考虑交互作用时，设两个因素分别是 A 和 B，因素 A 共有 r 个水平，因素 B 共有 s 个水平，在水平组合(A_i, B_j)下的试验结果 X_{ij} 服从 $N(\mu_{ij},\sigma^2)(i=1,\cdots,r;\ j=1,\cdots,s)$，假设这些试验结果相互独立. 为了对两个因素的交互作用进行分析，每个水平组合下至少要进行两次试验，不妨假设在每个水平组合(A_i, B_j)下重复 t 次试验，每次试验的观测值用 $x_{ijk}(k=1,\cdots,t)$表示，那么有交互作用的双因素试验的方差分析的数据结构如表 9.16 所示.

表 9.16

i \ j		因素 B			
		B_1	…	B_s	均值
因素 A	A_1	$x_{111}, x_{112}, \cdots, x_{11t}$	…	$x_{1s1}, x_{1s2}, \cdots, x_{1st}$	$\bar{x}_{1\cdot}$
	A_2	$x_{211}, x_{212}, \cdots, x_{21t}$	…	$x_{2s1}, x_{2s2}, \cdots, x_{2st}$	$\bar{x}_{2\cdot}$
	⋮	⋮		⋮	⋮
	A_r	$x_{r11}, x_{r12}, \cdots, x_{r1t}$	…	$x_{rs1}, x_{rs2}, \cdots, x_{rst}$	$\bar{x}_{r\cdot}$
	均值	$\bar{x}_{\cdot 1}$	…	$\bar{x}_{\cdot s}$	

有交互作用的双因素试验的方差分析模型为

$$\begin{cases} x_{ijk} = \mu + \alpha_i + \beta_j + \gamma_{ij} + \varepsilon_{ijk} \\ \sum_{i=1}^{r} \alpha_i = 0, \ \sum_{j=1}^{s} \beta_i = 0 \\ \sum_{i=1}^{r} \gamma_{ij} = 0, \ \sum_{j=1}^{s} \gamma_{ij} = 0 \end{cases}$$

这里 $i=1, \cdots, r$，$j=1, \cdots, s$，$k=1, \cdots, t$，随机误差 ε_{ijk} 相互独立，都服从 $N(0, \sigma^2)$分布. 与前面的分析思路相同，我们检验因素 A、因素 B 以及两者的交互效应是否起作用实际上就是检验各个 α_i、β_j 以及 γ_{ij} 是否都为 0，故对此模型要检验的假设有三个：

对因素 A：$H_{01}:\alpha_1=\alpha_2=\cdots=\alpha_r=0$，$H_{11}:\alpha_1, \alpha_2, \cdots, \alpha_r$ 不全为零.

对因素 B：$H_{02}:\beta_1=\beta_2=\cdots=\beta_s=0$，$H_{12}:\beta_1, \beta_2, \cdots, \beta_s$ 不全为零.

对因素 A 和 B 的交互效应：H_{03}：对一切 i、j，有 $\gamma_{ij}=0$；H_{13}：对一切 i、j，γ_{ij} 不全为零.

通常情况下，方差分析的计算较为复杂，在此将计算过程和公式省略，有兴趣的读者可自行查阅资料阅读和学习. 通常在进行方差分析时需借助计算机软件（如 SPSS、R、Excel 等）来实现. 同时需要注意的是，如果经过方差分析方法拒绝了原假设，则说明因素的不同水平之间对试验结果有影响，但不能由此确定该因素 k 个水平的平均数之间都存在显著差异. 如果需要明确不同处理平均数两两之间差异的显著性，那么每个处理的平均数都要与其他的处理进行比较，这种差异显著性的检验就叫多重比较.

多重比较的方法有很多，常见的有最小显著差数法（LSD 法）和最小显著极差法（LSR 法）. 限于篇幅，在此不再赘述.

习题 9.4

1. 某公司想知道产品销售量与销售方式及销售地点是否有关，随机抽样获得的资料如表 9.17 所示，试以 $\alpha=0.05$ 的显著性水平进行检验.

表 9.17

方式	地点一	地点二	地点三	地点四	地点五
方式一	77	86	81	88	83
方式二	95	92	78	96	89
方式三	71	76	68	81	74
方式四	80	84	79	70	82

2. 电池的板极材料与使用的环境温度对电池的输出电压均有影响. 现材料类型与环境温度都取了三个水平，测得输出电压数据如表 9.18 所示，问不同材料、不同温度及它们的交互作用对输出电压有无显著影响?（$\alpha=0.05$）

表 9.18

材料类型	环境温度		
	15℃	25℃	35℃
1	130 155 174 180	34 40 80 75	20 70 82 58
2	150 188 159 126	136 122 106 115	25 70 58 45
3	138 110 168 160	174 120 150 139	96 104 82 60

总习题 9

1. 在动物学研究中，有时需要找出某种动物的体积与重量的关系. 因为动物的重量相对而言容易测量，而测量体积比较困难，所以，人们希望用动物的重量预测其体积. 表 9.19 所示是 18 只某种动物的体积与重量数据，在这里动物重量被看作自变量，用 x 表示，单位为 kg，动物体积则作为因变量，用 y 表示，单位为 dm^3. 建立动物体积 y 关于动物重量 x 的回归方程.

表 9.19

x	y	x	y	x	y
10.4	10.2	15.1	14.8	16.5	15.9
10.5	10.4	15.1	15.1	16.7	16.6
11.9	11.6	15.1	14.5	17.1	16.7
12.1	11.9	15.7	15.7	17.1	16.7
13.8	13.5	15.8	15.2	17.8	17.6
15	14.5	16	15.8	18.4	18.3

2. 炼钢厂出钢水时用的钢包，在使用过程中由于钢水及炉渣对耐火材料的侵蚀，其容积不断增大. 现在钢包的容积用盛满钢水时的质量 y(kg)表示，相应的试验次数用 x 表示. 数据如表 9.20 所示. 写出 y 与 x 的如下四种回归方程.

(1) $1/y=a+b/x$；

(2) $y=a+b\ln x$；

(3) $y=a+b\sqrt{x}$；

(4) $y-100=a\mathrm{e}^{-x/b}(b>0)$.

表 9.20

序号	x	y	序号	x	y
1	2	106.42	8	11	110.59
2	3	108.2	9	14	110.6
3	4	109.58	10	15	110.9
4	5	109.5	11	16	110.76
5	7	110	12	18	111
6	8	109.93	13	19	111.2
7	10	110.49			

3. 在饲料养鸡增肥的研究中，某研究所提出了三种饲料配方：A_1 是以鱼粉为主的饲料，A_2 是以槐树粉为主的饲料，A_3 是以苜蓿粉为主的饲料. 为比较三种饲料的效果，特选 24 只相似的雏鸡随机均分为三组，每组各喂一种饲料，60 天后观察它们的重量. 试验结果如表 9.21 所示. 三种饲料对鸡的增肥作用是否存在明显的差别？($\alpha=0.05$)

表 9.21

饲料 A	鸡重/g							
A_1	1073	1009	1060	1001	1002	1012	1009	1028
A_2	1107	1092	990	1109	1090	1074	1122	1001
A_3	1093	1029	1080	1021	1022	1032	1029	1048

4. 为研究各产地的绿茶的叶酸含量是否有显著差异，特选四个产地的绿茶，其中 A_1 制作了 7 个样品，A_2 制作了 5 个样品，A_3、A_4 各制作了 6 个样品，共有 24 个样品. 按随机次序测试其叶酸含量(mg)，测试结果如表 9.22 所示. 试用方差分析检验四种绿茶的叶酸平均含量是否存在显著差异. 显著性水平 $\alpha=0.05$.

表 9.22

绿茶	样品所含叶酸含量/mg						
A_1	7.9	6.2	6.6	8.6	8.9	10.1	9.6
A_2	5.7	7.5	9.8	6.1	8.4		
A_3	6.4	7.1	7.9	4.5	5.0	4.0	
A_4	6.8	7.5	5.0	5.3	6.1	7.4	

第 10 章 相关软件简介

10.1 知识计算引擎 WolframAlpha

WolframAlpha 是一款在线知识计算引擎，用户无需安装，只需拥有一款可以连接互联网的客户端即可进行科学计算. 它是由沃尔夫勒姆公司开发的新一代搜索引擎，能根据用户输入的问题直接给出答案，同时该公司也有一款非常著名并且应用十分广泛的科学计算软件 Mathematica，是世界三大数学软件之一. 首先打开 WolframAlpha 网站，网址是 http://www.wolframalpha.com，输入相关命令即可实现快速计算，即使没有任何编程经验或者软件使用经验也可轻松上手. 同时 WolframAlpha 网站提供了各种样例，供访问者学习. 只需修改样例中对应的数据即可获得想要的结果.

1. 描述性统计

描述性统计的案例网址为 http://www.wolframalpha.com/examples/mathematics/statistics/descriptive-statistics/.

在该部分可以非常方便地实现样本均值(mean)、中位数(median)、几何平均数(geometric mean)、样本方差(variance)、样本标准差(standard deviation)以及偏度(skewness)和峰度(kurtosis)的计算. 虽然样例中没有添加括号，但建议读者使用时对数据添加括号，并注意在英文输入状态下输入.

【例 10.1】 输入 variance {3, 4, 5, 6, 7}，点击运行后即可计算出该组数据的样本方差为 2.5.

【例 10.2】 输入 standard deviation {3, 4, 5, 6, 7}，点击运行后即可计算出该组数据的样本标准差约为 1.5811.

2. 统计推断

统计推断的案例网址为 http://www.wolframalpha.com/examples/mathematics/statistics/statistical-inference/.

在该部分可以实现样本量的确定、置信区间、假设检验等.

【例 10.3】 假设有一组数据标准差为 $\sigma=2000$，假定需估计 95%的置信区间允许的误差界限不超过 400，求应抽取多大的容量.

输入框中输入 sample size sigma=2000, margin of error 400，并且下方 Calculate 选择 sample size, confidence level 设置为 0.95. 点击运行后即可计算出 96.04，故取样本容量为 97.

【例 10.4】 已知 $n=16$，$\bar{x}=1490$，$s=24.77$，对其进行置信水平为 95%的区间估计.

输入框中输入 t-interval xbar=1490, s=24.77, n=16，并且确认下方 confidence level 中输入的为 0.95，点击运行后可得结果 1477～1503.

【例 10.5】　已知 $n=40$，$\bar{x}=255.8$，$\mu=255$，$\sigma=5$，取显著性水平为 $\alpha=0.05$，对其进行总体均值的 z 检验(双尾).

在输入框中输入 z-test for population mean，回车后设置：hypothesized mean 为 255，sample size 为 40，standard deviation 为 5，sample mean 为 255.8，test type 为 two-tailed test.

点击运行后可得结果：检验统计量等于 1.011 93，P 值为 0.3116，大于显著性水平 $\alpha=0.05$，故接受原假设.

3. 随机变量

随机变量部分的案例网址为 http://www.wolframalpha.com/examples/mathematics/statistics/random-variables/.

在该部分可实现随机变量的数学期望、概率等的计算.

【例 10.6】　已知随机变量 X 服从泊松分布，$X\sim\pi(7.3)$，求 $3X^4-7$ 的数学期望.

输入 X～Poisson(7.3)，EV[3X^4－7]，回车运行后，计算结果为 16 655.8.

【例 10.7】　设随机变量 $X\sim N(1,4)$求 $P\{0\leqslant X\leqslant 16\}$.

输入 P[－1.2<X<2.3] for X～normal distribution(1, 2)，回车运行后，计算结果为 0.606 488.

4. 回归分析

回归分析的案例网址为 http://www.wolframalpha.com/examples/mathematics/statistics/regression-analysis/.

在回归分析部分可实现线性回归、多项式回归以及指数和对数模型.

【例 10.8】　已知数据见表 10.1，对 9.1 节的例 9.1 进行线性回归分析.

表 10.1

土壤铅含量/(mg/kg)	1070	151.9	118	80.2	543.7	370.7	921.3	242.2	850.7
水稻根铅含量/(mg/kg)	712.5	200.6	230.8	160.5	400.8	350.9	600.8	270.8	550.9

输入 linear fit {1070, 712.5}, {151.9, 200.6}, {118, 230.8}, {80, 160.5}, {543.7, 400.8}, {370.7, 350.9}, {921.3, 600.8}, {242.2, 270.8}, {850.7, 550.9}，回车运行后，计算结果为 $0.510609x+139.802$. 该结果与例 9.1 的答案稍有不同，是计算时舍入误差造成的. 判定系数为 0.987 62.

10.2　利用 Excel 软件进行回归分析

本节以 Excel 2010 版软件为例，演示如何利用 Excel 软件进行线性回归.

第一种方法是在绘制散点图时通过添加趋势线和回归方程的办法，快速实现显示回归方程以及判定系数.

第二种方法是利用数据分析工具库. 在首次进行一元线性回归时需要加载 Excel 的分析工具库，可以依次点击“文件”、“选项”、“加载项”来开启分析工具库. 成功后，可以在数据菜单栏下显示“数据分析”. 此方法的操作步骤相对第一种方法多一些，但是会得到更多信息.

【例 10.9】　假设研究某种昆虫的孵化天数(单位为天)和平均温度(单位为℃)的关系，

测得一组数据如表 10.2 所示. 试进行回归分析.

表 10.2

平均温度/℃	11.6	14.8	15.9	16.4	17.2	18.4	19.6	20.6
孵化天数/天	30.1	20	14.6	12.5	10.3	7.1	6.2	5.1

解 根据题意，设平均温度为自变量 x，孵化天数为 y. 使用第一种方法建立回归方程. 首先将数据输入到 Excel 中，选中数据后，通过“插入”、“散点图”，做出合适的散点图. 用鼠标右键点击散点图上的任意一个散点，在弹出的菜单中选择“趋势线选项”. 本例中设置趋势线格式为默认的“线性”，并且勾选“显示公式”和“显示 R 平方值”两个选项，如图 10.1 所示.

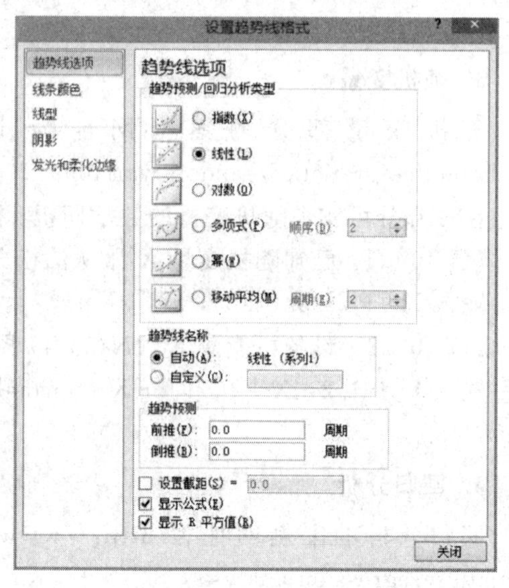

图 10.1

点击“关闭”后，显示如图 10.2 所示的结果.

由此可以得出线性回归方程为 $y=-2.8726x+61.533$，判定系数为 $R^2=0.9513$. 通过此结果可以得出平均温度和昆虫孵化天数的基本结果. 但是若想要知道更多结果，可以通过方法二. 方法二不用先选中数据，而是通过“数据”、“数据分析”中的“回归”进行设置，本例中勾选了“线性拟合图”，其余采取默认设置，如图 10.3 所示. 点击“确定”后，会在新的工作表中显示相应的结果.

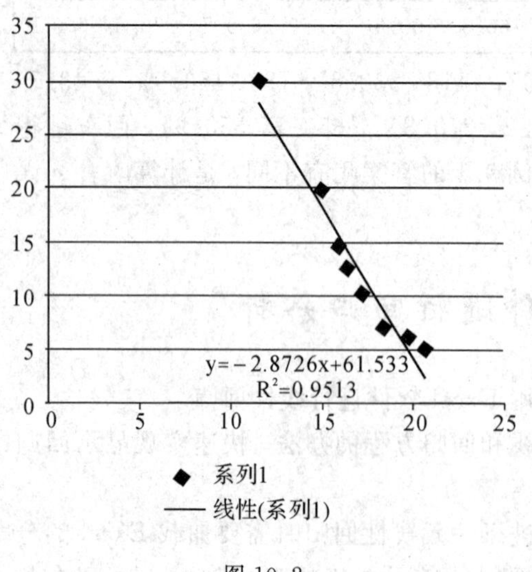

图 10.2

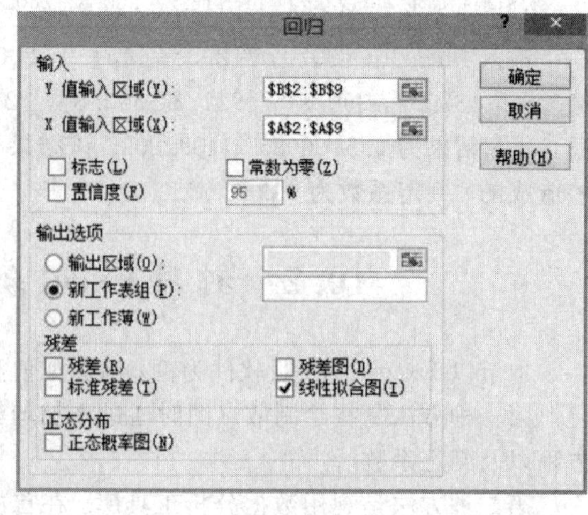

图 10.3

此时结果中的信息比第一种方法丰富，除了回归方程和判定系数外还可以得出是否通过假设检验的判定和预测值、残差等. 具体过程与结果请读者自己实践和解读.

10.3 利用SPSS进行方差分析

当数据量较大时，利用 WolframAlpha 或者 Excel 进行数据分析显然不合适，此时可以使用专业的统计软件如 SPSS 等进行. 相比其他统计软件(如 SAS、R 等)，SPSS 具有操作简单、功能强大的特点，下面通过例子来说明 SPSS 如何进行方差分析.

【例 10.10】 表 10.3 是测得的 6 组生理数据，利用方差分析这 6 组数据之间是否存在显著差异.

表 10.3

第 1 组	第 2 组	第 3 组	第 4 组	第 5 组	第 6 组
6.3	3	2.5	3	5.5	5.4
5.3	4.7	2.6	4.7	5.1	5
5	5	4	3.3	5.5	4.7
5.4	4.9	3.2	3.1	4.5	4.3
5.2	4.3	3.2	1.8	4.9	3.9
8.1	3.3	3.9	2.7	5.5	4.1
4.6	4.5	2.8	0.9	5.4	5
3.6	5	3.9	3	5.5	4.9
4	2.1	3.1	3.6	5	4
5	3.9	3.3	2	4.9	4.1
5.3	3.2	3.1	1.9	5.5	2.3
3.9	4.8	4.5	1.9	5.5	5.6
4.7	2.5	3.8	2.1	1.4	6.6
3.2	2	2.5	2.8	2.1	5.7
4.1	3.5	2	2.4	1.4	6.4
3.6	4.6	2.8	2.3	1.7	5.8
3.4	4.15	3.2	2	1.9	5.3
3.1	4.2	3.5	5.6	1.8	4.5
4.7	3.2	3.3	4.6	1.4	1.4
1.2	4.4	3.1	4.5	1.9	1

利用 SPSS 进行方差分析时，读取数据后需要将数据对应的组也一同添加进去，本例中第一列设为组 1，第二列设为组 2，以此类推. 在数据视图下一列是观测的生理数据，另一列是组别数据，即所有的观测数据都分在 data 变量下，相应的组号在 groups 变量下. 完成后进入 SPSS，选择菜单“分析”→“比较平均值”→“单因素 ANOVA”，将观测数据的 data 变量放到因变量列表，将代表组别的 groups 变量放到因子位，如图 10.4 所示. 也可

以进行其他设置，本例中对事后多重比较选取了 LSD 法.

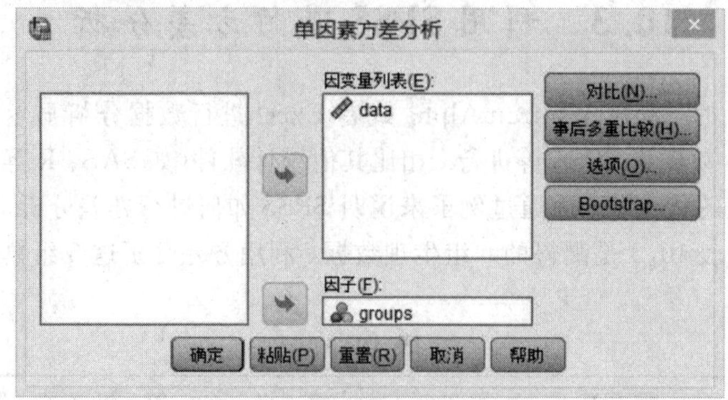

图 10.4

方差分析结果如表 10.4 所示. 可以看出，6 组数据之间存在显著差异.

表 10.4

data

	平方和	df	均方	F	显著性
组之间	41.957	5	8.391	4.969	0.000
组内	192.515	114	1.689		
总计	234.472	119			

多重比较如表 10.5 所示. 由此可以得出，第 1 组和第 3 组、第 4 组之间存在显著差异，第 2 组和第 4 组之间存在显著差异，其他结果请读者自行分析.

表 10.5

因变量：　data

LSD(L)

(I) groups	(J) groups	平均差 ($I-J$)	标准错误	显著性	95%置信区间	
					下限值	上限值
1	2	0.622 50	0.410 94	0.133	−0.1916	1.4366
	3	1.270 00*	0.410 94	0.003	0.4559	2.0841
	4	1.575 00*	0.410 94	0.000	0.7609	2.3891
	5	0.665 00	0.410 94	0.108	−0.1491	1.4791
	6	−0.015 00	0.410 94	0.971	−0.8291	0.7991
2	1	−0.622 50	0.410 94	0.133	−1.4366	0.1916
	3	0.647 50	0.410 94	0.118	−0.1666	1.4616
	4	0.952 50*	0.410 94	0.022	0.1384	1.7666
	5	0.042 50	0.410 94	0.918	−0.7716	0.8566
	6	−0.637 50	0.410 94	0.124	−1.4516	0.1766

续表

(I) groups	(J) groups	平均差 (I−J)	标准 错误	显著性	95%置信区间	
					下限值	上限值
3	1	−1.270 00*	0.410 94	0.003	−2.0841	−0.4559
	2	−0.647 50	0.410 94	0.118	−1.4616	0.1666
	4	0.305 00	0.410 94	0.459	−0.5091	1.1191
	5	−0.605 00	0.410 94	0.144	−1.4191	0.2091
	6	−1.285 00*	0.410 94	0.002	−2.0991	−0.4709
4	1	−1.575 00*	0.410 94	0.000	−2.3891	−0.7609
	2	−0.952 50*	0.410 94	0.022	−1.7666	−0.1384
	3	−0.305 00	0.410 94	0.459	−1.1191	0.5091
	5	−0.910 00*	0.410 94	0.029	−1.7241	−0.0959
	6	−1.590 00*	0.410 94	0.000	−2.4041	−0.7759
5	1	−0.665 00	0.410 94	0.108	−1.4791	0.1491
	2	−0.042 50	0.410 94	0.918	−0.8566	0.7716
	3	0.605 00	0.410 94	0.144	−0.2091	1.4191
	4	0.910 00*	0.410 94	0.029	0.0959	1.7241
	6	−0.680 00	0.410 94	0.101	−1.4941	0.1341
6	1	0.015 00	0.410 94	0.971	−0.7991	0.8291
	2	0.637 50	0.410 94	0.124	−0.1766	1.4516
	3	1.285 00*	0.410 94	0.002	0.4709	2.0991
	4	1.590 00*	0.410 94	0.000	0.7759	2.4041
	5	0.680 00	0.410 94	0.101	−0.1341	1.4941

注：* 表示均值差的显著性水平为 0.05.

【例 10.11】 在进行某一项研究时，研究者想知道测量方式和测量时间对所测数据是否有显著影响，其中测量方式为仪器测量、手工测量、间接测量、直接比较测量 4 种，用 1、2、3、4 顺序标出. 测量时间为早晨、中午、下午和晚上 4 个时间，同样用 1、2、3、4 顺序标出. 现使用 4 种测量方式和 4 个不同的时间对某女教师的一项生理数据进行了测量，数据如表 10.6 所示. 利用此表检验测量方式和测量时间是否对该项生理指标所测数据有显著影响.

表 10.6

测量方式	测量时间	测得数据	测量方式	测量时间	测得数据
1	1	50	1	1	48
2	1	43	2	1	49
3	1	50.5	3	1	47
4	1	42	4	1	18
1	2	43	1	2	45
2	2	45	2	2	48
3	2	49	3	2	52
4	2	41	4	2	46
1	3	35	1	3	42
2	3	36	2	3	39
3	3	34	3	3	39.5
4	3	48	4	3	32
1	4	39	1	4	43
2	4	31.5	2	4	25
3	4	20	3	4	45
4	4	36	4	4	28

在 SPSS 软件中，选择分析→一般线性模型→单变量，具体设置如图 10.5 所示. 同时在事后多变量比较中，选择 LSD 法对测量方式和测量时间进行多重比较. 具体设置如图 10.6 所示.

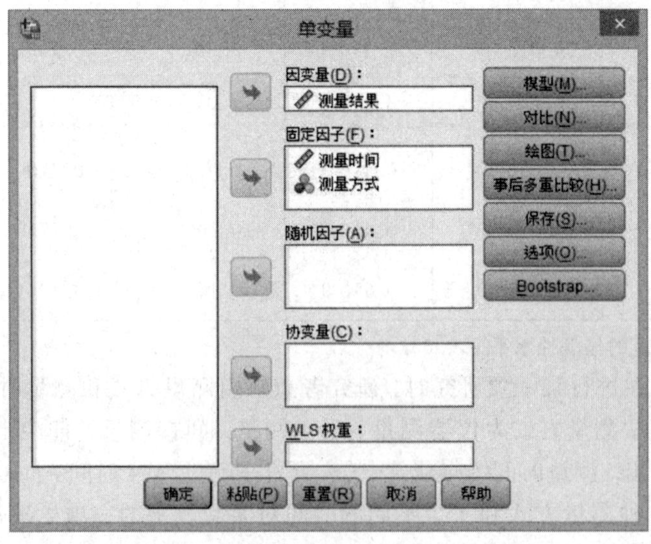

图 10.5

图 10.6

经过运算后，SPSS 显示结果如表 10.7 所示.

表 10.7

因变量：　测量结果

源	Ⅲ类平方和	自由度	方差	F	P
校正的模型	1502.555[a]	15	100.170	1.814	0.124
截距	51 962.820	1	51 962.820	941.169	0.000
测量时间	218.086	3	72.695	1.317	0.304
测量方式	762.648	3	254.216	4.604	0.017
测量时间 * 测量方式	521.820	9	57.980	1.050	0.445
错误	883.375	16	55.211		
总计	54 348.750	32			
校正后的总变异	2385.930	31			

注：a 表示 R 平方 =0.630 (调整后的 R 平方 =0.283).

在表 10.7 中，第一列是对观测变量总变差分解的说明，第二列是观测变量变差分解的结果，第三列是自由度，第四列是方差，第五列是 F 检验统计量的观测值，第六列是检验统计量的概率 P 值. 在表 10.7 中，如果选择显著水平 $\alpha=0.05$，则测量时间和测量时间与测量方式的交互作用的概率 P 值均大于 0.05，所以应接受原假设，认为测量时间和测量时间与测量方式的交互作用不会对测量结果产生影响. 但是测量方式的概率 P 值为 0.017，

小于 $\alpha=0.05$，可认为测量方式对测量结果有显著影响.

测量时间的多重比较如表 10.8 所示. 由表 10.8 可以看出，4 个测量时间没有显著性差异.

表 10.8

因变量　测量结果

LSD(L)

(*I*)测量时间	(*J*)测量时间	平均值差值 (*I*−*J*)	标准错误	显著性	95%的置信区间	
					下限值	上限值
1	2	3.5625	3.715 20	0.352	−4.3134	11.4384
	3	1.0000	3.715 20	0.791	−6.8759	8.8759
	4	6.7500	3.715 20	0.088	−1.1259	14.6259
2	1	−3.5625	3.715 20	0.352	−11.4384	4.3134
	3	−2.5625	3.715 20	0.500	−10.4384	5.3134
	4	3.1875	3.715 20	0.404	−4.6884	11.0634
3	1	−1.0000	3.715 20	0.791	−8.8759	6.8759
	2	2.5625	3.715 20	0.500	−5.3134	10.4384
	4	5.7500	3.715 20	0.141	−2.1259	13.6259
4	1	−6.7500	3.715 20	0.088	−14.6259	1.1259
	2	−3.1875	3.715 20	0.404	−11.0634	4.6884
	3	−5.7500	3.715 20	0.141	−13.6259	2.1259

注：误差项是均方(误差)，等于 55.211。

测量方式的多重比较如表 10.9 所示。由表 10.9 可以看出，方式 1 与方式 4 之间、方式 2 与方式 3 和 4 之间有显著性差异，但测量方式 3 与方式 4 之间没有显著性差异.

表 10.9

因变量　测量结果

LSD(L)

(*I*)测量方式	(*J*)测量方式	平均值差值 (*I*−*J*)	标准错误	显著性	95%的置信区间	
					下限值	上限值
1	2	−2.6875	3.71520	0.480	−10.5634	5.1884
	3	5.2500	3.71520	0.177	−2.6259	13.1259
	4	10.0000*	3.71520	0.016	2.1241	17.8759
2	1	2.6875	3.71520	0.480	−5.1884	10.5634
	3	7.9375*	3.71520	0.048	0.0616	15.8134
	4	12.6875*	3.71520	0.004	4.8116	20.5634

续表

(I)测量方式	(J)测量方式	平均值差值(I－J)	标准错误	显著性	95%的置信区间	
					下限值	上限值
3	1	－5.2500	3.71520	0.177	－13.1259	2.6259
	2	－7.9375*	3.71520	0.048	－15.8134	－0.0616
	4	4.7500	3.71520	0.219	－3.1259	12.6259
4	1	－10.0000*	3.71520	0.016	－17.8759	－2.1241
	2	－12.6875*	3.71520	0.004	－20.5634	－4.8116
	3	－4.7500	3.71520	0.219	－12.6259	3.1259

注：① 误差项是均方(误差)，等于 55.211。

② * 表示均值差的显著性水平为 0.05。

由此可看出，SPSS 不需要做过多的操作便可实现复杂的统计分析功能. 实际上，除上述功能以及方法外，SPSS 还有更多、更丰富的统计分析方法以及相应的设置，有兴趣的读者可研究学习 SPSS 的使用方法，掌握 SPSS 软件的操作，并解决实际问题.

附 录

附录 1 习题参考答案

习题 1.1

1. (1) $\Omega=\{2, 3, 4, \cdots, 12\}$, $A=\{(1, 1), (1, 2), (2, 1)\}$;

   (2) $\Omega=\{1, 2, 3, 4, 5, 6\}$, $A=\{2, 4, 6\}$;

   (3) $\Omega=\{1, 2, 3, \cdots\}$, $A=\{1, 2, 3, 4, 5\}$.

2. (1) $A\bar{B}\bar{C}$ 或 $A-B-C$;

   (2) $A\cup B\cup C$、$\overline{\bar{A}\bar{B}\bar{C}}$ 或 $A\bar{B}\bar{C}\cup\bar{A}B\bar{C}\cup\bar{A}\bar{B}C\cup AB\bar{C}\cup A\bar{B}C\cup\bar{A}BC\cup ABC$;

   (3) ABC;

   (4) $\bar{A}\bar{B}\bar{C}$;

   (5) $\bar{A}\bar{B}\bar{C}\cup A\bar{B}\bar{C}\cup\bar{A}B\bar{C}\cup\bar{A}\bar{B}C\cup AB\bar{C}\cup A\bar{B}C\cup\bar{A}BC=\bar{A}\cup\bar{B}\cup\bar{C}=\overline{ABC}$;

   (6) $AB\cup BC\cup CA=ABC\cup\bar{A}BC\cup A\bar{B}C\cup AB\bar{C}$.

3. (1) $A_1A_2A_3A_4$;

   (2) $\overline{A_1A_2A_3A_4}$;

   (3) $\bar{A}_1A_2A_3A_4\cup A_1\bar{A}_2A_3A_4\cup A_1A_2\bar{A}_3A_4\cup A_1A_2A_3\bar{A}_4$;

   (4) $A_1A_2A_3\bar{A}_4\cup A_1\bar{A}_2A_3A_4\cup A_1A_2\bar{A}_3A_4\cup\bar{A}_1A_2A_3A_4\cup A_1A_2A_3A_4$;

   (5) $A_1\bar{A}_2\bar{A}_3\bar{A}_4\cup\bar{A}_1A_2\bar{A}_3\bar{A}_4\cup\bar{A}_1\bar{A}_2A_3\bar{A}_4\cup\bar{A}_1\bar{A}_2\bar{A}_3A_4$.

4. (1) $\bar{A}$ 表示“抛两枚硬币，至少出现一个反面”;

   (2) $\bar{B}$ 表示“生产 4 个零件，全都不合格”.

习题 1.2

1. (1) 0.6，0.4； (2) 0.4； (3) 0.6； (4) 0.2； (5) 0.4，0.
2. 0.3，0.1.
3. (1) $\frac{5}{8}$; (2) $\frac{3}{8}$.
4. $\frac{1}{15}$.
5. (1) 0.4; (2) 0.6.

6. $\dfrac{2}{n-1}$.

7. $\dfrac{\binom{10}{4}\binom{4}{3}\binom{3}{2}}{\binom{17}{9}}=\dfrac{252}{2431}$.

8. $\dfrac{24^2-\frac{1}{2}\times 23^2-\frac{1}{2}\times 22^2}{24^2}\approx 0.121$.

9. $\dfrac{1}{2}+\dfrac{1}{\pi}$.

10. (1) $\dfrac{7}{15}$；(2) $\dfrac{7}{15}$；(3) $\dfrac{1}{15}$.

习题 1.3

1. 提示：$P(B|A\cup \bar{B})=\dfrac{P(B(A\cup \bar{B}))}{P(A\cup \bar{B})}=\dfrac{P(AB)}{P(A)+P(\bar{B})-P(A\bar{B})}=\dfrac{1}{4}$.

   其中，$P(AB)=P(A(\Omega-\bar{B}))=P(A)-P(A\bar{B})=0.2$.

2. 0.4，0.3.

3. (1) $\dfrac{19}{58}$；　　(2) $\dfrac{19}{28}$.

4. 0.64.

5. $\dfrac{3}{200}$.

6. (1) $\dfrac{28}{45}$；(2) $\dfrac{1}{45}$；(3) $\dfrac{16}{45}$.

7. (1) 0.0125；(2) 来自乙厂的可能性最大.

8. $\dfrac{20}{21}$.

9. 0.9.

10. $\dfrac{196}{197}$.

11. 0.0345，由第二台机器生产概率最大，为 0.406.

习题 1.4

1. 独立.

2. (1) $a=0.3$；(2) $a=\dfrac{3}{7}$.

3. (1) $\alpha+\beta-\alpha\beta$；(2) $1-\beta+\alpha\beta$；(3) $1-\alpha\beta$.

4. 0.88，$\dfrac{15}{22}$.

5. $\frac{3}{5}$

6. (1) 0.36；(2) 0.91.

7. 3 枚.

8. (1) 记 $A_i=\{$第 i 个投保人出现意外$\}(i=1, 2, \cdots, n)$，$A=\{$保险公司赔付$\}$，则

由实际问题可知 $A_1, A_2, \cdots, A_n$ 相互独立，且 $A=\bigcup_{i=1}^{n} A_i$，因此

$$P(A)=1-P(\overline{\bigcup_{i=1}^{n} A_i})=1-\prod_{i=1}^{n} P(A_i)=1-0.99^n$$

(2) 注意到

$$P(A)\geqslant 0.5 \Leftrightarrow 0.99^n \leqslant 0.5 \Leftrightarrow n \geqslant \frac{\lg 2}{2-\lg 99} \approx 68.97$$

即当投保人数 $n\geqslant 69$ 时保险公司赔付的概率大于 1/2.

9. 提示：设甲、乙两人每次命中的概率均为 p，不命中的概率为 $q(0<p<1, p+q=1)$，$A_i=\{$第 i 次击中目标$\}(i=1, 2, \cdots)$. 设甲先发第一枪，则

$$\begin{aligned} P(\text{甲胜}) &= P(A_1 \cup \bar{A}_1\bar{A}_2A_3 \cup \bar{A}_1\bar{A}_2\bar{A}_3\bar{A}_4A_5 \cup \cdots) \\ &= p(1+q^2+q^4+\cdots)=\frac{p}{1-q^2}=\frac{1}{1+q} \end{aligned}$$

$$P(\text{乙胜})=1-P(\text{甲胜})=\frac{q}{1+q}$$

因为 $0<q<1$，所以 $P(\text{甲胜})>P(\text{乙胜})$.

10. (1) $\frac{1}{6}$；(2) $\frac{3}{5}$.

总习题 1

一、选择题

1. A； 2. C 3. D 4. A 5. D

二、填空题

1. 0. 2. $\frac{3}{8}$. 3. 0.4. 4. 0.25. 5. $\frac{2}{3}$；

6. “A 与 B 发生，C 不发生”表示为 $AB\bar{C}$；

“A、B、C 中至少有一个发生”表示为 $A\cup B\cup C$；

“A、B、C 中至少有两个发生”表示为 $AB\cup AC\cup BC$；

“A、B、C 中恰好有两个发生”表示为 $AB\bar{C}\cup A\bar{B}C\cup \bar{A}BC$；

“A、B、C 同时发生” 表示为 ABC；

“A、B、C 都不发生” 表示为 $\bar{A}\bar{B}\bar{C}$；

“A、B、C 不全发生” 表示为 $\bar{A}\cup\bar{B}\cup\bar{C}$.

7. 用 A、B、C、D、F 和 G 分别表示(1)～(6)中的事件.

(1) $A=A_1\bar{A}_2\bar{A}_3$;

(2) $B=A_1\bar{A}_2\bar{A}_3\cup\bar{A}_1A_2\bar{A}_3\cup\bar{A}_1\bar{A}_2A_3$;

(3) $C=A_1\bar{A}_2\bar{A}_3\cup\bar{A}_1A_2\bar{A}_3\cup\bar{A}_1\bar{A}_2A_3\cup A_1A_2\bar{A}_3\cup A_1\bar{A}_2A_3\cup\bar{A}_1A_2A_3\cup A_1A_2A_3$ 或者 $A_1\cup A_2\cup A_3$;

(4) $D=\bar{A}_1\bar{A}_2\bar{A}_3\cup A_1\bar{A}_2\bar{A}_3\cup\bar{A}_1A_2\bar{A}_3\cup\bar{A}_1\bar{A}_2A_3$;

(5) $F=A_1A_2A_3$;

(6) $G=\bar{A}_1A_2A_3\cup A_1\bar{A}_2A_3\cup A_1A_2\bar{A}_3\cup\bar{A}_1\bar{A}_2A_3\cup\bar{A}_1A_2\bar{A}_3\cup A_1\bar{A}_2\bar{A}_3$
$\cup\bar{A}_1\bar{A}_2\bar{A}_3$;

三、计算题

1. $p_1=\dfrac{\binom{7}{7}\binom{1}{0}\binom{27}{0}}{\binom{35}{7}}=0.149\times10^{-6}$; $p_2=\dfrac{7}{6\ 724\ 520}=1.04\times10^{-6}$;

$p_3=28.106\times10^{-6}$; $p_4=84.318\times10^{-6}$;

$p_5=1.096\times10^{-3}$; $p_6=1.827\times10^{-3}$;

$p_7=30.448\times10^{-3}$.

(2) $P(\text{中奖})=P(A)=\sum_{i=1}^{7}p_i=0.033\ 485$.

2. $\dfrac{3}{5}$.

3. $1-\dfrac{8^n+5^n-4^n}{9^n}$.

提示:n 次取得的数的乘积能被 10 整除,相当于取得的 n 个数中至少有一个是 5,并且至少有一个数是偶数.

4. 0.06.

5. $A_i=\{$取出的两件有 i 个合格品$\}$,

$P(A_i)=\dfrac{C_{M-m}^{i}C_m^{2-i}}{C_M^2}(i=0,1,2)$,$A_0$、$A_1$、$A_2$ 互不相容.

(1) $\dfrac{m-1}{2M-m-1}$; (2) $\dfrac{2m}{M+m-1}$.

6. 0.089.

7. $1-\dfrac{13}{6^4}$.

8. $\dfrac{10}{100}\times\dfrac{9}{99}\times\dfrac{90}{98}=0.0083$.

习题 2.2

1. 错误;正确;正确;错误.

2. 0.1.

3. (1) $a=e^{-\lambda}$；(2) 1.

4. $P\{X=k\}=C_8^k\left(\frac{2}{3}\right)^k\left(\frac{1}{3}\right)^{8-k}\quad(k=0, 1, 2, \cdots, 8)$.

5. (1) 0.0729；(2) 0.008 56；(3) 0.999 54；(4) $1-0.9^5=0.409\,51$.

6. 9 条.

7. 15 件.

8. (1) 0.0333；(2) 0.259.

习题 2.3

1. (1) 不是；(2) 不是；(3) 不是；(4) 不是.

2. $a-b=1$.

3. $F(x)=\begin{cases}0 & (x<-1)\\ 0.25 & (-1\leqslant x<2)\\ 0.75 & (2\leqslant x<3)\\ 1 & (x\geqslant 3)\end{cases}$.

4. $\frac{1}{2}$.

习题 2.4

1. (1) $\frac{1}{2}$；(2) $\frac{\sqrt{2}}{4}$；(3) $F(x)=\begin{cases}0 & \left(x<-\frac{\pi}{2}\right)\\ \frac{1}{2}\sin x+\frac{1}{2} & \left(-\frac{\pi}{2}\leqslant x<\frac{\pi}{2}\right)\\ 1 & \left(x\geqslant\frac{\pi}{2}\right)\end{cases}$.

2. (1) $\frac{1}{2}$；(2) $\frac{1}{2}(1-e^{-1})$；(3) $F(x)=\begin{cases}\frac{1}{2}e^x & (x<0)\\ 1-\frac{1}{2}e^{-x} & (x\geqslant 0)\end{cases}$.

3. (1) $f(x)=\frac{1}{\pi}\frac{1}{1+x^2}$；(2) $f(x)=\begin{cases}x e^{-\frac{x^2}{2}} & (x>0)\\ 0 & (x\leqslant 0)\end{cases}$.

4. 0.6.

5. $\frac{20}{27}$.

6. $1-e^{-0.5}$.

7. (1) $P\{Y=k\}=C_5^k(e^{-2})^k(1-e^{-2})^{5-k}\quad(k=0, 1, \cdots, 5)$；

   (2) $P\{Y\geqslant 1\}=0.5167$.

8. 0.0228，0.3094，$c=1$.

9. 0.0456.

10. $F(x)=\begin{cases}0 & (x<0)\\ \dfrac{x^2}{2} & (0\leqslant x<1)\\ -\dfrac{x^2}{2}+2x-1 & (1\leqslant x<2)\\ 1 & (x\geqslant 2)\end{cases}$.

习题 2.5

1.

Y	0	1	9
P	0.4	0.4	0.2

2.

Y	−1	0	3
P	0.432	0.504	0.064

3. (1) $f_Y(y)=\begin{cases}\dfrac{1}{y} & (1<y<\mathrm{e})\\ 0 & (\text{其他})\end{cases}$； (2) $f_Y(y)=\begin{cases}\dfrac{1}{2}\mathrm{e}^{-\frac{y}{2}} & (y>0)\\ 0 & (\text{其他})\end{cases}$.

4. (1) $f_Y(y)=\begin{cases}\dfrac{1}{18}y^2 & (-3<y<3)\\ 0 & (\text{其他})\end{cases}$； (2) $f_Y(y)=\begin{cases}\dfrac{3}{2}\sqrt{y} & (0<y<1)\\ 0 & (\text{其他})\end{cases}$.

5. (1) $f_Y(y)=\begin{cases}\dfrac{1}{2}\mathrm{e}^{-\frac{y-1}{2}} & (y>1)\\ 0 & (\text{其他})\end{cases}$； (2) $f_Y(y)=\begin{cases}\dfrac{1}{y^2} & (y>1)\\ 0 & (\text{其他})\end{cases}$；

(3) $f_Y(y)=\begin{cases}\dfrac{1}{2\sqrt{y}}\mathrm{e}^{-\sqrt{y}} & (y>0)\\ 0 & (\text{其他})\end{cases}$.

总习题 2

一、选择题

1. A； 2. D； 3. B； 4. B； 5. D； 6. C； 7. B； 8. A；
9. B； 10. D； 11. C； 12. A； 13. D； 14. C； 15. B

二、填空题

1. 0.1； 2. 0.5； 3. 2； 4. 0； 5. $2\mathrm{e}^{-2}$； 6. 1； 7. $\Phi\left(\dfrac{x-\mu}{\sigma}\right)$； 8. 0； 9. 0.5.

三、解答题

1. $P\{\xi\leqslant 3\}=F(3)=1$

$P\{\xi=1\}=F(1)-F(1-0)=2/3-1/2=1/6$

$P\{\xi>1/2\}=1-P\{\xi\leqslant 1/2\}=1-F(1/2)=1-1/2=1/2$

$P\{2<\xi<4\}=P\{\xi<4\}-P\{\xi\leqslant 2\}=F(4-0)-F(2)=1-11/12=1/12$

2. 设 X、Y 分别表示甲、乙投篮的次数，则

$P\{X=k\}=0.76\times 0.24^{k-1}\quad (k=1, 2, \cdots)$

$P\{Y=0\}=0.4$

$P\{Y=k\}=1.9\times 0.24^{k}\quad (k=1, 2, \cdots)$

3. $C_3^k 0.8^k 0.2^{3-k}$，0.896.

4. (1) 0.32076；(2) 0.243.

5. (1) $\frac{1}{70}$； (2) 猜对的概率仅为万分之一，此概率太小，应认为他具有区分能力.

6. $1-e^{-0.1}-0.1\times e^{-0.1}$.

7. (1) $e^{-\frac{3}{2}}$； (2) $1-e^{-\frac{5}{2}}$.

8. $\frac{e^{-2}2^5}{5!}=0.0018$.

9. (1) $1-\sum_{k=0}^{14}\frac{e^{-5}5^k}{k!}$； (2) $\sum_{k=0}^{10}\frac{e^{-5}5^k}{k!}$，$\sum_{k=0}^{5}\frac{e^{-5}5^k}{k!}$.

10. 0.682.

11. (1) 0.0614； (2) 0.0073.

12.

X	3	4	5
P	$\frac{1}{10}$	$\frac{3}{10}$	$\frac{6}{10}$

13. (1) $\frac{2}{3}$；(2) $\frac{16}{81}$；(3) $\frac{80}{81}$；(4) $\frac{3}{4}$.

习题 3.1

1. $P_{ij}=\frac{\binom{50}{i}\binom{30}{j}\binom{20}{5-i-j}}{\binom{100}{5}}$，$i+j=5$.

2. $\frac{9}{35}$.

3. (1) $a=\frac{7}{72}$；(2) $\frac{13}{18}$.

4. (1) 12； (2) $F(x, y)=\begin{cases}(1-e^{-3x})(1-e^{-4y}) & (x>0, y>0)\\ 0 & (\text{其他})\end{cases}$；

(3) $1-e^{-3}-e^{-8}+e^{11}$.

5. (1) $\frac{1}{8}$； (2) $\frac{3}{8}$； (3) $\frac{27}{32}$； (4) $\frac{2}{3}$.

6. $\mu_1=1$, $\mu_2=0$, $\sigma_1^2=1$, $\sigma_2^2=4$, $\rho=-\dfrac{1}{2}$.

习题 3.2

1.

$X \backslash Y$	y_1	y_2	y_3	$P_{i\cdot}$
x_1	0.1	0.1	0.2	0.4
x_2	0.1	0.2	0.2	0.6
$P_{\cdot j}$	0.3	0.3	0.4	1

2.

X	-1	0	1
$P_{i\cdot}$	$\dfrac{5}{12}$	$\dfrac{1}{6}$	$\dfrac{5}{12}$

Y	0	1	2
$P_{i\cdot}$	$\dfrac{7}{12}$	$\dfrac{1}{3}$	$\dfrac{1}{12}$

3. $F(x, y)=\begin{cases}1-e^{-\lambda_1 x} & (x>0) \\ 0 & (\text{其他})\end{cases}$, $F(x, y)=\begin{cases}1-e^{-\lambda_2 y} & (y>0) \\ 0 & (\text{其他})\end{cases}$.

4. (1) $A=\dfrac{1}{2}$;

(2) $f_X(x)=\begin{cases}\dfrac{\sqrt{2}}{2}\sin\left(x+\dfrac{\pi}{4}\right) & \left(0\leqslant x\leqslant\dfrac{\pi}{2}\right) \\ 0 & (\text{其他})\end{cases}$,

$f_Y(y)=\begin{cases}\dfrac{\sqrt{2}}{2}\sin\left(y+\dfrac{\pi}{4}\right) & \left(0\leqslant y\leqslant\dfrac{\pi}{2}\right) \\ 0 & (\text{其他})\end{cases}$.

5. $f_X(x)=\begin{cases}\dfrac{1}{4}x^3 & (0<x<2) \\ 0 & (\text{其他})\end{cases}$, $f_Y(y)=\begin{cases}4y(1-y^2) & (0<y<1) \\ 0 & (\text{其他})\end{cases}$.

6. $f(x, y)=\begin{cases}\dfrac{1}{\pi R^2} & (x^2+y^2\leqslant R^2) \\ 0 & (\text{其他})\end{cases}$,

$f_X(x)=\begin{cases}\dfrac{2}{\pi R^2}\sqrt{R^2-x^2} & (-R<x<R) \\ 0 & (\text{其他})\end{cases}$,

$f_Y(y)=\begin{cases}\dfrac{2}{\pi R^2}\sqrt{R^2-y^2} & (-R<y<R) \\ 0 & (\text{其他})\end{cases}$.

习题 3.3

1.

X	1	2
$P\{X\|Y=2\}$	$\frac{1}{2}$	$\frac{1}{2}$

2. $a=\frac{14}{25}$, $b=\frac{3}{25}$.

3. (1) $P\{X=m, Y=n\}=p^2(1-p)^{n-2}(n=2, 3, \cdots; m=1, 2, \cdots, n-1)$.

(2) $P\{X=m|Y=n\}=\frac{1}{n-1}\quad(n=2, 3, \cdots; m=1, 2, \cdots, n-1)$.

4. $f_{X|Y}(x \mid y)=\begin{cases}\frac{3}{2}x^2y^{-\frac{3}{2}} & (-\sqrt{y}\leqslant x\leqslant\sqrt{y}) \\ 0 & (\text{其他})\end{cases}$,

$f_{Y|X}(y \mid x)=\begin{cases}\frac{2y}{1-x^4} & (x^2\leqslant y\leqslant 1) \\ 0 & (\text{其他})\end{cases}$. $\quad P\left\{Y>\frac{3}{4}\middle| X=\frac{1}{2}\right\}=\frac{7}{15}$.

5. $f_X(x)=\begin{cases}\frac{15}{2}x(1-x^2) & (0<x<1) \\ 0 & (\text{其他})\end{cases}$.

6. (1) $f_X(x)=\begin{cases}e^{-x} & (x>0) \\ 0 & (\text{其他})\end{cases}$, $f_Y(y)=\begin{cases}ye^{-y} & (y>0) \\ 0 & (\text{其他})\end{cases}$;

(2) $f_{X|Y}(x \mid y)=\begin{cases}\frac{1}{y} & (y>x>0) \\ 0 & (\text{其他})\end{cases}$, $f_{Y|X}(y \mid x)=\begin{cases}e^{x-y} & (y>x>0) \\ 0 & (\text{其他})\end{cases}$;

(3) $\frac{e^{-2}-3e^{-4}}{1-5e^{-4}}$.

习题 3.4

1. 独立.

2. $\frac{1}{2}$, $\frac{1}{4}$.

3. (1)

$X \backslash Y$	0	1
-1	$\frac{1}{4}$	0
0	0	$\frac{1}{2}$
1	$\frac{1}{4}$	0

(2) 不独立.

4. 独立.

5. (1) 独立；(2) $\alpha \approx 0.9048$.

6. (1) $f(x, y)=\begin{cases}\dfrac{1}{2}e^{-\frac{y}{2}} & (0<x<1,\ y>0)\\ 0 & (\text{其他})\end{cases}$；(2) 0.1445.

习题 3.5

1. (1)

Y \ X	−3	−2	−1
1	0.1	0.1	0.2
2	0.04	0.05	0.1
3	0.1	0.1	0.2

(2)

2X+Y	−5	−4	−3	−2	−1	0	1
P	0.1	0.05	0.2	0.05	0.3	0.1	0.2

(3)

X−Y	−6	−5	−4	−3	−2
P	0.1	0.15	0.35	0.2	0.2

(4)

max{X, Y}	1	2	3
P	0.4	0.2	0.4

2. 略.

3. (1) 不独立；(2) $f_Z(z)=\begin{cases}\dfrac{1}{2}z^2e^{-z} & (z>0)\\ 0 & (\text{其他})\end{cases}$.

4. (1) 独立；(2) $F_U(u)=\begin{cases}0 & (u<0)\\ \dfrac{(1-e^{-u})^2}{1-e^{-1}} & (0\leqslant u<1)\\ 1-e^{-u} & (u\geqslant 1)\end{cases}$.

5. (1) $f_{U_2}(x)=\begin{cases}\dfrac{1}{6}x^3e^{-x} & (x>0)\\ 0 & (\text{其他})\end{cases}$，$f_{U_3}(x)=\begin{cases}\dfrac{1}{120}x^5e^{-x} & (x>0)\\ 0 & (\text{其他})\end{cases}$；

(2) $f_Z(z)=\begin{cases}3ze^{-z}(1-e^{-z}-ze^{-z})^2 & (z>0)\\ 0 & (\text{其他})\end{cases}$.

6. 略.

总习题 3

1.

X \ Y	0	1
0	$p^3(1-p)^3$	$p(1-p)$
1	$p(1-p)$	$p(1-p)$

2. $P\{Z=i\}=C_{n_1+n_2}^{i}p^i(1-p)^{n_1+n_2-i}\quad(i=0, 1, \cdots, n_1+n_2)$.

3. $f_X(x)=\dfrac{1}{\sqrt{2\pi}}e^{-\frac{x^2}{2}}$，$f_Y(y)=\dfrac{1}{\sqrt{2\pi}}e^{-\frac{y^2}{2}}$.

4. (1) $f_X(x)=\begin{cases}3x^2 & (0<x<1)\\ 0 & (\text{其他})\end{cases}$，$f_Y(y)=\begin{cases}\dfrac{3}{2}(1-y^2) & (0<y<1)\\ 0 & (\text{其他})\end{cases}$.

(2) $f_{X|Y}(x\mid y)=\begin{cases}\dfrac{2x}{1-y^2} & (0<y<1, y<x<1)\\ 0 & (\text{其他})\end{cases}$，

$f_{Y|X}(y\mid x)=\begin{cases}\dfrac{1}{x} & (0<x<1, 0<y<x)\\ 0 & (\text{其他})\end{cases}$；

(3) 不独立.

5. $f_Z(z)=\begin{cases}0 & (z\leqslant 0)\\ \dfrac{1}{2}(1-e^{-z})^2 & (0<z\leqslant 2)\\ \dfrac{1}{2}(e^2-1)e^{-z} & (z>2)\end{cases}$.

6.

V \ U	1	2	3
1	$\frac{1}{9}$	$\frac{2}{9}$	$\frac{2}{9}$
2	0	$\frac{1}{9}$	$\frac{2}{9}$
3	0	0	$\frac{1}{9}$

7. (1) $f_{Y|X}(y\mid x)=\begin{cases}\dfrac{1}{x} & (0<y<x)\\ 0 & (\text{其他})\end{cases}$；　(2) $\dfrac{e-2}{e-1}$.

8. (1) $\dfrac{7}{24}$；(2) $f_Z(z)=\begin{cases}z(z-2) & (0\leqslant z<1)\\ (2-z)^2 & (1\leqslant z\leqslant 2)\\ 0 & (\text{其他})\end{cases}$.

9. (1) $F_Z(z)=\begin{cases}0 & (z\leqslant 0)\\ z^3 & (0<z\leqslant 1)\\ 1 & (z>1)\end{cases}$，$f_Z(z)=\begin{cases}3z^2 & (0<z\leqslant 1)\\ 0 & (\text{其他})\end{cases}$；

(2) $F_Z(z)=\begin{cases}0 & (z\leqslant 0)\\ z+z^2-z^3 & (0<z\leqslant 1)\\ 1 & (z>1)\end{cases}$，$f_Z(z)=\begin{cases}1+2z-3z^2 & (0<z\leqslant 1)\\ 0 & (\text{其他})\end{cases}$.

10. (1) $F_U(u)=1-[1-F(u)]^m$，$F_V(v)=F^m(v)$；

(2) $F(u,v)=\begin{cases}F^m(v)-[F(v)-F(u)]^m & (u<v)\\ F^m(v) & (u\geqslant v)\end{cases}$.

习题 4.1

1. $\frac{7}{6}$.　2. $\frac{31}{8}$，$-\frac{7}{4}$.　3. 1.　4. 1，$\frac{2}{3}$.　5. $\frac{3}{2}a$.

6. (1) $\frac{3}{4}$，$\frac{5}{8}$；(2) $\frac{1}{8}$.

7. $k=3$，$\alpha=2$.

8. (1) 2；(2) $\frac{1}{3}$.

9. $E(X)=1$，$E(Y)=0.9$，乙机器较好.

10. (1) $\frac{1}{3}$；(2) $\frac{2}{3}$；(3) $\frac{35}{24}$.

11. 生产量为 3 或 4 时，期望的利润最大.

12. $\frac{n+1}{2}$.

13. $M\left[1-\frac{(M-1)^n}{M^n}\right]$.

习题 4.2

1. $\frac{29}{36}$.　2. $\frac{127}{64}$.　3. $\frac{1}{18}$.

4. $n=6$ 和 $p=0.4$.　5. $\frac{1}{6}$.

6. $E(X)=0$，$D(X)=\frac{\pi^2}{12}-\frac{1}{2}$.

7. $\frac{5}{252}$，$\frac{17}{448}$.

8. 7，37.25.

9. 0.975.

10. 至少 250 次.

11. $E(X)=E(Y)=30$，$D(X)=1.1$，$D(Y)=1.38$，所以甲种棉花纤维长度的方差小

一些，说明其纤维比较均匀，故甲种棉花质量较好.

12. 略.　　13. 0.6，0.46.

14. $\sqrt{\frac{\pi}{2}}\sigma$，$\frac{4-\pi}{2}\sigma^2$.　　15. $\frac{1}{p}$，$\frac{1-p}{p^2}$.

习题 4.3

1. 略.　　2. 略.

3. 6，0.75，0，0.　　4. 略.

5. $\frac{ac}{|ac|}\rho$.　　6. $\frac{\alpha^2-\beta^2}{\alpha^2+\beta^2}$.

习题 4.4

1. $\mu_k=\frac{1}{k+1}(a^k+a^{k-1}b+\cdots+ab^{k-1}+b^k)$，0.

2. $\frac{1}{144}\begin{bmatrix}11 & -1\\ -1 & 11\end{bmatrix}$，$\begin{bmatrix}1 & -\frac{1}{11}\\ -\frac{1}{11} & 1\end{bmatrix}$.

总习题 4

一、填空题

1. $\frac{4}{3}$.

2. 0.2.

3. $E(3X-2)=4$.

4. $E(X)=1$, $D(X)=\frac{1}{\sqrt{2}}$.

5. $E(X)=2$, $D(X)=2$.

6. $D(X)=0.495$.

7. 18.4.

8. $D(2X-Y)=12$.

9. $X\sim B(n,p)$, $E(X)=0.6$, $D(X)=0.48$.

10. $E(XY)=4$.

二、选择题

1. D；　2. A；　3. A；　4. B；　5. B；　6. A；　7. C；　8. D；　9. B；　10. B.

三、计算题

1. 设随机变量 X 表示服过新药的病人的痊愈情况，Y 表示未服过新药的病人的痊愈情况，比较得 $E(X)>E(Y)$，说明新药疗效显著.

2. $\begin{pmatrix}X & -1 & 0 & 1\\ P & 0.4 & 0.1 & 0.5\end{pmatrix}$.

3. 先求分布律，再求数学期望 $E(X)=-0.2$，$E(1-2X)=1.4$.

4. $a=\frac{1}{4}$，$b=-\frac{1}{4}$，$c=1$，$E(X)=\frac{1}{4}(e^2-1)^2$，$D(X)=\frac{1}{4}e^2(e^2-1)^2$.

5. 19.3 元.

6. 28 天，5 万元.

7. 7.9 元.

8. (1) $E(X)=0.35$，$E(Y)=0.65$，$D(X)=1.3275$，$D(Y)=2.2275$；
(2) $E(X-Y)=-0.3$，$D(X-Y)=5.31$.

9. $E(X)=\frac{1}{p}$，$D(X)=\frac{1-p}{p^2}$.

10. $D(U)=\frac{1}{18}$

11. 11.67.

12. 21 单位.

13. 18.4.

14. 0.5.

总习题 5

1. 0.9586. 2. 0.8788. 3. 0.9999. 4. 0.995. 5. 约等于 0.

6. 切比雪夫不等式估计 $n\geqslant 250$，中心极限定理估计 $n\geqslant 68$.

7. 0.8159. 8. 0.0062. 9. 0.348.

10. (1) 0.1802；(2) 443.

11. (1) 0.1257；(2) 0.9938.

习题 6.1

1. $P(x_1, x_2, \cdots, x_n)=p^{\sum_{i=1}^{n} x_i}(1-p)^{n-\sum_{i=1}^{n} x_i}$，其中 $x_i=0, 1 (i=1, 2, \cdots, n)$.

2. $f(x_1, x_2, \cdots, x_n)=\left(\frac{1}{\sqrt{2\pi}\sigma}\right)^n \exp\left\{-\frac{1}{2\sigma^2}\sum_{i=1}^{n}(x_i-\mu)^2\right\}$.

3. $P(x_1, x_2, \cdots, x_n)=\frac{\lambda^{\sum_{i=1}^{n} x_i}}{x_1!\ x_2!\ \cdots x_n!}e^{-n\lambda}$.

4. $f(x_1, x_2, \cdots, x_n)=\begin{cases}\lambda^n e^{-\lambda\sum_{i=1}^{n} x_i} & (x_i>0;\ i=1, 2, \cdots, n)\\ 0 & (\text{其他})\end{cases}$.

5. 经验分布函数 $F_n(x)\begin{cases}0 & (x<0)\\ 0.3 & (0\leqslant x<1)\\ 0.65 & (1\leqslant x<2)\\ 0.8 & (2\leqslant x<3)\\ 0.9 & (3\leqslant x<4)\\ 1 & (x\geqslant 4)\end{cases}$.

6. $\bar{x}=40.5$，$s=2.1587$，$s^2=4.66$.

习题 6.2

1. $F_{20}(x)=\begin{cases}0 & (x<4)\\ 0.05 & (4\leqslant x<5)\\ 0.1 & (5\leqslant x<6)\\ 0.3 & (6\leqslant x<7)\\ 0.75 & (7\leqslant x<9)\\ 0.9 & (9\leqslant x<10)\\ 1 & (10\leqslant x)\end{cases}$.

2. 略. 3. 略.

习题 6.3

1. B.
2. 样本均值为 0.54，方差为 6.013.
3. $\bar{x}_{甲}=75.8$，$\bar{x}_{乙}=75.8$； $s_{甲}=10.47$，$s_{乙}=10.27$；
   $\gamma_{1甲}=-0.16$，$\gamma_{1乙}=0.068$； $\gamma_{2甲}=0.45$，$\gamma_{2乙}=-0.74$.

习题 6.4

1. C. 2. D. 3. 2.558，23.209，-2.7638，2.7638，1.91，0.357.

4. 0.9544. 5. 0.056. 6. $C=\frac{1}{3}$.

总习题 6

1. 是，不是，是，是，不是.

2. (1) $\sum_{i=1}^{n}(X_i-\overline{X})=\sum_{i=1}^{n}X_i-n\overline{X}=\sum_{i=1}^{n}X_i-\sum_{i=1}^{n}X_i=0$

(2)
$$\begin{aligned}\sum_{i=1}^{n}(X_i-A)^2&=\sum_{i=1}^{n}(X_i-\overline{X}+\overline{X}-A)^2\\&=\sum_{i=1}^{n}(X_i-\overline{X})^2+\sum_{i=1}^{n}(\overline{X}-A)^2+2\sum_{i=1}^{n}(X_i-\overline{X})(\overline{X}-A)\\&=\sum_{i=1}^{n}(X_i-\overline{X})^2+n(\overline{X}-A)^2\end{aligned}$$

(3) 在(2)中令 $A=0$ 得到

$$\sum_{i=1}^{n}X_i^2=\sum_{i=1}^{n}(X_i-\overline{X})^2+n\overline{X}^2$$

也即

$$\sum_{i=1}^{n}(X_i-\overline{X})^2=\sum_{i=1}^{n}X_i^2-n\overline{X}^2$$

3. (1) $\overline{X}_{n+1}=\frac{1}{n+1}\sum_{i=1}^{n+1}X_i=\frac{1}{n+1}\left(\sum_{i=1}^{n}X_i+X_{n+1}\right)=\frac{1}{n+1}(n\overline{X}_n+X_{n+1})$

(2) $S_{n+1}^2=\frac{1}{n}\sum_{i=1}^{n+1}(X_i-\overline{X}_{n+1})^2=\frac{1}{n}[\sum_{i=1}^{n}(X_i-\overline{X}_{n+1})^2+(X_i-\overline{X}_{n+1})^2]$

$$=\frac{1}{n}\left[\sum_{i=1}^{n}(X_i-\overline{X}_n+\overline{X}_n-\overline{X}_{n+1})^2+(X_{n+1}-\overline{X}_{n+1})^2\right]$$

$$=\frac{1}{n}\left[\sum_{i=1}^{n}(X_i-\overline{X}_n)^2+n(\overline{X}_n-\overline{X}_{n+1})^2+(X_{n+1}-\overline{X}_{n+1})^2\right]$$

$$=\frac{1}{n}\left[(n-1)S_n^2+\frac{n}{(n+1)^2}(X_{n+1}-\overline{X}_n)^2+\frac{n^2}{(n+1)^2}(X_{n+1}-\overline{X}_n)^2\right]$$

$$=\frac{(n-1)}{n}S_n^2+\frac{1}{(n+1)}(\overline{X}_n-X_{n+1})^2$$

4. (1) $E(\overline{X})=Np$, $D(\overline{X})=\frac{Np(1-p)}{n}$, $E(S^2)=Np(1-p)$;

(2) $E(\overline{X})=\lambda$, $D(\overline{X})=\frac{\lambda}{n}$, $E(S^2)=\lambda$;

(3) $E(\overline{X})=\frac{a+b}{2}$, $D(\overline{X})=\frac{(b-a)^2}{12n}$, $E(S^2)=\frac{(b-a)^2}{12}$;

(4) $E(\overline{X})=\mu$, $D(\overline{X})=\frac{1}{n}$, $E(S^2)=1$.

5. (1) $n\geqslant 40$; (2) $n\geqslant 255$; (3) $n\geqslant 16$.

6. (1) 0.1; (2) 0.25.

7. 0.95.

习题 7.1

1. $\frac{1}{n}\sum_{i=1}^{n}X_i$, $\prod_{i=1}^{n}p^{X_i}(1-p)^{1-X_i}$.

2. $\prod_{i=1}^{n}\frac{1}{\sqrt{2\pi}\sigma}e^{-\frac{1}{2\sigma^2}(X_i-\mu)^2}$.

3. (1) $\hat{\theta}=\sqrt{\frac{2}{\pi}}\overline{X}$, $\hat{\theta}=\sqrt{\frac{\sum_{i=1}^{n}X_i^2}{2n}}$;

(2) $\hat{\theta}=\frac{1}{6-\overline{X}}-2$, $\hat{\theta}=-\frac{n}{\sum_{i=1}^{5}\ln(X_i-5)}-1$.

4. $e^{-\overline{X}}$.

5. $\hat{\lambda}=\frac{1}{\overline{X}}$.

6. $\hat{\alpha}=-\left(1+\frac{n}{\sum_{i=1}^{n}\ln X_i}\right)$.

7. 矩估计值 $\hat{\theta}=\frac{5}{6}$，极大似然估计值 $\hat{\theta}=\frac{5}{6}$.

习题 7.2

1. $\overline{X}$ 比 X_i 更有效.
2. $\hat{\mu}_2$ 比 $\hat{\mu}_1$ 更有效.
3. 略.
4. 略.
5. $C=\frac{1}{2(n-1)}$.
6. B.
7. C.

习题 7.3

1. (145.58，162.42).
2. (14.78，15.18)，(14.71，15.19).
3. (2734，3200).
4. (4.412，5.588).
5. (1)(572.101，578.299)；(2)(568.9745，581.4255).
6. (56.84，60.38)，(23.1 ，54.6).

总习题 7

1. (1) $\mu=997$，$\sigma^2=17\ 362$； (2) 0.011.
2. 略.
3. -0.094 ，0.0966.
4. (7.70，17.35).
5. 略.
6. (1) (68.11，85.09)； (2) (190.33，702.01).
7. (1145.25，1148.75).
8. (8.292%，8.388%).
9. (29.6，135.16).
10. (0.0544，3.7657).
11. (12.38，12.82).
12. (9.74，10.26).
13. (161.7，164.3).

习题 8.1

1. 略.　　2. 略.　　3. 略.
4. $d=1.176$.

5. $d=0.98$，0.8299

6. $\left(\frac{2.5}{3}\right)^n$，$n$ 至少为 17.

习题 8.2

1. 有显著变化.
2. 已达到新的疗效.
3. 有理由认为技术革新提高了产品质量.
4. 有显著降低.
5. 无.
6. 没有.

习题 8.3

1. 有显著变化.
2. 可以.
3. 有显著变化.
4. 方差一样.
5. 无.
6. 不能.

习题 8.4

1. $|\mu|=1.597<\mu_{0.025}$，不能.
2. 接受.
3. 有差异.

总习题 8

1. 是.
2. 接受.
3. 有差异.
4. 有显著差异.
5. 否.
6. 有显著差异.
7. 不满足要求.
8. 接受原假设.
9. 不能接受.
10. 无显著差别.

习题 9.1

1. 略.

2. 略.
3. 略.
4. 散点图略，回归方程为 $\hat{y}=181.5830+0.4414x$，相关系数为0.9938，判定系数为0.9876，$t=23.63$，$F=558.5122$.
5. $\hat{h}=0.684+0.124E$.
6. $\hat{y}=-18.02+6.11x$.
7. $\hat{y}=28.53+130.6x$.

习题 9.2

1. $\hat{y}=1.119+\dfrac{8.977}{x}$.
2. $c=0.998$，$k=1.42$.

习题 9.3

1. $\hat{y}=9.4398-0.1384x_1+3.676x_2$.
2. $\hat{y}=8.681\,614-0.641\,26x_1+0.183\,857x_2+0.556\,054x_3$.

习题 9.4

1. 销售方式对销售量有影响，但销售地点对销售量的影响不显著.
2. 材料对输出电压的影响显著，环境温度对输出电压的影响显著，材料与温度的交互对输出电压的影响显著.

总习题 9

1. $\hat{y}=-0.1048+0.9881x$.
2. (1) $\hat{y}=\dfrac{x}{0.000\,829\,17+0.008\,966\,63x}$；

   (2) $\hat{y}=106.3147+3.9466\ln x$；

   (3) $\hat{y}=106.3013+1.1947\sqrt{x}$；

   (4) $\hat{y}=100+11.7506e^{-1.1256/x}$.
3. 三种饲料对鸡的增肥作用有明显的差别.
4. 认为四种绿茶的叶酸平均含量有显著差异.

附录 2 泊松分布表

$$P(X \leqslant x)=\sum_{k=0}^{x} \frac{\lambda^{k} \mathrm{e}^{-\lambda}}{k!}$$

x	λ								
	0.1	0.2	0.3	0.4	0.5	0.6	0.7	0.8	0.9
0	0.09048	0.8187	0.7408	0.6730	0.6065	0.5488	0.4966	04493	0.4066
1	0.9953	0.9825	0.9631	0.9384	0.9098	0.8781	0.8442	0.8088	0.7725
2	0.9998	0.9989	0.9964	0.9921	0.9856	0.9769	0.9659	0.9526	0.9371
3	1.0000	0.9999	0.9997	0.9992	0.9982	0.9966	0.9942	0.9909	0.9865
4		1.0000	1.0000	0.9999	0.9998	0.9996	0.9992	0.9986	0.9977
5				1.0000	1.0000	1.0000	0.9999	0.9998	0.9997
6							1.0000	1.0000	1.0000

x	λ								
	1.0	1.5	2.0	2.5	3.0	3.5	4.0	4.5	5.0
0	0.3679	0.2231	0.1353	0.0821	0.0498	0.0302	0.0183	0.0111	0.0067
1	0.7358	0.5578	0.4060	0.2873	0.1991	0.1359	0.0916	0.0611	0.0404
2	0.9197	0.8088	0.6767	0.5438	0.4232	0.3208	0.2381	0.1736	0.1247
3	0.9810	0.9344	0.8571	0.7576	0.6472	0.5366	0.4335	0.3423	0.2650
4	0.9963	0.9814	0.9473	0.8912	0.8153	0.7254	0.6288	0.5321	0.4405
5	0.9994	0.9955	0.9834	0.9580	0.9161	0.8576	0.7851	0.7029	0.6160
6	0.9999	0.9991	0.9955	0.9858	0.9665	0.9347	0.8893	0.8311	0.7622
7	1.0000	0.9998	0.9989	0.9958	0.9881	0.9733	0.9489	0.9134	0.8666
8		1.0000	0.9998	0.9989	0.9962	0.9901	0.9786	0.9597	0.9319
9			1.0000	0.9997	0.9989	0.9967	0.9919	0.9829	0.9682
10				0.9999	0.9997	0.9990	0.9972	0.9933	0.9863
11				1.0000	0.9999	0.9997	0.9991	0.9976	0.9945
12					1.0000	0.9999	0.9997	0.9992	0.9980

续表一

x	λ								
	5.5	6.0	6.5	7.0	7.5	8.0	8.5	9.0	9.5
0	0.0041	0.0025	0.0015	0.0009	0.0006	0.0003	0.0002	0.0001	0.0001
1	0.0266	0.0174	0.0113	0.0073	0.0047	0.0030	0.0019	0.0012	0.0008
2	0.0884	0.0620	0.0430	0.0296	0.0203	0.0138	0.0093	0.0062	0.0042
3	0.2017	0.1512	0.1118	00818	0.0591	0.0424	0.0301	0.0212	0.0149
4	0.3575	0.2851	0.2237	0.1730	0.1321	0.0996	0.0744	0.0550	0.0403
5	0.5289	0.4457	0.3690	0.3007	0.2414	0.1912	0.1496	0.1157	0.0885
6	0.6860	0.6063	0.5265	0.4497	0.3782	0.3134	0.2562	0.2068	0.1649
7	0.8095	0.7440	0.6728	0.5987	0.5246	0.4530	0.3856	0.3239	0.2687
8	0.8944	0.8472	0.7916	0.7291	0.6620	0.5925	0.5231	0.4557	0.3918
9	0.9462	0.9161	0.8774	0.8305	0.7764	0.7166	0.6530	0.5874	0.5218
10	0.9747	0.9574	0.9332	0.9015	0.8622	0.8159	0.7634	0.7060	0.6453
11	0.9890	0.9799	0.9661	0.9466	0.9208	0.8881	0.8487	0.8030	0.7520
12	0.9955	0.9912	0.9840	0.9730	0.9573	0.9362	0.9091	0.8758	0.8364
13	0.9983	0.9964	0.9929	0.9872	0.9784	0.9658	0.9486	0.9261	0.8981
14	0.9994	0.9986	0.9970	0.9943	0.9897	0.9827	0.9726	0.9585	0.9400
15	0.9998	0.9995	0.9988	0.9976	0.9954	0.9918	0.9862	0.9780	0.9665
16	0.9999	0.9998	0.9996	0.9990	0.9980	0.9963	0.9934	0.9889	0.9823
17	1.0000	0.9999	0.9998	0.9996	0.9992	0.9984	0.9970	0.9947	0.9911
18		1.0000	0.9999	0.9999	0.9997	0.9994	0.9987	0.9976	0.9957
19			1.0000	1.1000	0.9999	0.9997	0.9995	0.9989	0.9980
20					1.0000	0.9999	0.9998	0.9996	0.9991

x	λ								
	10.0	11.0	12.0	13.0	14.0	15.0	16.0	17.0	18.0
0	0.0000	0.0000	0.0000						
1	0.0005	0.0002	0.0001	0.0000	0.0000				
2	0.0028	0.0012	0.0005	0.0002	0.0001	0.0000	0.0000		
3	0.0103	0.0049	0.0023	0.0010	0.0005	0.0002	0.0001	0.0000	0.0000
4	0.0293	0.0151	0.0076	0.0037	0.0018	0.0009	0.0004	0.0002	0.0001

续表二

x	λ								
	10.0	11.0	12.0	13.0	14.0	15.0	16.0	17.0	18.0
5	0.0671	0.0375	0.0203	0.0107	0.0055	0.0028	0.0014	0.0007	0.0003
6	0.1301	0.0786	0.0458	0.0259	0.0142	0.0076	0.0040	0.0021	0.0010
7	0.2202	0.1432	0.0895	0.0540	0.0316	0.0180	0.0100	0.0054	0.0029
8	0.3328	0.2320	0.1550	0.0998	0.0621	0.0374	0.0220	0.0126	0.0071
9	0.4579	0.3405	0.2424	0.1658	0.1094	0.0699	0.0433	0.0261	0.0154
10	0.5830	0.4599	0.3472	0.2517	0.1757	0.1185	0.0774	0.0491	0.0304
11	0.6968	0.5793	0.4616	0.3532	0.2600	0.1848	0.1270	0.0847	0.0549
12	0.7916	0.6887	0.5760	0.4631	0.3585	0.2676	0.1931	0.1350	0.0917
13	0.8645	0.7813	0.6815	0.5730	0.4644	0.3632	0.2745	0.2009	0.1426
14	0.9165	0.8540	0.7720	0.6751	0.5704	0.4657	0.3675	0.2808	0.2081
15	0.9513	0.9074	0.8444	0.7636	0.6694	0.5681	0.4667	0.3715	0.2867
16	0.9730	0.9441	0.8987	0.8355	0.7559	0.6641	0.5660	0.4677	0.3750
17	0.9857	0.9678	0.9370	0.8905	0.8272	0.7489	0.6593	0.5640	0.4686
18	0.9928	0.9823	0.9626	0.9302	0.8826	0.8195	0.7423	0.6550	0.5622
19	0.9965	0.9907	0.9787	0.9573	0.9235	0.8752	0.8122	0.7363	0.6509
20	0.9984	0.9953	0.9884	0.9750	0.9521	0.9170	0.8682	0.8055	0.7307
21	0.9993	0.9977	0.9939	0.9859	0.9712	0.9469	0.9108	0.8615	0.7991
22	0.9997	0.9990	0.9970	0.9924	0.9833	0.9673	0.9418	0.9047	0.8551
23	0.9999	0.9995	0.9985	0.9960	0.9907	0.9805	0.9633	0.9367	0.8989
24	1.0000	0.9998	0.9993	0.9980	0.9950	0.9888	0.9777	0.9594	0.9317
25		0.9999	0.9997	0.9990	0.9974	0.9938	0.9869	0.9748	0.9554
26		1.0000	0.9999	0.9995	0.9987	0.9967	0.9925	0.9848	0.9718
27			0.9999	0.9998	0.9994	0.9983	0.9959	0.9912	0.9827
28			1.0000	0.9999	0.9997	0.9991	0.9978	0.9950	0.9897
29				1.0000	0.9999	0.9996	0.9989	0.9973	0.9941
30					0.9999	0.9998	0.9994	0.9986	0.9967
31					1.0000	0.9999	0.9997	0.9993	0.9982
32						1.0000	0.9999	0.9996	0.9990
33							0.9999	0.9998	0.9995
34							1.0000	0.9999	0.9998
35								1.0000	0.9999
36									0.9999
37									1.0000

附录3 标准正态分布表

$$\Phi(x)=\int_{-\infty}^{x}\frac{1}{\sqrt{2\pi}}\mathrm{e}^{-t^2/2}\,\mathrm{d}t$$

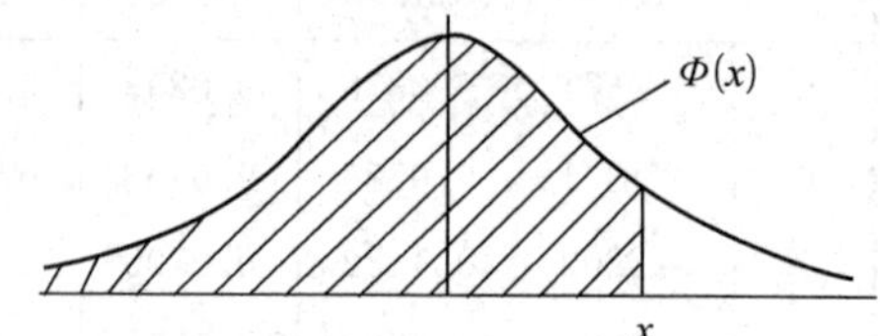

x	0.00	0.01	0.02	0.03	0.04	0.05	0.06	0.07	0.08	0.09
0.0	0.5000	0.5040	0.5080	0.5120	0.5160	0.5199	0.5239	0.5279	0.5319	0.5359
0.1	0.5398	0.5438	0.5478	0.5517	0.5557	0.5596	0.5636	0.5675	0.5714	0.5753
0.2	0.5793	0.5832	0.5871	0.5910	0.5948	0.5987	0.6026	0.6064	0.6103	0.6141
0.3	0.6179	0.6217	0.6255	0.6293	0.6331	0.6368	0.6406	0.6443	0.6480	0.6517
0.4	0.6554	0.6591	0.6628	0.6664	0.6700	0.6736	0.6772	0.6808	0.6844	0.6879
0.5	0.6915	0.6950	0.6985	0.7019	0.7054	0.7088	0.7123	0.7157	0.7190	0.7224
0.6	0.7257	0.7291	0.7324	0.7357	0.7389	0.7422	0.7454	0.7486	0.7517	0.7549
0.7	0.7580	0.7611	0.7642	0.7673	0.7704	0.7734	0.7764	0.7794	0.7823	0.7852
0.8	0.7881	0.7910	0.7939	0.7967	0.7995	0.8023	0.8051	0.8078	0.8106	0.8133
0.9	0.8159	0.8186	0.8212	0.8238	0.8264	0.8289	0.8315	0.8340	0.8365	0.8389
1.0	0.8413	0.8438	0.8461	0.8485	0.8508	0.8531	0.8554	0.8577	0.8599	0.8621
1.1	0.8643	0.8665	0.8686	0.8708	0.8729	0.8749	0.8770	0.8790	0.8810	0.8830
1.2	0.8849	0.8869	0.8888	0.8907	0.8925	0.8944	0.8962	0.8980	0.8997	0.9015
1.3	0.9032	0.9049	0.9066	0.9082	0.9099	0.9115	0.9131	0.9147	0.9162	0.9177
1.4	0.9192	0.9207	0.9222	0.9236	0.9251	0.9265	0.9278	0.9292	0.9306	0.9319
1.5	0.9332	0.9345	0.9357	0.9370	0.9382	0.9394	0.9406	0.9418	0.9429	0.9441
1.6	0.9452	0.9463	0.9474	0.9484	0.9495	0.9505	0.9515	0.9525	0.9535	0.9545
1.7	0.9554	0.9564	0.9573	0.9582	0.9591	0.9599	0.9608	0.9616	0.9625	0.9633
1.8	0.9641	0.9649	0.9656	0.9664	0.9671	0.9678	0.9686	0.9693	0.9699	0.9706
1.9	0.9713	0.9719	0.9726	0.9732	0.9738	0.9744	0.9750	0.9756	0.9761	0.9767
2.0	0.9772	0.9778	0.9783	0.9788	0.9793	0.9798	0.9803	0.9808	0.9812	0.9817
2.1	0.9821	0.9826	009830	0.9834	0.9838	0.9842	0.9846	0.9850	0.9854	0.9857
2.2	0.9861	0.9864	0.9868	0.9871	0.9875	0.9878	0.9881	0.9884	0.9887	0.9890
2.3	0.9893	0.9896	0.9898	0.9901	0.9904	0.9906	0.9909	0.9911	0.9913	0.9916
2.4	0.9918	0.9920	0.9922	0.9925	0.9927	0.9929	0.9931	0.9932	0.9934	0.9936
2.5	0.9938	0.9940	0.9941	0.9943	0.9945	0.9946	0.9948	0.9949	0.9951	0.9952
2.6	0.9953	0.9955	0.9956	0.9957	0.9959	0.9960	0.9961	0.9962	0.9963	0.9964
2.7	0.9965	0.9966	0.9967	0.9968	0.9969	0.9970	0.9971	0.9972	0.9973	0.9974
2.8	0.9974	0.9975	0.9976	0.9977	0.9977	0.9978	0.9979	0.9979	0.9980	0.9981
2.9	0.9981	0.9982	0.9982	0.9983	0.9984	0.9984	0.9985	0.9985	0.9986	0.9986
3.0	0.9987	0.9987	0.9987	0.9988	0.9988	0.9989	0.9989	0.9989	0.9990	0.9990
3.1	0.9990	0.9991	0.9991	0.9991	0.9992	0.9992	0.9992	0.9992	0.9993	0.9993
3.2	0.9993	0.9993	0.9994	0.9994	0.9994	0.9994	0.9994	0.9995	0.9995	0.9995
3.3	0.9995	0.9995	0.9995	0.9996	0.9996	0.9996	0.9996	0.9996	0.9996	0.9997
3.4	0.9997	0.9997	0.9997	0.9997	0.9997	0.9997	0.9997	0.9997	0.9997	0.9998

附录 4 t 分布表

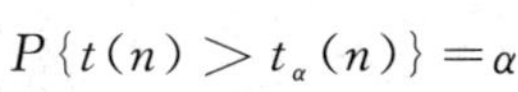

$P\{t(n)>t_\alpha(n)\}=\alpha$

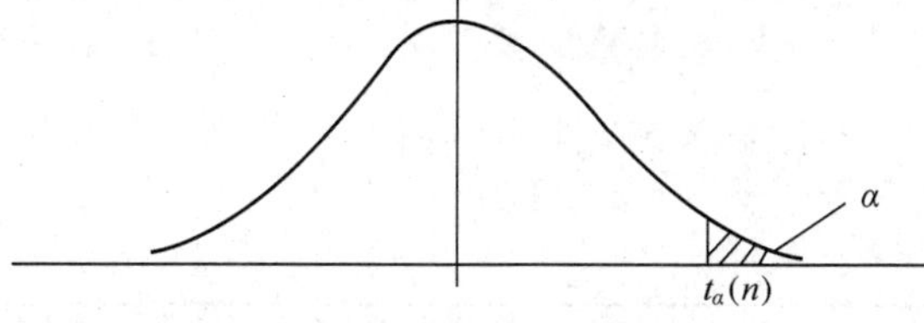

n \ α	0.20	0.15	0.10	0.05	0.025	0.01	0.005
1	1.376	1.963	3.0777	6.3138	12.7062	31.8207	63.6574
2	1.061	1.386	1.8856	2.9200	4.3027	6.9646	9.9248
3	0.978	1.250	1.6377	2.3534	3.1824	4.5407	5.8409
4	0.941	1.190	1.5332	2.1318	2.7764	3.7469	4.6041
5	0.920	1.156	1.4759	2.0150	2.5706	3.3649	4.0322
6	0.906	1.134	1.4398	1.9432	2.4469	3.1427	3.7074
7	0.896	1.119	1.4149	1.8946	2.3646	2.9980	3.4995
8	0.889	1.108	1.3968	1.8595	2.3060	2.8965	3.3554
9	0.883	1.100	1.3830	1.8331	2.2622	2.8214	3.2498
10	0.879	1.093	1.3722	1.8125	2.2281	2.7638	3.1693
11	0.876	1.088	1.3634	1.7959	2.2010	2.7181	3.1058
12	0.873	1.083	1.3562	1.7823	2.1788	2.6810	3.0545
13	0.870	1.079	1.3502	1.7709	2.1604	2.6503	3.0123
14	0.868	1.076	1.3450	1.7613	2.1448	2.6245	2.9768
15	0.866	1.074	1.3406	1.7531	2.1315	2.6025	2.9467
16	0.865	1.071	1.3368	1.7459	2.1199	2.5835	2.9208
17	0.863	1.069	1.3334	1.7396	2.1098	2.5669	2.8982
18	0.862	1.067	1.3304	1.7341	2.1009	2.5524	2.8784
19	0.861	1.066	1.3277	1.7291	2.0930	2.5395	2.8609
20	0.860	1.064	1.3253	1.7247	2.0860	2.5280	2.8453
21	0.859	1.063	1.3232	1.7207	2.0796	2.5177	2.8314
22	0.858	1.061	1.3212	1.7171	2.0739	2.5083	2.8188
23	0.858	1.060	1.3195	1.7139	2.0687	2.4999	2.8073
24	0.857	1.059	1.3178	1.7109	2.0639	2.4922	2.7969
25	0.856	1.058	1.3163	1.7081	2.0595	2.4851	2.7874
26	0.856	1.058	1.3150	1.7056	2.0555	2.4786	2.7787
27	0.855	1.057	1.3137	1.7033	2.0518	2.4727	2.7707
28	0.855	1.056	1.3125	1.7011	2.0484	2.4671	2.7633
29	0.854	1.055	1.3114	1.6991	2.0452	2.4620	2.7564
30	0.854	1.055	1.3104	1.6973	2.0423	2.4573	2.7500
31	0.8535	1.0541	1.3095	1.6955	2.0395	2.4528	2.7440
32	0.8531	1.0536	1.3086	1.6939	2.0369	2.4487	2.7385
33	0.8527	1.0531	1.3077	1.6924	2.0345	2.4448	2.7333
34	0.8524	1.0526	1.3070	1.6909	2.0322	2.4411	2.7284
35	0.8521	1.0521	1.3062	1.6896	2.0301	2.4377	2.7238
36	0.8518	1.0516	1.3055	1.6883	2.0281	2.4345	2.7195
37	0.8515	1.0512	1.3049	1.6871	2.0262	2.4314	2.7154
38	0.8512	1.0508	1.3042	1.6860	2.0244	2.4286	2.7116
39	0.8510	1.0504	1.3036	1.6849	2.0227	2.4258	2.7079
40	0.8507	1.0501	1.3031	1.6839	2.0211	2.4233	2.7045
41	0.8505	1.0498	1.3025	1.6829	2.0195	2.4208	2.7012
42	0.8503	1.0494	1.3020	1.6820	2.0181	2.4185	2.6981
43	0.8501	1.0491	1.3016	1.6811	2.0167	2.4163	2.6951
44	0.8499	1.0488	1.3011	1.6802	2.0154	2.4141	2.6923
45	0.8497	1.0485	1.3006	1.6794	2.0141	2.4121	2.6896

附录5　χ^2 分布表

$P\{\chi^2(n) > \chi^2_\alpha(n)\} = \alpha$

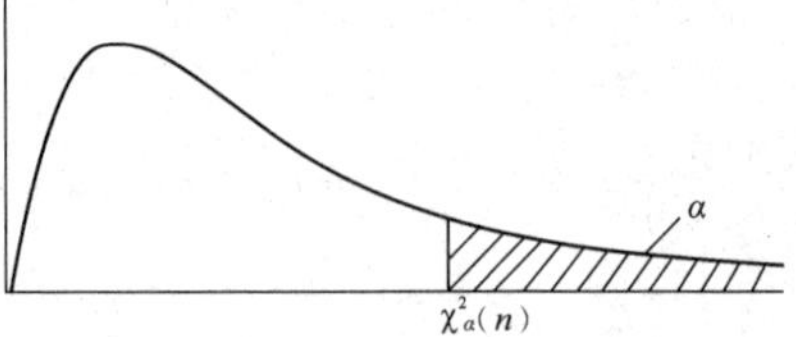

n \ α	0.995	0.99	0.975	0.95	0.90	0.10	0.05	0.025	0.01	0.005
1	0.000	0.000	0.001	0.004	0.016	2.706	3.843	5.025	6.637	7.882
2	0.010	0.020	0.051	0.103	0.211	4.605	5.992	7.378	9.210	10.597
3	0.072	0.115	0.216	0.352	0.584	6.251	7.815	9.348	11.344	12.837
4	0.207	0.297	0.484	0.711	1.064	7.779	9.488	11.143	13.277	14.860
5	0.412	0.554	0.831	1.145	1.610	9.236	11.070	12.832	15.085	16.748
6	0.676	0.872	1.237	1.635	2.204	10.645	12.592	14.440	16.812	18.548
7	0.989	1.239	1.690	2.167	2.833	12.017	14.067	16.012	18.474	20.276
8	1.344	1.646	2.180	2.733	3.490	13.362	15.507	17.534	20.090	21.954
9	1.735	2.088	2.700	3.325	4.168	14.684	16.919	19.022	21.665	23.587
10	2.156	2.558	3.247	3.940	4.865	15.987	18.307	20.483	23.209	25.188
11	2.603	3.053	3.816	4.575	5.578	17.275	19.675	21.920	24.724	26.755
12	3.074	3.571	4.404	5.226	6.304	18.549	21.026	23.337	26.217	28.300
13	3.565	4.107	5.009	5.892	7.041	19.812	22.362	24.735	27.687	29.817
14	4.075	4.660	5.629	6.571	7.790	21.064	23.685	26.119	29.141	31.319
15	4.600	5.229	6.262	7.261	8.547	22.307	24.996	27.488	30.577	32.799
16	5.142	5.812	6.908	7.962	9.312	23.542	26.296	28.845	32.000	34.267
17	5.697	6.407	7.564	8.682	10.085	24.769	27.587	30.190	33.408	35.716
18	6.265	7.015	8.231	9.390	10.865	25.989	28.869	31.526	34.805	37.156
19	6.843	7.632	8.906	10.117	11.651	27.203	30.143	32.852	36.190	38.580
20	7.434	8.260	9.591	10.851	12.443	28.412	31.410	34.170	37.566	39.997
21	8.033	8.897	10.283	11.591	13.240	29.615	32.670	35.478	38.930	41.399
22	8.643	9.542	10.982	12.338	14.042	30.813	33.924	36.781	40.289	42.796
23	9.260	10.195	11.688	13.090	14.848	32.007	35.172	38.075	41.637	44.179
24	9.886	10.856	12.401	13.848	15.659	33.196	36.415	39.364	42.980	45.558
25	10.519	11.523	13.120	14.611	16.473	34.381	37.652	40.646	44.313	46.925
26	11.160	12.198	13.844	15.379	17.292	35.563	38.885	41.923	45.642	48.290
27	11.807	12.878	14.573	16.151	18.114	36.741	40.113	43.194	46.962	49.642
28	12.461	13.565	15.308	16.928	18.939	37.916	41.337	44.461	48.278	50.993
29	13.120	14.256	16.147	17.708	19.768	39.087	42.557	45.772	49.586	52.333
30	13.787	14.954	16.791	18.493	20.599	40.256	43.773	46.979	50.892	53.672
31	14.457	15.655	17.538	19.280	21.433	41.422	44.985	48.231	52.190	55.000
32	15.134	16.362	18.291	20.072	22.271	42.585	46.194	49.480	53.486	56.328
33	15.814	17.073	19.046	20.866	23.110	43.745	47.400	50.724	54.774	57.646
34	16.501	17.789	19.806	21.664	23.952	44.903	48.602	51.966	56.061	58.964
35	17.191	18.508	20.569	22.465	24.796	46.059	49.802	53.203	57.340	60.272
36	17.887	19.233	21.336	23.269	25.643	47.212	50.998	54.437	58.619	61.581
37	18.584	19.960	22.105	24.075	26.492	48.363	52.192	55.667	59.891	62.880
38	19.289	20.691	22.878	24.884	27.343	49.513	53.384	56.896	61.162	64.181
39	19.994	21.425	23.654	25.695	28.196	50.660	54.572	58.119	62.426	65.473
40	20.706	22.164	24.433	26.509	29.050	51.805	55.758	59.342	63.691	66.766

当 $n>40$ 时，$\chi^2_\alpha(n) \approx \frac{1}{2}(z_\alpha + \sqrt{2n-1})^2$.

附录 6 F 分布表

$P\{F(n_1, n_2) > F_\alpha(n_1, n_2)\} = \alpha \quad (\alpha = 0.10)$

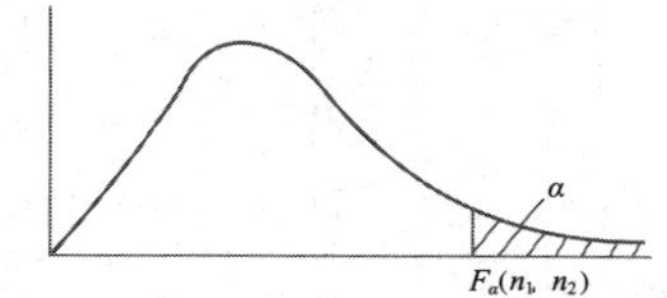

n_2 \ n_1	1	2	3	4	5	6	7	8	9	10	12	15	20	24	30	40	60	120	∞
1	39.86	49.50	53.59	55.83	57.24	58.20	58.91	59.44	59.86	60.19	60.71	61.22	61.74	62.00	62.26	62.53	62.79	63.06	63.33
2	8.53	9.00	9.16	9.24	9.29	9.33	9.35	9.37	9.38	9.39	9.41	9.42	9.44	9.45	9.46	9.47	9.47	9.48	9.49
3	5.54	5.46	5.39	5.34	5.31	5.28	5.27	5.25	5.24	5.23	5.22	5.20	5.18	5.18	5.17	5.16	5.15	5.14	5.13
4	4.54	4.32	4.19	4.11	4.05	4.01	3.98	3.95	3.94	3.92	3.90	3.87	3.84	3.83	3.82	3.80	3.79	3.78	3.76
5	4.06	3.78	3.62	3.52	3.45	3.40	3.37	3.34	3.32	3.30	3.27	3.24	3.21	3.19	3.17	3.16	3.14	3.12	3.10
6	3.78	3.46	3.29	3.18	3.11	3.05	3.01	2.98	2.96	2.94	2.90	2.87	2.84	2.82	2.80	2.78	2.76	2.74	2.72
7	3.59	3.26	3.07	2.96	2.88	2.83	2.78	2.75	2.72	2.70	2.67	2.63	2.59	2.58	2.56	2.54	2.51	2.49	2.47
8	3.46	3.11	2.92	2.81	2.73	2.67	2.62	2.59	2.56	2.54	2.50	2.46	2.42	2.40	2.38	2.36	2.34	2.32	2.29
9	3.36	3.01	2.81	2.69	2.61	2.55	2.51	2.47	2.44	2.42	2.38	2.34	2.30	2.28	2.25	2.23	2.21	2.18	2.16
10	3.29	2.92	2.73	2.61	2.52	2.46	2.41	2.38	2.35	2.32	2.28	2.24	2.20	2.18	2.16	2.13	2.11	2.08	2.06
11	3.23	2.86	2.66	2.54	2.45	2.39	2.34	2.30	2.27	2.25	2.21	2.17	2.12	2.10	2.08	2.05	2.03	2.00	1.97
12	3.18	2.81	2.61	2.48	2.39	2.33	2.28	2.24	2.21	2.19	2.15	2.10	2.06	2.04	2.11	1.99	1.96	1.93	1.90
13	3.14	2.76	2.56	2.43	2.35	2.28	2.23	2.20	2.16	2.14	2.10	2.05	2.01	1.98	1.96	1.93	1.90	1.88	1.85
14	3.10	2.73	2.52	2.39	2.31	2.24	2.19	2.15	2.12	2.10	2.05	2.01	1.96	1.94	1.91	1.89	1.86	1.83	1.80
15	3.07	2.70	2.49	2.36	2.27	2.21	2.16	2.12	2.09	2.06	2.02	1.97	1.92	1.90	1.87	1.85	1.82	1.79	1.76

续表

n_2 \ n_1	1	2	3	4	5	6	7	8	9	10	12	15	20	24	30	40	60	120	∞
16	3.05	2.67	2.46	2.33	2.24	2.18	2.13	2.09	2.06	2.03	1.99	1.94	1.89	1.87	1.84	1.81	1.78	1.75	1.72
17	3.03	2.64	2.44	2.31	2.22	2.15	2.10	2.06	2.03	2.00	1.96	1.91	1.86	1.84	1.81	1.78	1.75	1.72	1.69
18	3.01	2.62	2.42	2.29	2.20	2.13	2.08	2.04	2.00	1.98	1.93	1.89	1.84	1.81	1.78	1.75	7.72	1.69	1.66
19	2.99	2.61	2.40	2.27	2.18	2.11	2.06	2.02	1.98	1.96	1.91	1.86	1.81	1.79	1.76	1.73	1.70	1.67	1.63
20	2.97	2.59	2.38	2.25	2.16	2.09	2.04	2.00	1.96	1.94	1.89	1.84	1.79	1.77	1.74	1.71	1.68	1.64	1.61
21	2.96	2.57	2.36	2.23	2.14	2.08	2.02	1.98	1.95	1.92	1.87	1.83	1.78	1.75	1.72	1.69	1.66	1.62	1.59
22	2.95	2.56	2.35	2.22	2.13	2.06	2.01	1.97	1.93	1.90	1.86	1.81	1.76	1.73	1.70	1.67	1.64	1.60	1.57
23	2.94	2.55	2.34	2.21	2.11	2.05	1.99	1.95	1.92	1.89	1.84	1.80	1.74	1.72	1.69	1.66	1.62	1.59	1.55
24	2.93	2.54	2.33	2.19	2.10	2.04	1.98	1.94	1.91	1.88	1.83	1.78	1.73	1.70	1.67	1.64	1.61	1.57	1.53
25	2.92	2.53	2.32	2.18	2.09	2.02	1.97	1.93	1.89	1.87	1.82	1.77	1.72	1.69	1.66	1.63	1.59	1.56	1.52
26	2.91	2.52	2.31	2.17	2.08	2.01	1.96	1.92	1.88	1.86	1.81	1.76	1.71	1.68	1.65	1.61	1.58	1.54	1.50
27	2.90	2.51	2.30	2.17	2.07	2.00	1.95	1.91	1.87	1.85	1.80	1.75	1.70	1.67	1.64	1.60	1.57	1.53	1.49
28	2.89	2.50	2.29	2.16	2.06	2.00	1.94	1.90	1.87	1.84	1.79	1.74	1.69	1.66	1.63	1.59	1.56	1.52	1.48
29	2.89	2.50	2.28	2.15	2.06	1.99	1.93	1.89	1.86	1.83	1.78	1.73	1.68	1.65	1.62	1.58	1.55	1.51	1.47
30	2.88	2.49	2.28	2.14	2.05	1.98	1.93	1.88	1.85	1.82	1.77	1.72	1.67	1.64	1.61	1.57	1.54	1.50	1.46
40	2.84	2.44	2.23	2.09	2.00	1.93	1.87	1.83	1.79	1.76	1.71	1.66	1.61	1.57	1.54	1.51	1.47	1.42	1.38
60	2.79	2.39	2.18	2.04	1.95	1.87	1.82	1.77	1.74	1.71	1.66	1.60	1.54	1.51	1.48	1.44	1.40	1.35	1.29
120	2.75	2.35	2.13	1.99	1.90	1.82	1.77	1.72	1.68	1.65	1.60	1.55	1.48	1.45	1.41	1.37	1.32	1.26	1.19
∞	2.71	2.30	2.08	1.94	1.85	1.77	1.72	1.67	1.63	1.60	1.55	1.49	1.42	1.38	1.34	1.30	1.24	1.17	1.00

续表

（$\alpha=0.05$）

n_2 \ n_1	1	2	3	4	5	6	7	8	9	10	12	15	20	24	30	40	60	120	∞
1	161	200	216	225	230	234	237	239	241	242	244	246	248	249	250	251	252	253	254
2	18.5	19.0	19.2	19.2	19.3	19.3	19.4	19.4	19.4	19.4	19.4	19.4	19.4	19.5	19.5	19.5	19.5	19.5	19.5
3	10.1	9.55	9.28	9.12	9.01	8.94	8.89	8.85	8.81	8.79	8.74	8.70	8.66	8.64	8.62	8.59	8.57	8.55	8.53
4	7.71	6.94	6.59	6.39	6.26	6.16	6.09	6.04	6.00	5.96	5.91	5.86	5.80	5.77	5.75	5.72	5.69	5.66	5.63
5	6.61	5.79	5.41	5.19	5.05	4.95	4.88	4.82	4.77	4.74	4.68	4.62	4.56	4.53	4.50	4.46	4.43	4.40	4.36
6	5.99	5.14	4.76	4.53	4.39	4.28	4.21	4.15	4.10	4.06	4.00	3.94	3.87	3.84	3.81	3.77	3.74	3.70	3.67
7	5.59	4.74	4.35	4.12	3.97	3.87	3.79	3.73	3.68	3.64	3.57	3.51	3.44	3.41	3.38	3.34	3.30	3.27	3.23
8	5.32	4.46	4.07	3.84	3.69	3.58	3.50	3.44	3.39	3.35	3.28	3.22	3.15	3.12	3.08	3.04	3.01	2.97	2.93
9	5.12	4.26	3.86	3.63	3.48	3.37	3.29	3.23	3.18	3.14	3.07	3.01	2.94	2.90	2.86	2.83	2.79	2.75	2.71
10	4.96	4.10	3.71	3.48	3.33	3.22	3.14	3.07	3.02	2.98	2.91	2.85	2.77	2.74	2.70	2.66	2.62	2.58	2.54
11	4.84	3.98	3.59	3.36	3.20	3.09	3.01	2.95	2.90	2.85	2.79	2.72	2.65	2.61	2.57	2.53	2.49	2.45	2.40
12	4.75	3.89	3.49	3.26	3.11	3.00	2.91	2.85	2.80	2.75	2.69	2.62	2.54	2.51	2.47	2.43	2.38	2.34	2.30
13	4.67	3.81	3.41	3.18	3.03	2.92	2.83	2.77	2.71	2.67	2.60	2.53	2.46	2.42	2.38	2.34	2.30	2.25	2.21
14	4.60	3.74	3.34	3.11	2.96	2.85	2.76	2.70	2.65	2.60	2.53	2.46	2.39	2.35	2.31	2.27	2.22	2.18	2.13
15	4.54	3.68	3.29	3.06	2.90	2.79	2.71	2.64	2.59	2.54	2.48	2.40	2.33	2.29	2.25	2.20	2.16	2.11	2.07
16	4.49	3.63	3.24	3.01	2.85	2.74	2.66	2.59	2.54	2.49	2.42	2.35	2.28	2.24	2.19	2.15	2.11	2.06	2.01
17	4.45	3.59	3.20	2.96	2.81	2.70	2.61	2.55	2.49	2.45	2.38	2.31	2.23	2.19	2.15	2.10	2.06	2.01	1.96
18	4.41	3.55	3.16	2.93	2.77	2.66	2.58	2.51	2.46	2.41	2.34	2.27	2.19	2.15	2.11	2.06	2.02	1.97	1.92
19	4.38	3.52	3.13	2.90	2.74	2.63	2.54	2.48	2.42	2.38	2.31	2.23	2.16	2.11	2.07	2.03	1.98	1.93	1.88
20	4.35	3.49	3.10	2.87	2.71	2.60	2.51	2.45	2.39	2.35	2.28	2.20	2.12	2.08	2.04	1.99	1.95	1.90	1.84
21	4.32	3.47	3.07	2.84	2.68	2.57	2.49	2.42	2.37	2.32	2.25	2.18	2.10	2.05	2.01	1.96	1.92	1.87	1.81
22	4.30	3.44	3.05	2.82	2.66	2.55	2.46	2.40	2.34	2.30	2.23	2.15	2.07	2.03	1.98	1.94	1.89	1.84	1.78
23	4.28	3.42	3.03	2.80	2.64	2.53	2.44	2.37	2.32	2.27	2.20	2.13	2.05	2.01	1.96	1.91	1.86	1.81	1.76
24	4.26	3.40	3.01	2.78	2.62	2.51	2.42	2.36	2.30	2.25	2.18	2.11	2.03	1.98	1.94	1.89	1.84	1.79	1.73
25	4.24	3.39	2.99	2.76	2.60	2.49	2.40	2.34	2.28	2.24	2.16	2.09	2.01	1.96	1.92	1.87	1.82	1.77	1.71

续表

n_2 \ n_1	1	2	3	4	5	6	7	8	9	10	12	15	20	24	30	40	60	120	∞
26	4.23	3.37	2.98	2.74	2.59	2.47	2.39	2.32	2.27	2.22	2.15	2.07	1.99	1.95	1.90	1.85	1.80	1.75	1.69
27	4.21	3.35	2.96	2.73	2.57	2.46	2.37	2.31	2.25	2.20	2.13	2.06	1.97	1.93	1.88	1.84	1.79	1.73	1.67
28	4.20	3.34	2.95	2.71	2.56	2.45	2.36	2.29	2.24	2.19	2.12	2.04	1.96	1.91	1.87	1.82	1.77	1.71	1.65
29	4.18	3.33	2.93	2.70	2.55	2.43	2.35	2.28	2.22	2.18	2.10	2.03	1.94	1.90	1.85	1.81	1.75	1.70	1.64
30	4.17	3.32	2.92	2.69	2.53	2.42	2.33	2.27	2.21	2.16	2.09	2.01	1.93	1.89	1.84	1.79	1.74	1.68	1.62
40	4.08	3.23	2.84	2.61	2.45	2.34	2.25	2.18	2.12	2.08	2.00	1.92	1.84	1.79	1.74	1.69	1.64	1.58	1.51
60	4.00	3.15	2.76	2.53	2.37	2.25	2.17	2.10	2.04	1.99	1.92	1.84	1.75	1.70	1.65	1.59	1.53	1.47	1.39
120	3.92	3.07	2.68	2.45	2.29	2.17	2.09	2.02	1.96	1.91	1.83	1.75	1.66	1.61	1.55	1.50	1.43	1.35	1.25
∞	3.84	3.00	2.60	2.37	2.21	2.10	2.01	1.94	1.88	1.83	1.75	1.67	1.57	1.52	1.46	1.39	1.32	1.22	1.00

($\alpha=0.025$)

n_2 \ n_1	1	2	3	4	5	6	7	8	9	10	12	15	20	24	30	40	60	120	∞
1	648	800	864	900	922	937	948	957	963	969	977	985	993	997	1000	1010	1010	1010	1020
2	38.5	39.0	39.2	39.2	39.3	39.3	39.4	39.4	39.4	39.4	39.4	39.4	39.4	39.5	39.5	3.95	39.5	39.5	39.5
3	17.4	16.0	15.4	15.1	14.9	14.7	14.6	14.5	14.5	14.4	14.3	14.3	14.2	14.1	14.1	14.0	14.0	13.9	13.9
4	12.2	10.6	9.98	9.60	9.36	9.20	9.07	8.98	8.90	8.84	8.75	8.66	8.56	8.51	8.46	8.41	8.36	8.31	8.26
5	10.0	8.43	7.76	7.39	7.15	6.98	6.85	6.76	6.68	6.62	6.52	6.43	6.33	6.28	6.23	6.18	6.12	6.07	6.02
6	8.81	7.26	6.60	6.23	5.99	5.82	5.70	5.60	5.52	5.46	5.37	5.27	5.17	5.12	5.07	5.01	4.96	4.90	4.85
7	8.07	6.54	5.89	5.52	5.29	5.12	4.99	4.90	4.82	4.76	4.67	4.57	4.47	4.42	4.36	4.31	4.25	4.20	4.14
8	7.57	6.06	5.42	5.05	4.82	4.65	4.53	4.43	4.36	4.30	4.20	4.10	4.00	3.95	3.89	3.84	3.78	3.73	3.67
9	7.21	5.71	5.08	4.72	4.48	4.32	4.20	4.10	4.03	3.96	3.87	3.77	3.67	3.61	3.56	3.51	3.45	3.39	3.33
10	6.94	5.46	4.83	4.47	4.24	4.07	3.95	3.85	3.78	3.72	3.62	3.52	3.42	3.37	3.31	3.26	3.20	2.14	3.08
11	6.72	5.26	4.63	4.28	4.04	3.88	3.76	3.66	3.59	3.53	3.43	3.33	3.23	3.17	3.12	3.06	3.00	2.94	2.88
12	6.55	5.10	4.47	4.12	3.89	3.73	3.61	3.51	3.44	3.37	3.28	3.18	3.07	3.03	2.96	2.91	2.85	2.79	2.72
13	6.41	4.97	4.35	4.00	3.77	3.60	3.48	3.39	3.31	3.25	3.15	3.05	2.95	2.89	2.84	2.78	2.72	2.66	2.60

续表

n_2 \ n_1	1	2	3	4	5	6	7	8	9	10	12	15	20	24	30	40	60	120	∞
14	6.30	4.86	4.24	3.89	3.66	3.50	3.38	3.29	3.21	3.15	3.05	2.95	2.84	2.79	2.73	2.67	2.61	2.55	2.49
15	6.20	4.77	4.15	3.80	3.58	3.41	3.29	3.20	3.12	3.06	2.96	2.86	2.76	2.70	2.64	2.59	2.52	2.46	2.40
16	6.12	4.69	4.08	3.73	3.50	3.34	3.22	3.12	3.05	2.99	2.89	2.79	2.68	2.63	2.57	2.51	2.45	2.38	2.32
17	6.04	4.62	4.01	3.66	3.44	3.28	3.16	3.06	2.98	2.92	2.82	2.72	2.62	2.56	2.50	2.44	2.38	2.32	2.25
18	5.98	4.56	3.95	3.61	3.38	3.22	3.10	3.01	2.93	2.87	2.77	2.67	2.56	2.50	2.44	2.38	2.32	2.26	2.19
19	5.92	4.51	3.90	3.56	3.33	3.17	3.05	2.96	2.88	2.82	2.72	2.62	2.51	2.45	2.39	2.33	2.27	2.20	2.13
20	5.87	4.46	3.86	3.51	3.29	3.13	3.01	2.91	2.84	2.77	2.68	2.57	2.46	2.41	2.35	2.29	2.22	2.16	2.09
21	5.83	4.42	3.82	3.48	3.25	3.09	2.97	2.87	2.80	2.73	2.64	2.53	2.42	2.37	2.31	2.25	2.18	2.11	2.04
22	5.79	4.38	3.78	3.44	3.22	3.05	2.93	2.84	2.76	2.70	2.60	2.50	2.39	2.33	2.27	2.21	2.14	2.08	2.00
23	5.75	4.35	3.75	3.41	3.18	3.02	2.90	2.81	2.73	2.67	2.57	2.47	2.36	2.30	2.24	2.18	2.11	2.04	1.97
24	5.72	4.32	3.72	3.38	3.15	2.99	2.87	2.78	2.70	2.64	2.54	2.44	2.33	2.27	2.21	2.15	2.08	2.01	1.94
25	5.69	4.29	3.69	3.35	3.13	2.97	2.85	2.75	2.68	2.61	2.51	2.41	2.30	2.24	2.18	2.12	2.05	1.98	1.91
26	5.66	4.27	3.67	3.33	3.10	2.94	2.82	2.73	2.65	2.59	2.49	2.39	2.28	2.22	2.16	2.09	2.03	1.95	1.88
27	5.63	4.24	3.65	3.31	3.08	2.92	2.80	2.71	2.63	2.57	2.47	2.36	2.25	2.19	2.13	2.07	2.00	1.93	1.85
28	5.61	4.22	3.63	3.29	3.06	2.90	2.78	2.69	2.61	2.55	2.45	2.34	2.23	2.17	2.11	2.05	1.98	1.91	1.83
29	5.59	4.20	3.61	3.27	3.04	2.88	2.76	2.67	2.59	2.53	2.43	2.32	2.21	2.15	2.09	2.03	1.96	1.89	1.81
30	5.57	4.18	3.59	3.25	3.03	2.87	2.75	2.65	2.57	2.51	2.41	2.31	2.20	2.14	2.07	2.01	1.94	1.87	1.79
40	5.42	4.05	3.46	3.13	2.90	2.74	2.62	2.53	2.45	2.39	2.29	2.18	2.07	2.01	1.94	1.88	1.80	1.72	1.64
60	5.29	3.93	3.34	3.01	2.79	2.63	2.51	2.41	2.33	2.27	2.17	2.06	1.94	1.88	1.82	1.74	1.67	1.58	1.48
120	5.15	3.80	3.23	2.89	2.67	2.52	2.39	2.30	2.22	2.16	2.05	1.94	1.82	1.76	1.69	1.61	1.53	1.42	1.31
∞	5.02	3.69	3.12	2.79	2.57	2.41	2.29	2.19	2.11	2.05	1.94	1.83	1.71	1.64	1.57	1.48	1.39	1.27	1.00

续表

($\alpha=0.01$)

n_2 \ n_1	1	2	3	4	5	6	7	8	9	10	12	15	20	24	30	40	60	120	∞
1	4050	5000	5400	5620	5760	5860	5930	5980	6020	6060	6110	6160	6210	6230	6260	6290	6310	6340	6370
2	98.5	99.0	99.2	99.2	99.3	99.3	99.4	99.4	99.4	99.4	99.4	99.4	99.4	99.5	99.5	99.5	99.5	99.5	99.5
3	34.1	30.8	29.5	28.7	28.2	27.9	27.7	27.5	27.3	27.2	27.1	26.9	26.7	26.6	26.5	26.4	26.3	26.2	26.1
4	21.2	18.0	16.7	16.0	15.5	15.2	15.0	14.8	14.7	14.5	14.4	14.2	14.0	13.9	13.8	13.7	13.7	13.6	13.5
5	16.3	13.3	12.1	11.4	11.0	10.7	10.5	10.3	10.2	10.1	9.89	9.72	9.55	9.47	9.38	9.29	9.20	9.11	9.02
6	13.7	10.9	9.78	9.15	8.75	8.47	8.26	8.10	7.98	7.87	7.72	7.56	7.40	7.31	7.23	7.14	7.06	6.97	6.88
7	12.2	9.55	8.45	7.85	7.46	7.19	6.99	6.84	6.72	6.62	6.47	6.31	6.16	6.07	5.99	5.91	5.82	5.74	5.65
8	11.3	8.65	7.59	7.01	6.63	6.37	6.18	6.03	5.91	5.81	5.67	5.52	5.36	5.28	5.20	5.12	5.03	4.95	4.86
9	10.6	8.02	6.99	6.42	6.06	5.80	5.61	5.47	5.35	5.26	5.11	4.96	4.81	4.73	4.65	4.57	4.48	4.40	4.31
10	10.0	7.56	6.55	5.99	5.64	5.39	5.20	5.06	4.94	4.85	4.71	4.56	4.41	4.33	4.25	4.17	4.08	4.00	3.91
11	9.65	7.21	6.22	5.67	5.32	5.07	4.89	4.74	4.63	4.54	4.40	4.25	4.10	4.02	3.94	3.86	3.78	3.69	3.60
12	9.33	6.93	5.95	5.41	5.06	4.82	4.64	4.50	4.39	4.30	4.16	4.01	3.86	3.78	3.70	3.62	3.54	3.45	3.36
13	9.07	6.70	5.74	5.21	4.86	4.62	4.44	4.30	4.19	4.10	3.96	3.82	3.66	3.59	3.51	3.43	3.34	3.25	3.17
14	8.86	6.51	5.56	5.04	4.69	4.46	4.28	4.14	4.03	3.94	3.80	3.66	3.51	3.43	3.35	3.27	3.18	3.09	3.00
15	8.68	6.36	5.42	4.89	4.56	4.32	4.14	4.00	3.89	3.80	3.67	3.52	3.37	3.29	3.21	3.13	3.05	2.96	2.87
16	8.53	6.23	5.29	4.77	4.44	4.20	4.03	3.89	3.78	3.69	3.66	3.41	3.26	3.18	3.10	3.02	2.93	2.84	2.75
17	8.40	6.11	5.18	4.67	4.34	4.10	3.93	3.79	3.68	3.59	3.46	3.31	3.16	3.08	3.00	2.92	2.83	2.75	2.65
18	8.29	6.01	5.09	4.58	4.25	4.01	3.84	3.71	3.60	3.51	3.37	3.23	3.08	3.00	2.92	2.84	2.75	2.66	2.57
19	8.18	5.93	5.01	4.50	4.17	3.94	3.77	3.63	3.52	3.43	3.30	3.15	3.00	2.92	2.84	2.76	2.67	2.58	2.49
20	8.10	5.85	4.94	4.43	4.10	3.87	3.70	3.56	3.46	3.37	3.23	3.09	2.94	2.86	2.78	2.69	2.61	2.52	2.42
21	8.02	5.78	4.87	4.37	4.04	3.81	3.64	3.51	3.40	3.31	3.17	3.03	2.88	2.80	2.72	2.64	2.55	2.46	2.36
22	7.95	5.72	4.82	4.31	3.99	3.76	3.59	3.45	3.35	3.26	3.12	2.98	2.83	2.75	2.67	2.58	2.50	2.40	2.31
23	7.88	5.66	4.76	4.26	3.94	3.71	3.54	3.41	3.30	3.21	3.07	2.93	2.78	2.70	2.62	2.54	2.45	2.35	2.26
24	7.82	5.61	4.72	4.22	3.90	3.67	3.50	3.36	3.26	3.17	3.03	2.89	2.74	2.66	2.58	2.49	2.40	2.31	2.21
25	7.77	5.57	4.68	4.18	3.85	3.63	3.46	3.32	3.22	3.13	2.99	2.85	2.70	2.62	2.54	2.45	2.36	2.27	2.17

续表

n_2 \ n_1	1	2	3	4	5	6	7	8	9	10	12	15	20	24	30	40	60	120	∞
26	7.72	5.53	4.64	4.14	3.82	3.59	3.42	3.29	3.18	3.09	2.96	2.81	2.66	2.58	2.50	2.42	2.33	2.23	2.13
27	7.68	5.49	4.60	4.11	3.78	3.56	3.39	3.26	3.15	3.06	2.93	2.78	2.63	2.55	2.47	2.38	2.29	2.20	2.10
28	7.64	5.45	4.57	4.07	3.75	3.53	3.36	3.23	3.12	3.03	2.90	2.75	2.60	2.52	2.44	2.35	2.26	2.17	2.06
29	7.60	5.42	4.54	4.04	3.73	3.50	3.33	3.20	3.09	3.00	2.87	2.73	2.57	2.49	2.41	2.33	2.23	2.14	2.03
30	7.56	5.39	4.51	4.02	3.70	3.47	3.30	3.17	3.07	2.98	2.84	2.70	2.55	2.47	2.39	2.30	2.21	2.11	2.01
40	7.31	5.18	4.31	3.83	3.51	3.29	3.12	2.99	2.89	2.80	2.66	2.52	2.37	2.29	2.20	2.11	2.02	1.92	1.80
60	7.08	4.98	4.13	3.65	3.34	3.12	2.95	2.82	2.72	2.63	2.50	2.35	2.20	2.12	2.03	1.94	1.84	1.73	1.60
120	6.85	4.79	3.95	3.48	3.17	2.96	2.79	2.66	2.56	2.47	2.34	2.19	2.03	1.95	1.86	1.76	1.66	1.53	1.38
∞	6.63	4.61	3.78	3.32	3.02	2.80	2.64	2.51	2.41	2.32	2.18	2.04	1.88	1.79	1.70	1.59	1.47	1.32	1.00

($\alpha=0.005$)

n_2 \ n_1	1	2	3	4	5	6	7	8	9	10	12	15	20	24	30	40	60	120	∞
1	16200	20000	21600	22500	23100	23400	23700	23900	24100	24200	24400	24600	24800	24900	25000	25100	25300	25400	25500
2	199	199	199	199	199	199	199	199	199	199	199	199	199	199	199	199	199	199	200
3	55.6	49.8	47.5	46.2	45.4	44.8	44.4	44.1	43.9	43.7	43.4	43.1	42.8	42.6	42.5	42.3	42.1	42.0	41.8
4	31.3	26.3	24.3	23.2	22.5	22.0	21.6	21.4	21.1	21.0	20.7	20.4	20.2	20.0	19.9	19.8	19.6	19.5	19.3
5	22.8	18.3	16.5	15.6	14.9	14.5	14.2	14.0	13.8	13.6	13.4	13.1	12.9	12.8	12.7	12.5	12.4	12.3	12.1
6	18.6	14.5	12.9	12.0	11.5	11.1	10.8	10.6	10.4	10.3	10.0	9.81	6.59	9.47	9.36	9.24	9.12	9.00	8.88
7	16.2	12.4	10.9	10.1	9.52	9.16	8.89	8.68	8.51	8.38	8.18	7.97	7.75	7.65	7.53	7.42	7.31	7.19	7.08
8	14.7	11.0	9.60	8.81	8.30	7.95	7.69	7.50	7.34	7.21	7.01	6.81	6.61	6.50	6.40	6.29	6.18	6.06	5.95
9	13.6	10.1	8.72	7.96	7.47	7.13	6.88	6.69	6.54	6.42	6.23	6.03	5.83	5.73	5.62	5.52	5.41	5.30	5.19
10	12.8	9.43	8.08	7.34	6.87	6.54	6.30	6.12	5.97	5.85	5.66	5.47	5.27	5.17	5.07	4.97	4.86	4.75	4.64

续表

n_2 \ n_1	1	2	3	4	5	6	7	8	9	10	12	15	20	24	30	40	60	120	∞
11	12.2	8.91	7.60	6.88	6.42	6.10	5.86	5.68	5.54	5.42	5.24	5.05	4.86	4.76	4.65	4.55	4.44	4.34	4.23
12	11.8	8.51	7.23	6.52	6.07	5.76	5.52	5.35	5.20	5.09	4.91	4.72	4.53	4.43	4.33	4.23	4.12	4.01	3.90
13	11.4	8.19	6.93	6.23	5.79	5.48	5.25	5.08	4.94	4.82	4.64	4.46	4.27	4.17	4.07	3.97	3.87	3.76	3.65
14	11.1	7.92	6.68	6.00	5.56	5.26	5.03	4.86	4.72	4.60	4.43	4.25	4.06	3.96	3.86	3.76	3.66	3.55	3.44
15	10.8	7.70	6.48	5.80	5.37	5.07	4.85	4.67	4.54	4.42	4.25	4.07	3.88	3.79	3.69	3.58	3.48	3.37	3.26
16	10.6	7.51	6.30	5.64	5.21	4.91	4.69	4.52	4.38	4.27	4.10	3.92	3.73	3.64	3.54	3.44	3.33	3.22	3.11
17	10.4	7.35	6.16	5.50	5.07	4.78	4.56	4.39	4.25	4.14	3.97	3.79	3.61	3.51	3.41	3.31	3.21	3.10	2.98
18	10.2	7.21	6.03	5.37	4.96	4.66	4.44	4.28	4.14	4.03	3.86	3.68	3.50	3.40	3.30	3.20	3.10	2.99	2.87
19	10.1	7.09	5.92	5.27	4.85	4.56	4.34	4.18	4.04	3.93	3.76	3.59	3.40	3.31	3.21	3.11	3.00	2.89	2.78
20	9.94	6.99	5.82	5.17	4.76	4.47	4.26	4.09	3.96	3.85	3.68	3.50	3.32	3.22	3.12	3.02	2.92	2.81	2.69
21	9.83	6.89	5.73	5.09	4.68	4.39	4.18	4.01	3.88	3.77	3.60	3.43	3.24	3.15	3.05	2.95	2.84	2.73	2.61
22	9.73	6.81	5.65	5.02	4.61	4.32	4.11	3.94	3.81	3.70	3.54	3.36	3.18	3.08	2.98	2.88	2.77	2.66	2.55
23	9.63	6.73	5.58	4.95	4.54	4.26	4.05	3.88	3.75	3.64	3.47	3.30	3.12	3.02	2.92	2.82	2.71	2.60	2.48
24	9.55	6.66	5.52	4.89	4.49	4.20	3.99	3.83	3.69	3.59	3.42	3.25	3.06	2.97	2.87	2.77	2.66	2.55	2.43
25	9.48	6.60	5.46	4.84	4.43	4.15	3.94	3.78	3.64	3.54	3.37	3.20	3.01	2.92	2.82	2.72	2.61	2.50	2.38
26	9.41	6.54	5.41	4.79	4.38	4.10	3.89	3.73	3.60	3.49	3.33	3.15	2.97	2.87	2.77	2.67	2.56	2.45	2.33
27	9.34	6.49	5.36	4.74	4.34	4.06	3.85	3.69	3.56	3.45	3.28	3.11	2.93	2.83	2.73	2.63	2.52	2.41	2.29
28	9.28	6.44	5.32	4.70	4.30	4.02	3.81	3.65	3.52	3.41	3.25	3.07	2.89	2.79	2.69	2.59	2.48	2.37	2.25
29	9.23	6.40	5.28	4.66	4.26	3.98	3.77	3.61	3.48	3.38	3.21	3.04	2.86	2.76	2.66	2.56	2.45	2.33	2.21
30	9.18	6.35	5.24	4.62	4.23	3.95	3.74	3.58	3.45	3.34	3.18	3.01	2.82	2.73	2.63	2.52	2.42	2.30	2.18
40	8.83	6.07	4.98	4.37	3.99	3.71	3.51	3.35	3.22	3.12	2.95	2.78	2.60	2.50	2.40	2.30	2.18	2.06	1.93
60	8.49	5.79	4.73	4.14	3.76	3.49	3.29	3.13	3.01	2.90	2.74	2.57	2.39	2.29	2.19	2.08	1.96	1.83	1.69
120	8.18	5.54	4.50	3.92	3.55	3.28	3.09	2.93	2.81	2.71	2.54	2.37	2.19	2.09	1.98	1.87	1.75	1.61	1.43
∞	7.88	5.30	4.28	3.72	3.35	3.09	2.90	2.74	2.62	2.52	2.36	2.19	2.00	1.90	1.79	1.67	1.53	1.36	1.00

附录7 均值的 t 检验的样本容量

单边检验		显著性水平																				
单边检验		$\alpha=0.005$					$\alpha=0.01$					$\alpha=0.025$					$\alpha=0.05$					
双边检验		$\alpha=0.01$					$\alpha=0.02$					$\alpha=0.05$					$\alpha=0.1$					
β		0.01	0.05	0.1	0.2	0.5	0.01	0.05	0.1	0.2	0.5	0.01	0.05	0.1	0.2	0.5	0.01	0.05	0.1	0.2	0.5	
$\delta=\frac{\lvert\mu_1-\mu_0\rvert}{\sigma}$	0.05																					0.05
	0.10																					0.10
	0.15																				122	0.15
	0.20										139					99					70	0.20
	0.25					110					90				128	64			139	101	45	0.25
	0.30				134	78				115	63			119	90	45		122	97	71	32	0.30
	0.35			125	99	58			109	85	47		109	88	67	34		90	72	52	24	0.35
	0.40		115	97	77	45		101	85	66	37	117	84	68	51	26	101	70	55	40	19	0.40
	0.45		92	77	62	37	110	81	68	53	30	93	67	54	41	21	80	55	44	33	15	0.45
	0.50	100	75	63	51	30	90	66	55	43	25	76	54	44	34	18	65	45	36	27	13	0.50
	0.55	83	63	53	42	26	75	55	46	36	21	63	45	37	28	15	54	38	30	22	11	0.55
	0.60	71	53	45	36	22	63	47	39	31	18	53	38	32	24	13	46	32	26	19	9	0.60
	0.65	61	46	39	31	20	55	41	34	27	16	46	33	27	21	12	39	28	22	17	8	0.65
	0.70	53	40	34	28	17	47	35	30	24	14	40	29	24	19	10	34	24	19	15	8	0.70
	0.75	47	36	30	25	16	42	31	27	21	13	35	26	21	16	9	30	21	17	13	7	0.75
	0.80	41	32	27	22	14	37	28	24	19	12	31	22	19	15	9	27	19	15	12	6	0.80
	0.85	37	29	24	20	13	33	25	21	17	11	28	21	17	13	8	24	17	14	11	6	0.85
	0.90	34	26	22	18	12	29	23	19	16	10	25	19	16	12	7	21	15	13	10	5	0.90
	0.95	31	24	20	17	11	27	21	18	14	9	23	17	14	11	7	19	14	11	9	5	0.95

续表

单边检验 双边检验 β		显著性水平																				
		$\alpha=0.005$ $\alpha=0.01$					$\alpha=0.01$ $\alpha=0.02$					$\alpha=0.025$ $\alpha=0.05$					$\alpha=0.05$ $\alpha=0.1$					
		0.01	0.05	0.1	0.2	0.5	0.01	0.05	0.1	0.2	0.5	0.01	0.05	0.1	0.2	0.5	0.01	0.05	0.1	0.2	0.5	
$\delta=\frac{\lvert\mu_1-\mu_0\rvert}{\sigma}$	1.00	28	22	19	16	10	25	19	16	13	9	21	16	13	10	6	18	13	11	8	5	1.0
	1.1	24	19	16	14	9	21	16	14	12	8	18	13	11	9	6	15	11	9	7		1.1
	1.2	21	16	14	12	8	18	14	12	10	7	15	12	10	8	5	13	10	8	6		1.2
	1.3	18	15	13	11	8	16	13	11	9	6	14	10	9	7		11	8	7	6		1.3
	1.4	16	13	12	10	7	14	11	10	9	6	12	9	8	7		10	8	7	5		1.4
	1.5	15	12	11	9	7	13	10	9	8	6	11	8	7	6		9	7	6			1.5
	1.6	13	11	10	8	6	12	10	9	7	5	10	8	7	6		8	6	6			1.6
	1.7	12	10	9	8	6	11	9	8	7		9	7	6	5		8	6	5			1.7
	1.8	12	10	9	8	6	10	8	7	7		8	7	6			7	6				1.8
	1.9	11	9	8	7	6	10	8	7	6		8	6	6			7	5				1.9
	2.0	10	8	8	7	5	9	7	7	6		7	6	5			6					2.0
	2.1	10	8	7	7		8	7	6	6		7	6				6					2.1
	2.2	9	8	7	6		8	7	6	5		7	6				5					2.2
	2.3	9	7	7	6		8	6	6			6	5									2.3
	2.4	8	7	7	6		7	6	6			6										2.4
	2.5	8	7	6	6		7	6	6			6										2.5
	3.0	7	6	6	5		6	5	5			5										3.0
	3.5	6	5	5			5															3.5
	4.0	6																				4.0

附录8 均值差的 t 检验的样本容量

单边检验 双边检验 β		显著性水平																				
		$\alpha=0.005$ $\alpha=0.01$					$\alpha=0.01$ $\alpha=0.02$					$\alpha=0.025$ $\alpha=0.05$					$\alpha=0.05$ $\alpha=0.1$					
		0.01	0.05	0.1	0.2	0.5	0.01	0.05	0.1	0.2	0.5	0.01	0.05	0.1	0.2	0.5	0.01	0.05	0.1	0.2	0.5	
$\delta=\frac{\mu_1-\mu_2}{\sigma}$	0.05																					0.05
	0.10																					0.10
	0.15																					0.15
	0.20																				137	0.20
	0.25															124					88	0.25
	0.30										123					87					61	0.30
	0.35					110					90					64				102	45	0.35
	0.40					85					70				100	50			108	78	35	0.40
	0.45				118	68				101	55			105	79	39		108	86	62	28	0.45
	0.50				96	55			106	82	45		106	86	64	32		88	70	51	23	0.50
	0.55			101	79	46		106	88	68	38		87	71	53	27	112	73	58	42	19	0.55
	0.60		101	85	67	39		90	74	58	32	104	74	60	45	23	89	61	49	36	16	0.60
	0.65		87	73	57	34	104	77	64	49	27	88	63	51	39	20	76	52	42	30	14	0.65
	0.70	100	75	63	50	29	90	66	55	43	24	76	55	44	34	17	66	45	36	26	12	0.70
	0.75	88	66	55	44	26	79	58	48	38	21	67	48	39	29	15	57	40	32	23	11	0.75
	0.80	77	58	49	39	23	70	51	43	33	19	59	42	34	26	14	50	35	28	21	10	0.80
	0.85	69	51	43	55	21	62	46	38	30	17	52	37	31	23	12	45	31	25	18	9	0.85
	0.90	62	46	39	31	19	55	41	34	27	15	47	34	27	21	11	40	28	22	16	8	0.90

续表

单边检验	显著性水平																				
单边检验	$\alpha=0.005$					$\alpha=0.01$					$\alpha=0.025$					$\alpha=0.05$					
双边检验	$\alpha=0.01$					$\alpha=0.02$					$\alpha=0.05$					$\alpha=0.1$					
β	0.01	0.05	0.1	0.2	0.5	0.01	0.05	0.1	0.2	0.5	0.01	0.05	0.1	0.2	0.5	0.01	0.05	0.1	0.2	0.5	
$\delta=\frac{\mu_1-\mu_2}{\sigma}$ 0.95	55	42	35	28	17	50	37	31	24	14	42	30	25	19	10	36	25	20	15	7	0.95
1.00	50	38	32	26	15	45	33	28	22	13	38	27	23	17	9	33	23	18	14	7	1.00
1.1	42	32	27	22	13	38	28	23	19	11	32	23	19	14	8	27	19	15	12	6	1.1
1.2	36	27	23	18	11	32	24	20	16	9	27	20	16	12	7	23	16	13	10	5	1.2
1.3	31	23	20	16	10	28	21	17	14	8	23	17	14	11	6	20	14	11	9	5	1.3
1.4	27	20	17	14	9	24	18	15	12	8	20	15	12	10	6	17	12	10	8	4	1.4
1.5	24	18	15	13	8	21	16	14	11	7	18	13	11	9	5	15	11	9	7	4	1.5
1.6	21	16	14	11	7	19	14	12	10	6	16	12	10	8	5	14	10	8	6	4	1.6
1.7	19	15	13	10	7	17	13	11	9	6	14	11	9	7	4	12	9	7	6	3	1.7
1.8	17	13	11	10	6	15	12	10	8	5	13	10	8	6	4	11	8	7	5		1.8
1.9	16	12	11	9	6	14	11	9	8	5	12	9	7	6	4	10	7	6	5		1.9
2.0	14	11	10	8	6	13	10	9	7	5	11	8	7	6	4	9	7	6	4		2.0
2.1	13	10	9	8	5	12	9	8	7	5	10	8	6	5	3	8	6	5	4		2.1
2.2	12	10	8	7	5	11	9	7	6	4	9	7	6	5		8	6	5	4		2.2
2.3	11	9	8	7	5	10	8	7	6	4	9	7	6	5		7	5	5	4		2.3
2.4	11	9	8	6	5	10	8	7	6	4	8	6	5	4		7	5	4	4		2.4
2.5	10	8	7	6	4	9	7	6	5	4	8	6	5	4		6	5	4	3		2.5
3.0	8	6	6	5	4	7	6	5	4	3	6	5	4	4		5	4	3			3.0
3.5	6	5	5	4	3	6	5	4	4		5	4	4	3		4	3				3.5
4.0	6	5	4	4		5	4	4	3		4	4	3			4					4.0

附录9 相关系数临界值 r_α 表

$$P\{|r|>r_\alpha(n-2)\}=\alpha$$

$n-2$	α					$n-2$
	0.10	0.05	0.02	0.01	0.001	
1	0.98769	0.99692	0.999507	0.999877	0.9999988	1
2	0.90000	0.95000	0.98000	0.99000	0.99900	2
3	0.8054	0.8783	0.93433	0.95873	0.99116	3
4	0.7293	0.8114	0.8822	0.91720	0.97406	4
5	0.6694	0.7545	0.8329	0.8745	0.95074	5
6	0.6215	0.7067	0.7887	0.8343	0.92493	6
7	0.5822	0.6664	0.7498	0.7977	0.8982	7
8	0.5494	0.6319	0.7155	0.7646	0.8721	8
9	0.5214	0.6021	0.6851	0.7348	0.8471	9
10	0.4973	0.5760	0.6581	0.7079	0.8233	10
11	0.4762	0.5529	0.6339	0.6835	0.8010	11
12	0.4575	0.5324	0.6120	0.6614	0.7800	12
13	0.4409	0.5139	0.5923	0.6411	0.7603	13
14	0.4259	0.4973	0.5742	0.6226	0.7420	14
15	0.4124	0.4821	0.5577	0.6055	0.7246	15
16	0.4000	0.4683	0.5425	0.5897	0.7084	16
17	0.3887	0.4555	0.5285	0.5751	0.6932	17
18	0.3783	0.4438	0.5155	0.5614	0.6787	18
19	0.3687	0.4329	0.5034	0.5487	0.6652	19
20	0.3598	0.4227	0.4921	0.5368	0.6524	20
25	0.3233	0.3809	0.4451	0.4869	0.5974	25
30	0.2960	0.3494	0.4093	0.4487	0.5541	30
35	0.2746	0.3246	0.3810	0.4182	0.5189	35
40	0.2573	0.3044	0.3578	0.4032	0.4896	40
45	0.2428	0.2875	0.3384	0.3721	0.4648	45
50	0.2306	0.2732	0.3218	0.3541	0.4433	50
60	0.2108	0.2500	0.2948	0.3248	0.4078	60
70	0.1954	0.2319	0.2737	0.3017	0.3799	70
80	0.1829	0.2172	0.2565	0.2830	0.3568	80
90	0.1726	0.2050	0.2422	0.2673	0.3375	90
100	0.1638	0.1946	0.2331	0.2540	0.3211	100

参 考 文 献

[1] 盛骤，谢式千，等．概率论与数理统计[M]．北京：高等教育出版社，2008.

[2] 吴传生．经济数学：概率论与数理统计[M]．2 版．北京：高等教育出版社，2009.

[3] 吴传生．概率论与数理统计：学习辅导与习题选解[M]．北京：高等教育出版社，2009.

[4] 谭雪梅，王学敏．概率论与数理统计[M]．北京：北京交通大学出版社，2012.

[5] 陈盛双．概率论与数理统计[M]．武汉：武汉理工大学出版社，2007.

[6] 陈希孺．概率论与数理统计[M]．合肥：中国科学技术大学出版社，2006.

[7] 吴小霞，许芳，朱家砚．概率论与数理统计[M]．武汉：华中科技大学出版社，2013.

[8] 宗序平．概率论与数理统计[M]．3 版．北京：机械工业出版社，2011.

[9] 孙淑娥，刘蓉．新编概率论与数理统计[M]．西安：西安电子科技大学出版社，2015.

[10] 李贤平，沈崇圣，陈子毅．概率论与数理统计[M]．上海：复旦大学出版社，2004.

[11] 葛余博．概率论与数理统计[M]．北京：清华大学出版社，2005.

[12] 葛余博，赵衡秀．概率论与数理统计学习指导：典型例题精解[M]．北京：科学出版社，2003.

[13] 腾素珍．概率论与数理统计[M]．大连：大连理工大学出版社，2002.

[14] 马洪宽，张华隆．概率论与数理统计[M]．上海：上海交通大学出版社，2005.

[15] 傅维潼．概率论与数理统计[M]．北京：清华大学出版社，2003.

[16] 茆诗松，程依明，濮晓龙．概率论与数理统计教程[M]．北京：高等教育出版社，2004.

[17] 王展青，李寿贵．概率论与数理统计[M]．北京：科学出版社，2000.

[18] 童恒庆．概率论与数理统计[M]．武汉：武汉工业大学出版社，2000.

[19] 杨虎，刘琼荪，钟波．数理统计[M]．北京：高等教育出版社，2004.

[20] 电子科技大学应用数学系．概率论与数理统计[M]．成都：电子科技大学出版社，1999.

[21] 金治明，李永乐．概率论与数理统计[M]．长沙：国防科技大学出版社，1998.

[22] 谢永钦．概率论与数理统计[M]．北京：北京邮电大学出版社，2011.

[23] 范大茵，陈永华．概率论与数理统计[M]．杭州：浙江大学出版社，2003.

[24] 孟昭为．概率论与数理统计[M]．上海：同济大学出版社，2005.

[25] 刘伟．概率论与数理统计[M]．北京：科学出版社，2009.